REDLINE | VERLAG

DIE UNAUSGESPROCHENEN REGELN

Wie Sie die ersten Tage im Job überstehen und durchstarten

GORICK NG

Bibliografische Information der Deutschen Nationalbibliothek:
Die Deutsche Nationalbibliothek verzeichnet diese Publikation in der Deutschen Nationalbibliografie. Detaillierte bibliografische Daten sind im Internet über http://dnb.d-nb.de abrufbar.

Für Fragen und Anregungen:
info@redline-verlag.de

1. Auflage 2022

© 2022 by Redline Verlag, ein Imprint der Münchner Verlagsgruppe GmbH
Türkenstr. 89
80799 München
Tel.: 089 651285-0
Fax: 089 652096

© der Originalausgabe by Gorick Ng
Die englische Originalausgabe erschien 2021 bei Harvard Business Review Press unter dem Titel *The unspoken rules*. Die unbefugte Vervielfältigung oder Verbreitung dieses Werkes stellt eine Urheberrechtsverletzung dar.

Übersetzung: Anja Lerz
Redaktion: Werner Wahls
Umschlaggestaltung: Marc Fischer
Umschlagabbildung: shutterstock/Picsfive
Satz: ZeroSoft, Timisoara
Druck: GGP Media GmbH, Pößneck
Printed in Germany

ISBN Print 978-3-86881-873-4
ISBN E-Book (PDF) 978-3-96267-387-1
ISBN E-Book (EPUB, Mobi) 978-3-96267-388-8

Weitere Informationen zum Verlag finden Sie unter

www.redline-verlag.de

Beachten Sie auch unsere weiteren Verlage unter www.m-vg.de.

INHALT

Für all diejenigen, die träumen.

Und für Mom, von der ich die unausgesprochene Regel lernen durfte, dass jeder Gefallen, den man anderen tut, irgendwann zu einem zurückkehrt.

VORWORT

Es war halb drei morgens und ich war immer noch im Büro. Fieberhaft versuchte ich, eine fehlerhafte Excel-Tabelle zu korrigieren, die in sechs Stunden einem Kunden vorgestellt werden sollte. In der Stellenanzeige war von einer »dynamischen« und »betriebsamen« Atmosphäre die Rede gewesen – sollte etwa das damit gemeint gewesen sein?

Plötzlich: Klingeling! Auf meinem Bildschirm tauchte eine Benachrichtigung auf. Mein Manager drängte mich zur Eile.

Klingeling! Noch eine Nachricht.

Klingeling!

Ich schickte meinem Manager die überarbeitete Tabelle. Zehn Minuten später hatte er immer noch nicht geantwortet.

»Gorick«, sprach mich jemand von hinten an. Ich fuhr herum. Mein Manager! »Lass uns das gemeinsam durcharbeiten«, sagte er. Zwei Stunden lang saßen wir beieinander. Er übernahm meinen Laptop, und ich schaute ihm über die Schulter und versuchte verzweifelt, meine Augen offen zu halten.

Mein Manager zeigte auf eine Zelle. »Warum teilen wir diese Zahlen?«

Mit zusammengekniffenen Augen beugte ich mich vor. »Bin mir nicht ganz sicher.«

Er seufzte. Die ganze Nacht kam mir vor wie eine Operation ohne Betäubung. Mit schmerzendem Schädel fragte ich mich, wie ich bloß in dieser Situation gelandet war.

Die Antwort erhielt ich zehn Monate später in Form einer Leistungsbeurteilung: *Gorick muss sich voll und ganz hinter seine Arbeit stellen. Dazu gehört auch die gewissenhafte Aufbereitung der Excel-Tabellen anderer, die übernommen werden sollen.* Ich wunderte mich über meine

Beurteilung. »Voll und ganz hinter seine Arbeit stellen?« Ja, sicher, mein Manager hatte mir gesagt, ich solle mir »die Excel-Analyse zu eigen machen«, aber ich hatte geglaubt, das hieße, ich sei für die Betreuung der Master-Datei (der Hauptdatei, die immer auf dem aktuellsten Stand war) verantwortlich. Was bedeutete das für meine Arbeit? Mein Manager hatte gesagt, dass ich meine Aufgabe schlussendlich gut erledigt hatte. Ich hatte geglaubt, ich hätte meine Aufgabe gut gemacht. Irgendetwas entging mir da anscheinend, aber was?

Mir fehlte das Wissen um die unausgesprochenen Regeln – bestimmte Vorgehensweisen und Umgangsformen, die Vorgesetzte erwarten, aber nicht erklären, und die Leistungsträger an den Tag legen, ohne es überhaupt zu merken. Das Wissen um diese unausgesprochenen Regeln ist der Schlüssel zum beruflichen Erfolg. Das Problem dabei? So etwas lernt man nicht in der Schule. Dieses Verhalten wird vielmehr von Eltern an Kinder und von Mentoren an Schützlinge weitergegeben, was zu ungleichen Wettbewerbsbedingungen für Insider und Außenseiter führt.

Wieso ich das weiß? Weil ich zu den Außenseitern gehörte.

Meine Mutter sagte früher immer, beim beruflichen Vorankommen käme es nur auf harte Arbeit an. Doch sie irrte sich: Es geht nicht nur darum, den Kopf einzuziehen, stillzuhalten und die Erfolge für sich sprechen zu lassen. Harte Arbeit ist lediglich der Eintrittspreis, um überhaupt einen Fuß auf die Karriereleiter zu bekommen. Um bei diesem Spiel zu überleben und Erfolg zu haben, braucht man mehr. Man muss die Spielregeln kennen.

Als ich 14 war, wurde meiner alleinerziehenden Mutter die Stelle in einer Nähmaschinenfabrik gekündigt. Sie hatte noch nie einen Lebenslauf oder ein Bewerbungsschreiben verfasst. Ich auch nicht, aber weil ich Einzelkind war und als einziger im Haus wusste, wie man einen Computer bediente, legte ich mich ins Zeug. In meinen Mittagspausen brachte ich mir bei, wie man Bewerbungsunterlagen gestaltet, saß ganze Nachmittage am Computer in der Bücherei, um nach Stellen in Hauswirtschaft und Wäschereien zu suchen, und abends verschickte ich hunderte Bewerbungen für meine Mom. An den Wochenenden half ich ihr, die Badewannen fremder Leute zu scheuern, um über die Runden zu kommen.

Die Monate vergingen. Auf keine unserer Bewerbungen erhielten wir eine Antwort. Stundenlang hatten wir an den Bewerbungsschreiben gefeilt, und so war die ausbleibende Resonanz wirklich niederschmetternd. Wir waren völlig aufgeschmissen. In einem letzten verzweifelten Versuch bewarb sich meine Mom um ein staatliches Stipendium und ging nach fast 40 Jahren noch einmal zur Schule, wo sie eine Ausbildung zur Erzieherin machte. Nachdem sie ihren Abschluss geschafft hatte, zog Mom mehrere Stellen in der Kinderbetreuung an Land, wo sie bis zur Rente arbeitete. Wir überlebten, aber nur eben gerade so.

Seither fragte ich mich immer wieder, wie es einem so hart arbeitenden Menschen wie meiner Mom derartig schwerfallen konnte, wieder auf die Beine zu kommen. Und wie es sein konnte, dass ich ihr trotz all meiner Internetrecherchen nicht hatte helfen können. Jahre später kam ich in der Highschool der Antwort auf die Spur. Während eines gemeinnützigen Arbeitseinsatzes traf ich einen älteren Schüler von einer anderen Schule. Er hieß Sandy und steckte gerade mitten im Bewerbungsprozess um einen Platz an Amerikas besten Colleges. Mir war nie in den Sinn gekommen, dass auch ich mich an diesen Hochschulen bewerben könnte. Von vielen hatte ich noch nicht einmal gehört. Durch Sandy lernte ich, dass zu dem Zulassungsverfahren weit mehr gehört, als die Anleitungen auf den Websites der Colleges preisgeben. Ich lernte, dass es nicht reicht, die Lehrer um ein Empfehlungsschreiben zu bitten – man muss ihnen dafür schon eine Liste der Leistungen vorlegen, von denen man möchte, dass sie sie in ihren Briefen hervorheben. Ich erfuhr, dass Notendurchschnitt und Examensergebnisse nur bis zu einem gewissen Grad helfen – außerschulischen Aktivitäten und die eigene Geschichte fallen ebenso ins Gewicht. Diese Strategien funktionierten. Als erster in meiner Familie überhaupt studierte ich – und zwar auf der Harvard University.

Damals dachte ich, ich hätte die unausgesprochenen Regeln hinter mir gelassen. Ich konnte ja nicht ahnen, dass sie gerade erst zu greifen begannen.

Als ich in meinem zweiten Studienjahr eines Abends in meinen Schlafsaal zurückkehrte, hasteten mehrere Kommilitonen an mir vorbei. Ich trug Jeans und Kapuzenpulli. Sie trugen Anzüge. Am nächsten Tag hörte ich im Unterricht, dass eine Firma, die vor Kurzem bei einer Karrieremesse vertreten gewesen war, einen exklusiven Empfang für geladene Gäste veranstaltet hatte. Bei der Messe war ich zwar durchaus am Tisch des Unternehmens vorbeigekommen, hatte aber mit niemandem gesprochen. Schließlich glaubte ich, dass die Firmen keine Bewerber aus dem zweiten Studienjahr einstellten. Die anderen Studenten aus meinem Jahrgang jedoch hatten sich nicht nur den Personalvermittlern vorgestellt, sondern auch Freunde von Freunden dazu gebracht, ein gutes Wort für sie einzulegen. Nach der Messe stand ich mit einer Broschüre und einer Wasserflasche mit Werbeaufdruck da. Sie dagegen hatten Termine für Vorstellungsgespräche ergattert.

Wochen später saß ich im Seminar, während diese anderen Studenten verreist waren, um am »Verkaufswochenende« teilzunehmen. So nennt sich die Zeit, in der Collegestudenten in Firmenzentralen eingeladen und verköstigt werden, nachdem man ihnen Stellen angeboten hat. Und auf einmal verstand ich, warum meine Mom und ich uns vergeblich abgerackert hatten. Wir hatten blind Onlinebewerbungen verschickt und nicht begriffen, dass die erfolgreichen Bewerber zuvor hinter den Kulissen Kontakte geknüpft hatten.

Also wurde ich aktiv. Ich freundete mich mit älteren Studenten an und tat, was sie taten. Die unausgesprochenen Regeln zeigten Wirkung. Ich bekam Stellen, wie sie die Insider bekommen: ein Ferienpraktikum im Investment Banking bei Credit Suisse und einen Vollzeitjob in der Unternehmensberatung bei der Boston Consulting Group (BCG). Aber wie ich später aus meiner Leistungsbeurteilung erfuhr, war es eine Sache, hineinzukommen – zu überleben jedoch etwas ganz anderes.

Dieses Mal wusste ich es besser. Ich begann, mit Kolleginnen und Kollegen und im Freundeskreis über Aufgaben, Frust und Leistungsbeurteilungen zu sprechen. Ursprünglich begann das als ein einmaliges Dampfablassen, doch bald wurden daraus tägliche Gespräche jenseits der Arbeit. Zu meiner Überraschung spielte es dabei keine Rolle, ob jemand in einem Start-up, einer Anwaltskanzlei, einem Krankenhaus oder an einer Schule arbeitete. Wir kämpften alle mit den gleichen Problemen.

Nach kurzer Zeit vergrößerte ich meinen Radius. Ich schickte E-Mails an Manager, mit denen ich vorher nicht zu tun gehabt hatte, und bat sie, sich über ihre Teams zu beklagen. Schon bald führte ich Videotelefonate mit Fremden auf der anderen Seite der Welt und hörte mir hinter geschlossenen Türen Beschwerden von Führungskräften an. Unsere Gespräche drehten sich um drei Kernfragen:

- Welche Fehler unterlaufen bei der Arbeit am häufigsten?
- Was würden Sie anders machen, wenn Sie Ihre ersten Berufsjahre wiederholen könnten?
- Worin unterscheiden sich leistungsstarke Mitarbeiter von mittelmäßigen?

Nach fast fünf Jahren hatte ich diese Fragen über 500 Menschen gestellt – CEOs, Managern und jungen Berufstätigen aus den unterschiedlichsten Regionen, Branchen und Berufen. Sie alle halfen mir zu verstehen, was ich zu Anfang meiner Karriere hätte besser machen können. Und dank ihrer Klugheit und Freundlichkeit verbesserte sich mein Leben. Es sollte noch ein weiteres halbes Jahr dauern, aber anstatt an meinem Schreibtisch beinahe in Tränen auszubrechen, hielt ich schließlich Präsentationen in Meetings. Wo ich mich vorher bei jeder Kleinigkeit überwacht und kontrolliert fühlte, leitete ich nun meinen Manager.

Seitdem habe ich versucht, das Gute, das mit zuteilwurde, weiterzugeben, indem ich anderen das Wissen vermittle, von dem ich mir wünschte, dass ich es früher gehabt hätte. Ich wurde Karriereberater am Harvard College und an der University of Massachusetts in Boston und coachte hunderte Studierende und Berufsanfänger in den USA und Kanada. Doch auf jeden, den ich kennengelernt habe und der nach Erfolg strebte und nicht wusste, wie er es anstellen sollte, kommen zahllose andere, denen ich nie begegnen werde. Deshalb habe ich diese Handreichung geschrieben – um die Geheimnisse der Leistungsträger zu offenbaren, hinter die man sonst erst im Laufe der Jahre kommt.

In diesem Buch gehen wir Schritt für Schritt die unausgesprochenen Regeln durch, die hinter einer erfolgreichen Karriere stecken. Diese Regeln gelten nicht nur für die erste Praktikums-, Lehr- oder Arbeitsstelle, sondern für jede Position in jeder Branche, ob Sie nun schon lange dort angestellt sind oder gerade erst wieder auf den Arbeitsmarkt zurückkehren. In diesem Ratgeber geht es nicht nur um den *Einstieg* ins Arbeitsleben, sondern auch darum, wie man sich im Beruf *zurechtfindet* – und *Erfolg* hat.

Noch eine kurze Anmerkung, ehe wir loslegen: Sie brauchen dieses Buch nicht am Stück durchzulesen, denn es ist eine große Menge an Strategien, Taktiken und Argumentationshilfen zu verarbeiten. Ich hoffe, Sie kommen im Laufe Ihrer Karriere immer wieder auf bestimmte Kapitel und Abschnitte zurück, speziell wenn Sie auf Stolpersteine stoßen. Ihr Berufsweg ist genau das: ein Weg nämlich, und die Geheimnisse für sich zu erschließen, braucht ebenfalls Zeit.

Die unausgesprochenen Regeln halten Sie nun schriftlich in den Händen. Machen Sie sie sich zunutze!

Gorick Ng
www.gorick.com

Die unausgesprochenen Regeln

Im Folgenden finden Sie die unausgesprochenen Regeln, die man für einen gelungenen Start ins Berufsleben kennen muss. Ohne das Wissen um die Geheimnisse, die Ihnen das Einhalten dieser Regeln überhaupt ermöglichen, sind sie allerdings unvollständig. Deshalb geht es im Rest des Buches darum, wie man sein Verhalten diesen Regeln so anpasst, dass man Erfolg hat und eine gute Wirkung erzielt. Behalten Sie diese Regeln bei der Lektüre des Buchs im Kopf. Behandeln Sie sie wie eine Brille, die Sie aufsetzen, um die Welt zu analysieren und sich in ihr zurechtzufinden.

Die Regeln annehmen, ablehnen oder zurechtbiegen

Finden Sie heraus, welche Regeln sinnvoll sind (oder eben nicht), es wert sind, hinterfragt zu werden (oder eben nicht) oder nicht zu Ihren persönlichen Grundwerten passen (oder aber doch). Anschließend sollten Sie für sich ganz persönlich entscheiden, ob und wann Sie sich an eine Regel halten, sie ablehnen oder für sich zurechtbiegen. Seien Sie sich ganz besonders bewusst, dass es einen Unterschied gibt zwischen dem, was »eigentlich richtig« ist und dem, was den Vorlieben *Ihrer* Vor-

gesetzten entspricht. Lernen Sie, wann Kritik konstruktiv ist und angenommen werden sollte – und wann sie das nicht ist und besser ignoriert
wird. Finden Sie Verbündete.

Das große Ganze betrachten

Wenn Sie in einem Team neu anfangen, finden Sie heraus, was das
Team genau tut, was die Zielvorgaben sind, wem es dient, was es in
letzter Zeit so getan hat, wer die Konkurrenz ist, wer die wichtigsten
Leute sind und wie genau Ihre Stelle dem Team und dem Unternehmen beim Erreichen der gesetzten Ziele helfen soll. Wenn Sie einen
neuen Auftrag annehmen, verschaffen Sie sich ein Verständnis davon,
was das weitergefasste Ziel ist, wie sich Erfolg definiert und wie sich
Ihre Arbeit konkret in das große Ganze einfügt. Halten Sie sich auf
dem Laufenden darüber, was in Ihrem Team, im Unternehmen und in
der ganzen Branche los ist.

Hausaufgaben machen – und vorzeigen

Vermeiden Sie es, andere sofort zur Seite zu nehmen, wenn Sie eine
Frage haben. Werfen Sie zuerst einen Blick in Ihre E-Mails und in Ihre
Unterlagen und recherchieren Sie zuerst selbst im Internet. Wenn Sie
nicht alleine auf die Antwort kommen, heißt es Bündeln und Weiter-
reichen: Fassen Sie Ihre Fragen zusammen und stellen Sie sie dann zunächst einer Kollegin oder einem Kollegen auf Ihrer Hierarchiestufe,
anschließend jemandem, der nächsthöher positioniert ist oder über relevante Kompetenzen verfügt, und so weiter. Erklären Sie den Hintergrund Ihrer Frage und berichten Sie, was Sie unternommen haben, um
die Antwort herauszufinden. Zeigen Sie, was Sie wissen, bevor Sie nach
dem fragen, was Sie nicht wissen.

Wie ein Eigentümer denken

Stellen Sie sich vor, Sie wären allein verantwortlich und hätten niemanden, den Sie um Hilfe bitten könnten. Was würden Sie zur Lösung des Problems unternehmen? Stellen Sie sich vor, Sie wären für Ihre Firma verantwortlich. Was würden Sie dazu beitragen, dass das Unternehmen seine Ziele erreicht? Seien Sie proaktiv: Grüßt keiner? Dann grüßen Sie. Gibt niemand Informationen weiter? Dann bitten Sie um Informationen. Überträgt Ihnen niemand Aufgaben? Dann fordern Sie Aufgaben ein. Liefern Sie den anderen eine Reaktionsvorlage. Steuern Sie Lösungen bei, keine Probleme. Nehmen Sie Ihre Karriere selbst in die Hand!

Lern- und Hilfsbereitschaft zeigen

Von jemandem, der neu zu einem Team oder einem Projekt dazustößt, wird erwartet, dass er Fragen stellt (»Lernmodus«). Nach einer Weile wird dann erwartet, dass man weiß, was vor sich geht, und durchdachte Vorschläge macht (»Führungsmodus«). Seien Sie sich stets im Klaren darüber, ob Sie sich noch im Lernmodus oder schon im Führungsmodus befinden und verhalten Sie sich entsprechend. Behandeln Sie die Erkundigung, ob es noch Fragen gibt, nie als eine Ja-oder-Nein-Frage, sondern stets als Ja-Frage. Haben Sie immer eine Frage oder eine Bemerkung parat. Im Zweifel fragen Sie: »Wie kann ich am besten behilflich sein?«

Sich innerer und äußerer Narrative bewusst sein

Sie müssen wissen, warum Sie tun, was Sie tun. Reden Sie über Ihre Vergangenheit, Gegenwart und Zukunft, wenn Sie sich vorstellen: Berichten Sie, was Sie geleistet haben, woran Sie momentan arbeiten und, falls zutreffend, auch was Sie erreichen wollen. Überlegen Sie, ob Sie Ihre persönliche Geschichte vielleicht als Heldenreise im Sinne des Storytellings erzählen möchten: Was hat Ihr Interesse geweckt, was haben Sie bisher getan, was führt Sie heute hierher und was wollen Sie erreichen? Wenn Sie einen Statusbericht abliefern, sprechen Sie über das, was Sie erarbeitet haben und anschließend über das, was noch zu tun ist.

Kontext und Publikum kennen

Sind Sie eher extrovertiert oder introvertiert? Verfügen Sie über eher mehr Erfahrung oder noch nicht so viel? Gehören Sie der Mehrheit an oder einer Minderheit? Seien Sie sich der Vorurteile bewusst, die andere Ihnen gegenüber möglicherweise hegen, und steuern Sie diese. Zudem sollten Sie Ihr Publikum kennen: Welche Konzepte und Ideen sind ihm bekannt oder fremd? Auf welche Weise möchte es neue Informationen erfahren? Passen Sie Ihre Botschaft Ihren Zuhörerinnen und Zuhörern oder Leserinnen und Lesern an. Finden Sie die passendste Person zur passendsten Zeit.

Andere spiegeln

Vergleichen Sie Ihre Wirkung mit der anderer, wenn Sie sich auf unbekanntem Terrain befinden. Suchen Sie sich Menschen, die Sie respektieren und mit denen Sie sich identifizieren können, und beobachten Sie, wie diese sich verhalten, kleiden, wie sie schreiben und reden, und übernehmen Sie Elemente, die zu Ihnen passen und authentisch sind. Spiegeln Sie die Dringlichkeit und den Ernst Ihrer Kolleginnen und Kollegen. Legen Sie noch etwas mehr Dringlichkeit und Ernst an den Tag, wenn Sie mit jemandem zu tun haben, der Verfügungsgewalt über Sie hat. Im Zweifel lassen Sie anderen den Vortritt.

Absicht und Wirkung steuern

Im Umgang mit anderen sollte Ihnen immer bewusst sein, dass Ihre Absicht (wie Sie also wahrgenommen werden wollen) sich von Ihrer Wirkung (wie Sie tatsächlich wahrgenommen werden) unterscheiden kann. Schaffen Sie Klarheit, wo man Sie falsch verstehen könnte: Erklären Sie Verhaltensweisen oder Handlungen, die womöglich in einem negativen Licht erscheinen, damit Ihre Umgebung nicht vom Schlimmsten ausgeht. Falls etwas unterschiedlich aufgefasst werden kann, verlassen Sie sich nicht auf E-Mails oder Direktnachrichten. Suchen Sie besser das persönliche Gespräch.

Die richtigen Signale senden

Seien Sie sich bewusst, was andere an Ihnen wahrnehmen, was Sie an Ihnen sehen, hören, riechen und spüren. Seien Sie sich kultureller Gepflogenheiten bezüglich Blickkontakt, Lächeln, schnellen Antworten und Single-Tasking bewusst. Wenn Ihnen jemand Anweisungen oder einen Rat gibt, schreiben Sie vor seinen Augen mit. Tun Sie, was Sie angekündigt haben (oder erklären Sie proaktiv, warum Sie es doch anders machen). Achten Sie darauf, wann und wie Sie zur Arbeit oder einem Termin kommen, sich zu Wort melden, E-Mails verschicken und um Hilfe bitten. Im Zweifelsfall frühzeitig erscheinen.

Mehrere Schritte im Voraus denken

Bringen Sie in Erfahrung, worum Ihr Vorgesetzter Sie bitten oder was er Sie fragen könnte – und seien Sie darauf vorbereitet. Sie sollten die Themen kennen, mit denen sich Ihr Vorgesetzter auseinandersetzen muss – und einen Lösungsvorschlag unterbreiten. Überlegen Sie, welche Fragen aufkommen und wie mögliche Antworten aussehen könnten, ehe Sie eine Arbeit abgeben oder zu einer Besprechung gehen. Berücksichtigen Sie bei Entscheidungen auch nachrangige

Implikationen. Wenn Sie die Anweisung erhalten, eine bestimmte Aufgabe zu erledigen, denken Sie mehrere Schritte voraus: Ergibt die erhaltene Anleitung Sinn? Könnte die Idee anderen Probleme bereiten?

Vom übergeordneten Ziel her rückwärts arbeiten

Zuallererst müssen Sie verstehen, was Sie eigentlich erreichen wollen. Dann arbeiten Sie von diesem übergeordneten Ziel her rückwärts, indem Sie alle Schritte und Fristen zwischen sich und dem Ziel skizzieren. Vergewissern Sie sich, was Sie wie und wann zu erledigen haben. Fragen Sie Kolleginnen und Kollegen oder Vorgesetzte, wann ein guter Zeitpunkt für Rücksprachen wäre. Wiederholen Sie, was Sie meinen, verstanden zu haben, ehe Sie ein Gespräch beenden. Überprüfen Sie im Zuge Ihrer Arbeit fortlaufend, ob Sie das, was Sie tun, dem übergeordneten Ziel näherbringt.

Anderen Zeit und Stress ersparen

Ehe Sie um Hilfe bitten, erstellen Sie eine Liste der Punkte, die der andere um Ihretwillen unternehmen müsste, und arbeiten Sie so viele wie nur möglich davon ab. Bei Terminvereinbarungen bieten Sie Zeitfenster in der Zeitzone Ihres Gegenübers an. Verfassen Sie Betreffzeilen, Zusammenfassungen und Handlungsaufforderungen verständlich und wohlüberlegt. Lassen Sie Unklarheiten keinen Raum. Versuchen Sie, Ihre Überlegungen in drei oder weniger Punkten zu erklären. Vermitteln Sie vor dem Einstieg in eine Diskussion entsprechende Hintergrundinformationen, damit alle wissen, worum es geht.

Muster erkennen

Vermeiden Sie es, den gleichen Fehler zweimal zu machen. Vermeiden Sie es, dass man Ihnen etwas zweimal erklären muss. Und vermeiden Sie es, die gleiche Frage zweimal stellen zu müssen. Falls das unbedingt sein muss, geben Sie zu, dass es so ist, oder versuchen Sie, zuerst jemand anderes zu fragen. Suchen Sie nach Mustern: Wenn Ihr Manager immer um XYZ bittet, halten Sie XYZ bereit, eher er das nächste Mal danach fragt. Finden Sie heraus, wie Sie Ihre Arbeit produktiver erledigen können. Lösen Sie Probleme von Grund auf. Achten Sie darauf, dass Ihre Verhaltensweisen zu Ihrer beabsichtigten Außenwirkung passen.

Wichtiges und Dringendes priorisieren

Höchste Priorität verleihen Sie den Angelegenheiten, die mit dem frühsten Abgabetermin einhergehen, bei denen am meisten Leute beteiligt sind, die für den meisten Stress sorgen, im Laufe der Zeit schwieriger werden, für Ihre Position ausschlaggebend sind oder wichtigen Menschen viel bedeuten. Seien Sie sich im Klaren darüber, dass das, was Ihnen wichtig ist, für andere womöglich nicht von Bedeutung ist und umgekehrt. Sie sollten darüber Bescheid wissen, worauf angesichts der Ihnen zur Verfügung stehenden Zeitspanne geachtet wird (oder eben nicht). Konzentrieren Sie sich auf die Punkte, die eingehend geprüft werden. Brechen Sie Aufgaben herunter und sortieren Sie die Teilaufgaben in die Kategorien »Muss« und »Kann« ein – die »Muss«-Aufgaben erledigen Sie zuerst.

Zwischenmenschliche Beziehungen verstehen

Seien Sie sich der unsichtbaren Befehlsketten, Zuständigkeitsbereiche (die sogenannten »Swimlanes«: wer macht was und wann) und Komfortzonen bewusst. Seien Sie im Bilde darüber, wer wem untersteht, wer wofür verantwortlich ist und wer wem gegenüber am längeren Hebel sitzt (Macht hat). Identifizieren Sie einflussreiche Personen. Achten Sie darauf, welche Verhaltensweisen als akzeptabel und welche als inakzeptabel gelten. Halten Sie Ihre Kolleginnen und Kollegen und Ihre Vorgesetzten auf dem Laufenden. Sorgen Sie dafür, dass andere gut dastehen und sich wohlfühlen. Entwickeln Sie ein Gefühl dafür, wenn es Zeit ist, auf jemanden zuzugehen, und wann Sie womöglich eine Grenze überschreiten.

Sich einlassen, nachfragen, wiederholen

Suchen Sie nach Vorwänden, um sich mit anderen auszutauschen. Lassen Sie sich auf das ein, was andere sagen – hören Sie zu, nehmen Sie das Gesagte in sich auf, denken Sie darüber nach. Anschließend kommentieren Sie das Gesagte oder stellen eine offene Frage. Lassen Sie andere ausreden. Achten Sie auf ausgeglichene Redezeiten. Wenn Sie einmal mit jemandem Kontakt hatten, grüßen Sie die Person, wenn Sie einander begegnen. Verschicken Sie Dankes-E-Mails. Erkundigen Sie sich nach dem Befinden. Bieten Sie Hilfe an. Sprechen Sie über relevante Neuigkeiten. Vermitteln Sie Kontakte. Suchen Sie nach Gemeinsamkeiten zwischen sich und anderen und weisen Sie darauf hin.

Sich der Verantwortung stellen

Bitten Sie um Feedback, wenn Sie sich Ihrer Leistung nicht ganz sicher sind. Versuchen Sie es mit der Frage: »Womit sollte ich anfangen, aufhören oder weitermachen?« Oder fragen Sie einfach: »Bin ich auf dem richtigen Weg?« Manchmal muss man um Entschuldigung bitten und einen Fehler eingestehen, manchmal muss man sich verteidigen – gehen Sie mit solchen Situationen stets achtsam um. Wenn Ihnen ein Fehler unterlaufen ist, sollten Sie darauf vorbereitet sein, sich zu entschuldigen, zu erklären, was passiert ist, Sie sollten einen Plan zur Schadensbegrenzung oder Problemlösung vorlegen und erklären können, wie Sie vermeiden, den gleichen Fehler noch einmal zu machen.

Vorsichtig fordern

Formulieren Sie Ihre Bitte um Hilfe stets als Bitte, nicht als Anweisung. Geben Sie anderen die Möglichkeit, abzulehnen. Wenn Sie anderer Meinung sind, verwenden Sie Formulierungen wie »Ich frage mich allerdings, ob ...«, »Was, wenn ...« oder »Um auf ... zurückzukommen«, um Ihre Aussage als konstruktives Feedback anstatt als Kritik einzuordnen. Ehe Sie etwas vorschlagen, versuchen Sie nachzuvollziehen, ob eine ähnliche Idee bereits vorher schon vorgetragen wurde und gegebenenfalls, warum diese gescheitert ist. Wenn Sie neu sind und wenig Einfluss haben, präsentieren Sie Ideen in Form von Fragen wie »Wurde bereits in Betracht gezogen, ...?«

Leistung und Potenzial zeigen

Seien Sie sich der Tatsache bewusst, dass Sie sowohl aufgrund Ihrer Leistung (die Effektivität, die Sie in Ihrer derzeitigen Position zeigen) als auch Ihres Potenzials (die Effektivität, die man von Ihnen in Ihrer nächsten Position erwarten kann) bewertet werden. Um Ihr Potenzial zu zeigen, erobern Sie eine ungenutzte »Swimlane«: Tun Sie, was noch nicht erledigt wurde, bringen Sie etwas in Ordnung, das noch nicht in Ordnung gebracht wurde, schlagen Sie Brücken, wo noch keine sind, wissen Sie über Dinge Bescheid, die andere nicht wissen, und geben Sie Informationen weiter, die noch nicht weitergegeben wurden. Sorgen Sie dafür, dass Ihr Potenzial nicht unerkannt bleibt. Bitten Sie um das, was Sie wollen – und verdienen.

Beobachten Sie die Menschen an Ihrem Arbeitsplatz. Sie werden bemerken, dass diejenigen, die beruflich weiterkommen, die meisten dieser unausgesprochenen Regeln, wenn nicht gar alle, gemeistert haben, und dass diejenigen, die sich wiederholt schwertun, mit mindestens einer dieser Regeln, wenn nicht mit mehreren, ihre Schwierigkeiten haben.

Wie können Sie diese unausgesprochenen Regeln auf Ihren persönlichen Berufsweg anwenden? Hier kommt der Rest dieses Buches ins Spiel.

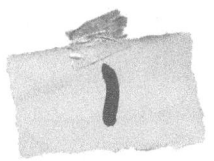

»KEKs«

Kompetenz, Einsatzbereitschaft, Kompatibilität

Ehe wir richtig einsteigen, wollen wir uns mit dem Rahmen beschäftigen, der uns das ganze Buch über begleiten wird. Dieser wird von drei Schlüsselbegriffen geprägt: Kompetenz, Einsatzbereitschaft und Kompatibilität, kurz »KEKs«. Sobald Sie eine neue Stelle antreten, stellen sich Vorgesetzte, Kollegen und Kunden drei Fragen:

> »Sind Sie in der Lage, Ihre Aufgaben gut zu erfüllen?« (Sind Sie kompetent?)

> »Freuen Sie sich, hier zu sein?« (Fühlen Sie sich Ihrer Arbeitsstelle verbunden, zeigen Sie Einsatzbereitschaft?)

> »Kommen wir gut miteinander aus?« (Sind Sie sozusagen kompatibel?)

Ihre Aufgabe ist es nun, Ihre Vorgesetzten, Kollegen und Kunden dazu zu bringen, alle drei Fragen mit »Ja!« zu beantworten. Stellen Sie Ihre Kompetenz unter Beweis, wird man Ihnen mehr Verantwortung übertragen wollen. Beweisen Sie, dass Sie verbindlich mit an Bord sind, wird man in Sie investieren wollen. Erweisen Sie sich als kompatibel, werden

Ihre Mitmenschen gerne mit Ihnen arbeiten wollen. Indem Sie zeigen, was in Ihnen steckt (Abb. 1-1), eröffnen Sie sich Möglichkeiten, Vertrauen aufzubauen, Gelegenheiten klug zu nutzen und Ihre Karriereziele zu erreichen.

Abbildung 1-1

»KEKs« – Kompetenz, Einsatzbereitschaft, Kompatibilität

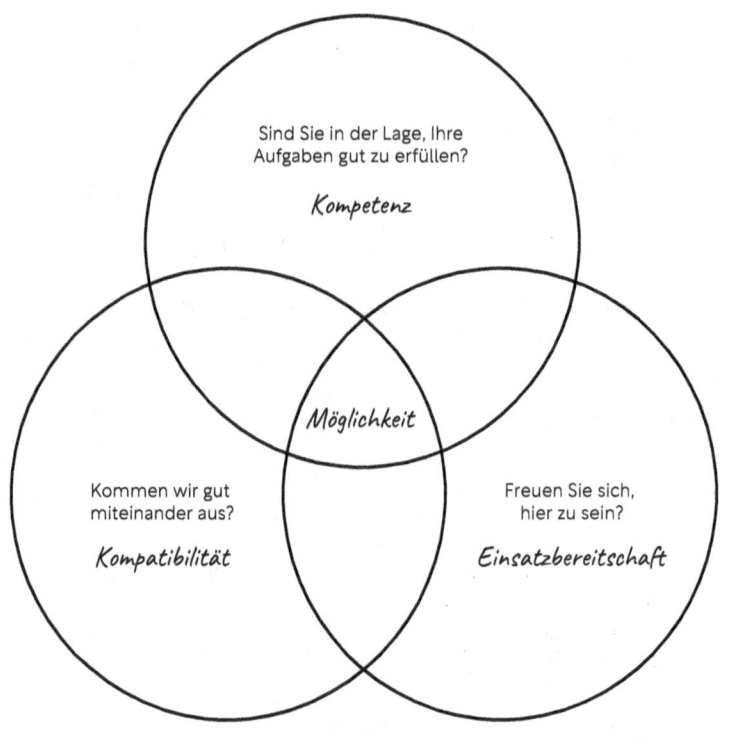

Sind Sie in der Lage, Ihre Aufgaben gut zu erfüllen?

Kompetenz

Möglichkeit

Kommen wir gut miteinander aus?

Kompatibilität

Freuen Sie sich, hier zu sein?

Einsatzbereitschaft

Es reicht nicht aus, nur eines oder zwei der drei Attribute zu zeigen. Sie brauchen alle drei. Ansonsten werden Ihnen keine wichtigen Aufgaben anvertraut werden, man wird Sie nicht für wertvoll genug erachten, um Zeit und Geld in Sie zu investieren oder keine Zeit mit Ihnen verbringen wollen (Abb. 1-2).

Abbildung 1-2

Was andere über Ihre Schlüsselattribute denken

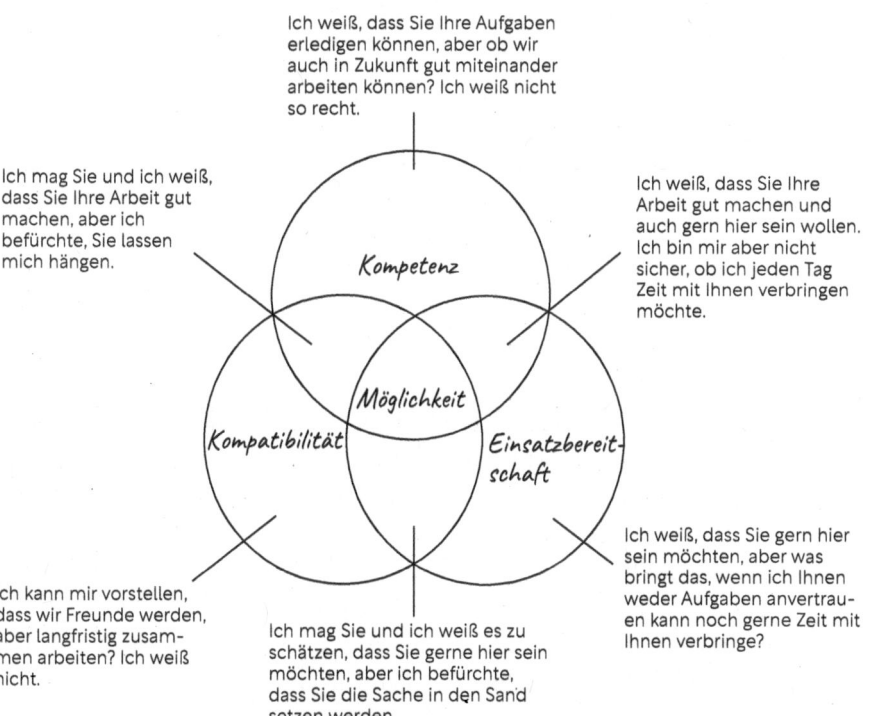

Ich weiß, dass Sie Ihre Aufgaben erledigen können, aber ob wir auch in Zukunft gut miteinander arbeiten können? Ich weiß nicht so recht.

Ich mag Sie und ich weiß, dass Sie Ihre Arbeit gut machen, aber ich befürchte, Sie lassen mich hängen.

Ich weiß, dass Sie Ihre Arbeit gut machen und auch gern hier sein wollen. Ich bin mir aber nicht sicher, ob ich jeden Tag Zeit mit Ihnen verbringen möchte.

Kompetenz

Möglichkeit

Kompatibilität

Einsatzbereit-schaft

Ich kann mir vorstellen, dass wir Freunde werden, aber langfristig zusammen arbeiten? Ich weiß nicht.

Ich mag Sie und ich weiß es zu schätzen, dass Sie gerne hier sein möchten, aber ich befürchte, dass Sie die Sache in den Sand setzen werden.

Ich weiß, dass Sie gern hier sein möchten, aber was bringt das, wenn ich Ihnen weder Aufgaben anvertrauen kann noch gerne Zeit mit Ihnen verbringe?

Fangen wir damit an, die Begriffe zu definieren und zu erörtern, warum der Umgang damit ebenso schwierig wie wichtig ist.

Kompetenz

Kompetenz bedeutet, dass Sie in der Lage sind, Ihre Aufgaben vollständig, genau und unmittelbar zu erledigen, ohne kleinschrittig beaufsichtigt werden zu müssen – und ohne, dass andere dadurch in einem schlechteren Licht dastehen. Das bedeutet, Sie dürfen weder untertreiben, um nicht völlig ahnungslos zu wirken, noch es übertreiben, wodurch Sie überheblich wirken könnten.

Einmal lernte ich eine College-Studentin kennen, die eine Praktikumsstelle bei einem Start-up ergattert hatte. Es handelte sich um Aufgaben im Bereich der Marktforschung, die sie während des akademischen Jahrs von zu Hause aus erledigen konnte. Mitten im Semester beanspruchten ihre Seminare viel Zeit. Mit dem letzten Forschungsprojekt, das sie eigentlich schon abgeben sollte, hatte sie nicht einmal angefangen. Ihr Manager rief sie immer wieder an und schickte E-Mails, aber über eine Woche lang ging sie nicht ans Telefon und beantwortete auch keine E-Mails. Sie hatte vor, die liegengebliebene Arbeit nach den Midterm-Klausuren zu erledigen. Doch ehe sie überhaupt dazu kam, wurde ihr gekündigt – weil sie versäumt hatte zu kommunizieren, und demzufolge ahnungslos gewirkt hatte.

Ein anderes Beispiel: Ein frisch examinierter Lehrer wurde von einer Highschool eingestellt. In Gesprächen mit Kolleginnen und Kollegen seiner Abteilung sagte er laufend Dinge wie: »Bei meiner Ausbildung haben wir viel mit einer bestimmten Form der Unterrichtsplanung gearbeitet. Kennen Sie die schon? Die ist viel besser als man das früher gemacht hat. Die Schülerinnen und Schüler mögen sie auch viel lieber.« Die altgedienten Lehrerinnen und Lehrer verschränkten die Arme und bedachten ihn mit Blicken, die »Hau bloß ab« vermittelten. Schnell hatte er sich bei den anderen, die ihn als überheblich wahrnahmen, einen Ruf als naiver Besserwisser erworben.

Was an Kompetenz so schwierig ist

Echte Kompetenz ist mitunter schwer messbar. Bei einem Bäcker oder einer Programmiererin lässt sich noch recht einfach beurteilen: Da braucht man bloß den Kuchen zu kosten oder den Code zu testen. Aber bei vielen Berufen, in denen ein Großteil des Tages auf die Interaktion mit anderen Menschen verwendet wird, ist es überhaupt nicht leicht, Kompetenz zu messen oder zu bewerten.

Mangels klar messbarer Arbeitsleistung verlassen sich Manager häufig auf den geleisteten Einsatz – etwa, wie weit man mit einem bestimmten Projekt vorankommt, wie selbstsicher man in Meetings auftritt oder wie gut man für sich wirbt. Wenig überraschend also, dass diejenigen, die eine Beförderung oder die besten Aufträge erhalten, nicht immer die kompetentesten sind, und das selbst in Organisationen, die für sich beanspruchen, dem Leistungsprinzip zu folgen. Auf echte Kompetenz kommt es zwar immer noch auch an, aber wie wir später sehen werden, ist die wahrgenommene Kompetenz mitunter ebenso wichtig.

Einsatzbereitschaft

Einsatzbereitschaft bedeutet, dass Sie voll und ganz präsent und darum bestrebt sind, Ihrem Team beim Erreichen seiner Ziele zu helfen – allerdings nicht in einem solchen Maße bestrebt, dass Sie andere in die Defensive drängen. Das bedeutet, nicht zu wenig zu geben und somit fast apathisch zu erscheinen, es aber auch nicht zu übertreiben, um nicht bedrohlich zu wirken.

In einem Ferienlager wurde einem Betreuer vom Direktor Faulheit vorgeworfen, obwohl er sich wirklich anstrengte und zusätzliche Aufgaben übernahm. Einer seiner Kollegen half ihm zu verstehen, dass nicht etwa mangelnder Einsatz das Problem war, sondern mangelnder Enthusiasmus. Er wirkte weichlich und hatte häufig sein Smartphone in der Hand. Der Rest des Betreuungspersonals jedoch benahm sich, als spielten sie in einem Musical über spritzige Ferienlagermitarbeiter mit. In den darauffolgenden Wochen zauberte sich dieser Betreuer ein Lächeln ins Gesicht, ging schneller und trat mit mehr Elan auf. Und tatsächlich nahm ihn der Direktor daraufhin ernster.

Ein anderes Beispiel: Ein College-Student hatte einen Praktikumsplatz bei einer Investmentbank. Jedes Mal, wenn er frühzeitig mit seinen Aufgaben fertig war, fing er ungefragt an, die Arbeit anderer Teammitglieder zu erledigen. Manchmal korrigierte er seinen Manager sogar vor höherrangigen Vorgesetzten. Schlussendlich war er einer von zwei Praktikanten, denen kein Übernahmeangebot unterbreitet wurde – und das nur, weil er bedrohlich gewirkt hatte.

Was an Einsatzbereitschaft so schwierig ist

Bei der Einsatzbereitschaft kämpfen wir mit dem gleichen Problem wie bei der Kompetenz: Wahrnehmung und Wirklichkeit stimmen nicht immer überein. Dass Sie engagiert *sind,* heißt noch lange nicht, dass Sie auch als engagiert *wahrgenommen werden.* Manchmal wecken Kleinigkeiten wie Zuspätkommen, ein abgewandter Blick beim Video-Chat, eine ausbleibende Freiwilligenmeldung bei der Verteilung neuer Aufgaben, ein fehlender Gesprächsbeitrag oder im Vergleich zu den Mitarbeitenden verzögert beantwortete E-Mails Zweifel an Ihrer Einsatzbereitschaft.

Was wirklich ist und was wahrgenommen wird, ist schwer zu unterscheiden. Noch schwerer wird es, wenn man in einem System arbeitet, in dem Wahrnehmung für die Realität gehalten wird und wo Stil mehr gilt als echte Substanz. Natürlich wird ihre erste Stelle vermutlich nicht Ihre letzte sein. Das versteht jeder. Interessen und Zielsetzungen können sich verändern. Auch dafür gibt es viel Verständnis. Aber gemeinhin wird doch ein gewisses Maß an wahrgenommener Loyalität erwartet. Dazu später mehr.

Kompatibilität

Kompatibilität heißt, dass Sie dafür sorgen, dass Ihre Mitmenschen sich wohlfühlen und sich gerne in Ihrer Nähe aufhalten – allerdings ohne dabei unglaubwürdig oder angestrengt zu wirken. Das bedeutet, nicht zu wenig zu geben und somit passiv zu erscheinen, aber es auch nicht zu übertreiben, um nicht wie ein Selbstdarsteller zu wirken.

Einmal forderte der Vorgesetzte einer Kassiererin im Kino sie dazu auf, sich mehr als »Teamplayer« zu zeigen. Sie reagierte verwirrt, schließlich kam sie immer pünktlich zur Arbeit und war im Umgang mit den Besuchern stets höflich. Aber das reichte nicht, weil sie wenig lächelte und anders als ihre Kolleginnen und Kollegen keinen Smalltalk mit ihrem Manager hielt. Sie überstand die Probezeit nicht – und das nur, weil sie passiv und zurückgezogen gewirkt hatte.

Ein anderes Beispiel: Ein Absolvent, der gerade erst ein amerikanisches MBA-Programm abgeschlossen hatte, fing bei einem Energiekonzern in Asien in einem Team für Unternehmensstrategie an. Eines Tages besuchte er mit einigen höherrangigen Kolleginnen und Kollegen die Präsentation einer Zulieferfirma. Am Ende der Präsentation fragte der Vertriebsmitarbeiter, ob noch Fragen seien. Es wurde still im Raum. Weil er nicht wusste, dass seine Kolleginnen und Kollegen der kulturellen Norm entsprechend darauf warteten, dass sich die dienstälteste oder hochrangigste Person zu Wort meldete, platzte er heraus: »Also, wenn sonst keiner Fragen hat, *ich* hätte da eine …« Seine Kolleginnen und Kollegen rollten alle mit den Augen – und betrachteten ihn als Selbstdarsteller.

Was an Kompatibilität so schwierig ist

Kompatibilität ist heikel, weil sie so stark davon abhängt, mit wem man es zu tun hat und von welchen Normen und unbewussten Vorurteilen die anderen geprägt sind. Menschen mögen Menschen, die ihnen ähnlich sind, deshalb neigen sie dazu, diejenigen einzustellen, zu befördern und deren Nähe zu suchen, die aussehen wie sie, reden wie sie und deren Hintergrund und Interessen ihren eigenen ähneln.[1] Und weil diese Vorurteile unbewusst vorhanden sein können, kommt es schnell vor, dass sogar wohlmeinende Menschen andere unfair behandeln, ohne das überhaupt zu merken. Da wird etwa festgestellt, dass jemand nicht »zur Kultur passt«, obschon im Grunde seine Kleider, sein Akzent, seine Verhaltensweisen, Körpergewicht, Hobbys oder andere zur Identität der Person gehörende Elemente be- und verurteilt werden.[2]

Stößt man zu einem Team dazu, in dem alle so aussehen, reden, sich verhalten und ähnliche Erfahrungen und Ansichten haben wie man selbst, verschwendet man wahrscheinlich keinen Gedanken auf seine Identität. Wird man dagegen Teil eines Teams, in dem die anderen anders sind als man selbst, seien es nun Hautfarbe, Herkunft, sozioökonomischer Hintergrund, biologisches und soziales Geschlecht, sexuelle Orientierung, Religion, Alter, Grad der Intro- oder Extrovertiertheit oder andere Eigenschaften, kann die Identität nicht nur das Urteil der Außenwelt aufgrund des vorgestellten »KEKs«-Rasters (Kompetenz, Einsatzbereitschaft, Kompatibilität) beeinflussen, sondern auch die eigene Selbstwahrnehmung.

Bei meinem Eintritt in die Arbeitswelt regten sich beinahe unmittelbar Selbstzweifel. Weil ich asiatischer Herkunft bin und dem Mythos der »Vorzeigeminderheit« trotzen musste, der besagt, dass alle Asiaten schüchtern und gut in Mathe sind, kam ich einfach nicht mit den vielen Datenprojekten hinterher, die mir von meinen nicht asiatischstämmigen Kolleginnen und Kollegen aufgetragen wurden. Da ich noch nicht gelernt hatte, wie man berufliche E-Mails verfasst, konnte ich mit den Nachrichtensalven meiner Mitarbeitenden nicht mithalten, weil ich meine Texte wieder und wieder überarbeiten musste. Und als der erste College-Student in einer Familie mit niedrigem Einkommen konnte ich mich kaum an dem Smalltalk meiner Kolleginnen und Kollegen über die Kindheit beteiligen, weil wir uns Sportausrüstung, Musikunterricht oder Ferien nicht leisten konnten.

Um es in den Rahmen der drei genannten Begriffe zu bringen, so kämpfte ich mit meiner *Kompetenz*, weil ich Fehler machte, die man nicht von mir erwartet hätte. Ich tat mich im Bereich der *Einsatzbereitschaft* schwer, weil ich nicht im selben Tempo wie meine Kolleginnen und Kollegen auf E-Mails antwortete. Ich hatte Probleme mit der *Kompatibilität*, weil ich mich nicht an den Gesprächen der anderen beteiligte. Der Umstand, dass ich von einer Elitehochschule kam, machte die Sache nicht besser. Den Erwartungen nach hätte ich reich sein müssen und wissen, was ich tat. Um mich nicht als Hochstapler zu verraten, hielt ich den Mund.

Die Wettbewerbsbedingungen am Arbeitsplatz sind nicht für alle gleich. Von manchen wird Kompetenz erwartet, von anderen Inkompetenz. Von manchen wird Einsatzbereitschaft erwartet, bei anderen wird sie von vornherein infrage gestellt. Manchen fällt Kompatibilität spielend leicht, andere finden sie ermüdend. In unserem Kreisdiagramm oben finden sich anfangs alle an unterschiedlichen Positionen wieder – und jeder muss eine andere Wegstrecke zurücklegen, um in der Mitte anzukommen.

Eine schwarze Ingenieurin berichtete mir von dem Druck, ihre Naturkrause zu verbergen, weil in ihrer Arbeitsumgebung glattes Haar als der einzige Standard für Professionalität galt. Ein:e transgender Finanzexpert:in erzählte mir von der Erfahrung, nicht zu After-Work-Partys eingeladen zu werden, und dass Vorgesetzte zögerten, sie/ihn der Kundschaft vorzustellen. Eine in der Politik tätige Frau lateinamerikanischer Herkunft sagte mir, ihr würde in Sitzungen mit älteren Männern jedes Mal vorgeworfen, sie sei dumm, aber rechthaberisch.

Eine in der Energiebranche beschäftigte Muslima sprach über das ständige Dilemma, während des Fastenmonats Ramadan einen guten Umgang mit Geschäftsessen zu finden. Ein Schwarzer, der als einziger Mann in einem Team aus lauter weißen Frauen in der Kosmetikabteilung eines Kaufhauses arbeitete, berichtete mir, man habe ihm gesagt, es »passe kulturell nicht«, weil er sich nicht nach Feierabend mit seinen Kolleginnen in einer Bar traf. Eine weiße New Yorkerin, die in der Buchhaltung arbeitete, offenbarte mir ihre Befürchtungen, als Dummchen abgestempelt zu werden, weil sie College-Sportlerin gewesen war, oder als Rassistin, weil sie aus einem kleinen bäuerlichen Dorf stammte. Sowohl in der freien Wirtschaft als auch in gemeinnützigen Organisationen tätige Sikh-Männer, muslimische Frauen und jüdische Männer berichteten mir von dem unterschwelligen Druck, sich an die Dresscodes ihrer Kolleginnen und Kollegen anpassen zu müssen, die den Anblick von Turbanen, Kopftüchern oder Kippa nicht gewohnt waren. Ein in der Bankbranche tätiger Schwarzer erzählte mir, dass er Mühe mit dem Konzept des »Casual Friday« hatte, weil er den Druck spürte, einerseits von seinen Mitarbeitenden als »casual« genug wahrgenommen zu werden, andererseits aber auch als professionell genug, um von Kundinnen und Kunden ernstgenommen zu werden – und auf seinem Heimweg nicht im Raster des Racial Profiling hängenzubleiben. Eine körperlich behinderte Führungskraft eines Start-ups sprach mit mir über die Anstrengung, den Eindruck zu widerlegen, er sei weniger kompetent als seine Kolleginnen und Kollegen. Und Frauen von überall erzählten mir von den vielen Malen, wo sie einen Gedanken erörterten und erleben mussten, wie kurz darauf ein Mann dieselbe Idee vortrug und das ganze Lob dafür einheimste.

Diese Geschichten sind weit mehr als individuelle Erfahrungen. Sie sind Beispiele für wissenschaftlich untersuchte und nachgewiesene Muster. Die folgenden Aussagen sind wahr und verifiziert, so enttäuschend das auch sein mag: Frauen müssen oft den Drahtseilakt vollbringen, sowohl liebenswert (also nicht zu »maskulin«) als auch kompetent (also nicht zu »feminin«) zu sein. Schwarze Menschen werden bei der Arbeit tendenziell strenger überwacht als Weiße. Und Menschen, deren Namen leicht auszusprechen sind, werden tendenziell besser bewertet als Menschen, deren Namen schwer auszusprechen sind.[3]

Ist das fair? Natürlich nicht. Brauchen wir ein besseres System? Ja. Wäre es möglich, dass wir ein besseres System bekommen, bis Sie in die Arbeitswelt eintreten? Schön wär's.

Manchmal bleiben uns nur Wörter wie Standesdünkel und Altersfeindlichkeit sowie »Rassismus«, »Sexismus«, »Heterosexismus« und all die anderen »-ismen« als Erklärung dafür, warum manche Menschen am Arbeitsplatz ihr Potenzial nie voll ausschöpfen. Aber bis wir Gerechtigkeit und Gleichheit für alle erreicht haben, möchte ich, dass Sie von denjenigen lernen, die das System auf die harte Tour durchlaufen haben.

Der Weg lohnt sich, so schwierig der Umgang mit Unterschieden auch sein mag. Immerhin wären wir ohne Unterschiede nicht einzigartig. Sie wären nicht *Sie*. Ihre Einzigartigkeit ist keine Bürde, sondern eine Stärke. Genau genommen ist sie eine Superkraft, die nur darauf wartet, in die Welt hinausgelassen zu werden.

Die schwarze Ingenieurin, die ich interviewte, warb weitere schwarze Frauen für den Ingenieursberuf an. Die:der transgender Finanzexpert:in trug zur Einführung inklusiverer Unternehmensrichtlinien bei. Die muslimische Frau gründete in ihrer Stadt eine Gemeinschaft muslimischer Fachkräfte. Diese Einzelpersonen entdeckten ihre Superkräfte nicht nur, sie nutzten sie auch, um anderen zu helfen. Das können Sie auch.

Wir werden diesen Weg gemeinsam gehen. Am Ende dieses Buchs verfügen Sie dann nicht nur über den Wortschatz, um die Vorgänge um Sie herum zu diagnostizieren, sondern auch über die Methoden, um zu der Expertin oder dem Experten zu werden, zu dem Sie das Potenzial haben.

Los geht's!

Denken Sie daran

- Die Herausforderung für Sie als Neuling besteht darin, Ihre Vorgesetzten, Kolleginnen und Kollegen sowie Kundinnen und Kunden dazu zu bringen, die folgenden drei Fragen mit »Ja!« zu beantworten: Sind Sie in der Lage, Ihre Aufgaben gut zu erfüllen? Freuen Sie sich, hier zu sein? Kommen wir gut miteinander aus?
- Sie bringen Vorgesetzte und Mitarbeitende zu einem »Ja!«, indem Sie Kompetenz, Einsatzbereitschaft und Kompatibilität an den Tag legen.
- Kompetenz beweisen heißt, zu zeigen, dass Sie Ihre Aufgaben vollständig, genau und schnell erledigen können, ohne kleinschrittig beaufsichtigt zu werden.
- Einsatzbereitschaft zeigen heißt, dass Sie voll und ganz präsent sind und darauf brennen, dem Team beim Erreichen seiner Ziele zu helfen.
- Kompatibilität beweisen heißt, dafür zu sorgen, dass Ihre Mitmenschen sich wohlfühlen und sich gerne in Ihrer Nähe aufhalten.

REGELN

FÜR DEN ANFANG

»Versuchen wir's doch einfach mal!«

Der erste Schritt beim Antritt einer neuen Arbeitsstelle ist, die richtige geistige Haltung einzunehmen. Im Rahmen einer neuen Stelle (beziehungsweise jeder Arbeit) werden Ihnen zahllose günstige Gelegenheiten unterkommen – Möglichkeiten, neue Leute kennenzulernen, mehr Verantwortung zu übernehmen, zu wachsen. Diese Gelegenheiten gleichen Wegweisern an der Autobahn, die nur so an uns vorbeisausen.

Das sollten Sie wissen

- Es werden sich ständig Gelegenheiten ergeben.
- Beruflicher Erfolg hängt von Ihrer Fähigkeit ab, die richtigen Gelegenheiten zu identifizieren und am Schopfe zu packen.
- Die Geheimzutat? Die innere Haltung von »Versuchen wir's doch einfach mal!«

Aber diese Gelegenheiten sind auch nicht mehr als das – Gelegenheiten eben. Für sich genommen sind sie nicht besonders wertvoll. Wertvoll werden sie nur, wenn Sie sie ergreifen. Ob ein Wegweiser zu mehr wird als nur einem Stück Blech an einem Pfahl, hängt von Ihrer Entscheidung als Fahrer ab. Man muss schon ein besonderer Fahrer sein, um eine Gelegenheit zu erkennen – und zu ergreifen. Was unterscheidet den Fahrer, der dem Wegweiser folgt, von all jenen, die die Gelegenheit verstreichen lassen? Eine bestimmte Denkweise: »Na, wer weiß? Versuchen wir's doch einfach mal.«

Diese Lektion habe ich von Annie gelernt (das ist nicht ihr wahrer Name; aus Gründen der Privatsphäre wurden in den Beispielgeschichten alle Namen und einige Einzelheiten verändert). Annie war eine College-Absolventin, die von einem Öl- und Gas-Unternehmen eingestellt wurde. Sie wurde in ein Trainee-Programm aufgenommen, bei dem sie während der ersten drei Jahre jedes Jahr in ein anderes Team wechseln würde. Eine Woche vor ihrem ersten Arbeitstag erhielt Annie eine E-Mail von der Personalabteilung, in der alle einstellenden Teams aufgezählt wurden, und der ein Fragebogen beilag, mithilfe dessen sie die verfügbaren Optionen nach Präferenz ordnen konnte. Für den ersten Rotationszyklus wurde sie dem dritten Team ihrer Wahl zugewiesen. Annie gefiel es in ihrem ersten Rotationszyklus zwar anfangs gut, doch nach einem halben Jahr wurde sie unruhig. Die Arbeit machte ihr wenig Freude, und zu keinem der höherrangigen Teammitglieder bekam sie einen richtigen Draht, weshalb sie sich nur schwer eine Zukunft in dieser Abteilung vorstellen konnte. Außerdem freute sie sich nicht auf das nächste Team. Die meisten anderen Teams interessierten sie nämlich nicht, und das eine, für das sie sich tatsächlich interessierte, hatte nicht einmal auf dem Präferenzfragebogen der Personalabteilung gestanden.

Während ihres Monatsgesprächs mit ihrer von der Firma zugewiesenen »Patin« überlegte Annie laut, was sie tun sollte.

»Warum reden Sie nicht mit der Leitung des Teams, in das Sie gerne aufgenommen werden würden?«, fragte ihre Patin.

»Darf ich das denn?«, erkundigte sich Annie. »Wäre das nicht komisch?«

»Warum sollte das denn komisch sein?«, erwiderte ihre Patin. »Schließlich entscheidet ja nicht der Fragebogen über die Platzierung, das entscheiden immer noch Menschen. Wenn die Teamleitung Sie gerne haben möchte, warum sollten Sie die Stelle dann nicht bekommen? Und davon einmal abgesehen: Was glauben Sie denn, was die anderen alle machen? Däumchen drehen? Wahrscheinlich machen sie genau dasselbe.«

Sofort nach dem Treffen entwarf Annie ein E-Mail, die sie mit ihrer Patin noch einmal durchging und anschließend an die Senior Vice President (SVP) des Teams schickte, in dem sie gerne mitarbeiten wollte:

Betreff: Mitarbeit in Ihrem Team im nächsten Rotationszyklus

Liebe Chiderah,

mein Name ist Annie. Ich bin Marktanalytikerin und arbeite aktuell im Team Erdgaskondensate. Ich hoffe, es geht Ihnen gut.

Ich wollte mich gerne erkundigen, ob es vielleicht die Möglichkeit gäbe, dass ich in meinem nächsten Rotationszyklus in Ihrem Team für Strategische Partnerschaften mitarbeite. (Beginn wäre im Juli.) Das kürzlich erschienene Promo-Video Ihrer Abteilung hat mich sehr angesprochen, und ich würde wirklich gerne dazu beitragen, die Beziehungen zu den Universitäten zu verbessern. (An der Uni unterstützte ich einen Professor beim Verfassen von Förderanträgen, auf der akademischen Seite dieser Partnerschaften habe ich also bereits Erfahrung.)

Hätten Sie vielleicht eine Viertelstunde für ein weiterführendes Gespräch? Zu den folgenden Zeiten bin ich verfügbar:

- Di, 4.2.: vor 11 Uhr

- Mi, 5.2.: vor 13 Uhr und nach 15 Uhr

- Do, 6.2.: nach 10 Uhr

- Fr, 7.2.: jederzeit ganztägig

Ich freue mich auf Ihre Antwort,

Annie

Nachdem sie die Mail abgeschickt hatte, aktualisierte Annie in der Hoffnung auf eine Antwort ihren Posteingang immer wieder aufs Neue. Nach zwei Wochen Funkstille fasste Annie schließlich per E-Mail nach:

Liebe Chiderah,

ich wollte gerne bezüglich meiner Anfrage neulich nachfassen (siehe angehängte E-Mail). Ich hatte mich erkundigt, ob ich Ihrem Team beitreten könnte. Könnten Sie vielleicht ein paar Minuten für ein Gespräch erübrigen? Aktuell bin ich folgendermaßen verfügbar:

- Di, 18.2.: jederzeit

- Mi, 19.2.: nach 11 Uhr

- Do, 20.2.: jederzeit

- Fr, 21.1.: vor 13 Uhr und nach 14 Uhr

Mit freundlichen Grüßen,

Annie

Annie wartete eine weitere Woche. Doch immer noch blieb die Antwort aus.

Warum antwortet sie mir nicht?, fragte sich Annie. *Ist sie zu beschäftigt? Gibt es vielleicht keine freien Stellen? Findet Sie, dass ich nicht gut hineinpasse? Oder hat sie einfach nur vergessen zu antworten?* Annie suchte im Messenger-Programm des Unternehmens nach der SVP. Dort war ihr Status grün; sie war online. *Ob ich sie einfach anchatten kann?*, überlegte Annie. *Nein, das geht doch zu weit.*

Als sie sich zurücklehnte, fiel ihr Blick auf ein Zitat, das sie über ihren Bildschirm geklebt hatte: »Tu, was du fürchtest, und der Tod der Angst ist sicher.« *Weißt du was? Versuchen wir's doch einfach mal. Was wäre denn das Schlimmste, was passieren könnte? Dass sie Nein sagt?* Um ein versehentliches Absenden zu verhindern, schrieb Annie ihre Nachricht zunächst in ein separates Dokument:

> Hallo Chiderah – Bitte entschuldigen Sie, dass ich Sie einfach so anschreibe! Ich interessiere mich für eine Stelle in Ihrem Team und wollte fragen, ob Sie vielleicht Zeit für ein Gespräch hätten. Ich habe Ihnen diesbezüglich bereits ein paar E-Mails geschickt, aber noch nichts von Ihnen gehört. Daher vermute ich, dass es vielleicht nicht passt, aber ich wollte einfach gerne auf Nummer sicher gehen.

Annie kopierte die Nachricht in das Chat-Fenster, las sie mehrfach durch, hielt den Atem an – und klickte auf »Senden«. Wenige Minuten später klingelte das Telefon. Es war Chiderah, die SVP.

»Hallo Annie, hier spricht Chiderah. Ich dachte, am Telefon lässt sich das leichter klären. Tut mir leid, ich habe keine Stelle zu besetzen.«

Annie spürte, wie sie im Stuhl in sich zusammensank, bemühte sich aber um einen munteren Tonfall. Chiderah sprach nun darüber, dass sie eine von nur wenigen Frauen in der Unternehmensleitung war und junge Frauen wie Annie darin fördern wollte, sich für ihre Interessen einzusetzen. Am Ende des Telefonats fragte Chiderah, ob Annie vielleicht Interesse habe, an dem firmeninternen Lesekreis für Frauen teilzunehmen, dessen Gründung sie gerade plante. Annie war immer noch enttäuscht, weil keine Stelle frei war, sagte aber trotzdem zu. *Wer weiß?*, dachte sie. *Vielleicht lerne ich dabei etwas.*

Eine Woche später erhielt Annie eine E-Mail von Chiderah, in der es um den Lesekreis ging. Annie fiel auf, dass die Mail außer an sie auch noch an sechs andere Frauen gegangen war, und schlug die Namen im Intranet der Firma und bei LinkedIn nach. Alle sechs waren Führungskräfte. Annie war mit einem Abstand von mindestens 15 Jahre die jüngste Empfängerin der E-Mail. Chiderah hatte ihre E-Mail mit einer offenen Frage beendet:

> Was halten Sie davon?

Eine Woche verging, ohne dass jemand antwortete.

Vielleicht kann ich ja helfen, dachte Annie. In Chiderahs Mail hatte nicht gestanden, wie der Lesekreis genau ablaufen sollte, deshalb verschickte Annie einen Plan per Antwort an alle:

> Chiderah – Ich helfe gerne mit. Anbei ein grober Entwurf. Was halten Sie davon?

Nur wenige Minuten später antwortete Chiderah:

> Bin begeistert. So machen wir's.

Einen Monat später gründeten Annie und Chiderah den ersten Frauenlesekreis des Unternehmens ganz offiziell. Annie, die vorher keine einzige Führungskraft in der Firma gekannt hatte, lernte im Handumdrehen ein ganzes Dutzend davon kennen. Nach dem zweiten Treffen des Lesekreises schrieb Chiderah Annie eine E-Mail.

»Ich habe die Angelegenheit mit Ihrem Rotationszyklus nicht vergessen. Machen Sie in Ihrem Fragebogen einfach einen Vermerk, dass

Sie gerne in mein Team wechseln würden. Ich spreche mit der Personalabteilung.«

Um es kurz zu machen: Annie wurde die erste Person, die im Rahmen des Traineeprogramms in Chiderahs Team platziert wurde.

Wenn Möglichkeiten so etwas wie Wegweiser am Straßenrand sind, dann registrierte Annie diese Hinweise nicht nur, sondern ging ihnen beharrlich nach. Hätte sie nicht abseits der angebotenen Rotationsoptionen gesucht, ihre Patin um Rat gefragt, die SVP kontaktiert, nachgefasst, die Möglichkeit wahrgenommen, die die SVP ihr bot und sich freiwillig gemeldet, als niemand sonst sich meldete, wäre sie womöglich wieder in einem Team dritter Wahl gelandet.

Als ich Annies Geschichte hörte, war ich von ihrem Antrieb und ihrer Beharrlichkeit beeindruckt. Sie blieb fest dran an dem, was sie wollte. Ich wollte wissen, wie sie das schaffte. Ebenso wichtig war mir die Frage, woher sie das Selbstvertrauen für ihre Beharrlichkeit nahm.

Annie: »Oh, ich war die ganze Zeit über total unsicher. In meiner Kohorte war ich die einzige Person aus meinem College und obendrein die einzige Frau. Ich musste mich die ganze Zeit daran erinnern, dass ich es verdient hatte, da zu sein.«

Gorick: »Wie hast du das gemacht?«

Annie: »Ich habe mir vor Augen geführt, was ich geleistet habe, um an den Punkt zu kommen, an dem ich jetzt stehe: Im College habe ich ein schwieriges Hauptfach gewählt. Auf dem Campus habe ich Verantwortungspositionen übernommen. Um mein Studium zu finanzieren, habe ich Teilzeit gearbeitet. Ich war die einzige Person von meinem College, die von diesem Unternehmen eingestellt wurde. Diese Erfahrungen mussten doch sicher etwas wert sein?«

Gorick: »Auf jeden Fall! Aber die meisten wachen ja nicht eines Tages auf und erklären: ›Schön, schön, heute werfe ich mal mein Selbstvertrauen an!‹ Woher kam denn diese große Selbstsicherheit?«

Annie: »Für mein erstes Essay im College habe ich ein C bekommen, ein Befriedigend. Da war ich völlig fertig. Aber ich wusste, dass ich das nicht so einfach abtun konnte – schließlich hatte ich noch mein ganzes Studium vor mir. Also ging ich mit meinem Essay zu meinem Professor und sagte: ›Erklären Sie mir alles, was ich falsch gemacht habe.‹ Es hat eine Weile gedauert, mich zu verbessern, aber am Ende des Semesters hatte ich die beste Note im Seminar. Ich lernte, dass man mit kleinem Einsatz viel erreicht – am wichtigsten ist es, es einfach zu versuchen. Diese Denkweise habe ich in die Arbeitswelt mitgenommen.«

Gorick: »Aber ist es nicht beängstigend, sich so dermaßen vorzuwagen?«

Annie: »Doch, na klar! Deshalb hatte ich ja dieses Zitat an der Wand: ›Tu, was du fürchtest, und der Tod der Angst ist sicher.‹ Ich musste mich ständig selbst ermahnen – je beängstigender das eine oder andere ist, desto besser ist es wahrscheinlich für mich. Aber wenn man sich nicht vorwagt, wächst man auch nicht. So einfach ist das.«

Durch das Gespräch mit Annie habe ich drei Dinge gelernt.

Der Ausgangspunkt gibt nicht zwingend vor, wo man schließlich landet. Ob es nun die Note für ihr Essay war oder das Gefühl, bei der Arbeit eine Außenseiterin zu sein: Annie blickte nur zurück, um sich für alles bisher Geleistete Anerkennung zu zollen. Ansonsten richtete sie ihren Blick nach vorn. Und da kam sie dann auch hin.

Wenn man nur das absolute Minimum tut, erreicht man auch nur das absolute Minimum. Die Stelle, die Annie haben wollte, existierte auf dem Fragebogen gar nicht, aber das bedeutete nicht, dass es sie nicht grundsätzlich doch geben konnte. Um es mit ihren Worten zu sagen: »Man kann nicht darauf warten, dass andere über die eigene Zukunft entscheiden. Man muss sich die Möglichkeiten selber schaffen.« Wer um nichts bittet, bekommt auch nichts.

Das Schlimmste, was passieren kann, ist möglicherweise gar nicht so schlimm. Wenn das Worst-Case-Szenario so aussieht, dass jemand anderes einfach nur »Nein« sagt, fürchten Sie sich eigentlich eher vor dem Urteil anderer, nicht vor der Gefahr an sich. Überlassen Sie es anderen Menschen, Ihnen eine Absage zu erteilen. Schränken Sie sich nicht selbst ein, ehe Sie sich überhaupt eine Chance gegeben haben.

Lassen Sie sich von dem Umstand, dass Sie bei einem bestimmten Projekt weniger Erfahrung haben als andere, nicht davon abhalten, sich freiwillig dafür zu melden. Lassen Sie sich von dem Umstand, dass jemand Sie noch nicht kennt, nicht davon abhalten, sich vorzustellen. Wenn etwas nicht »der üblichen Vorgehensweise« entspricht, lassen Sie sich davon nicht abhalten, es trotzdem zu versuchen. Wenn Sie in einer Firma neu anfangen, haben Sie den Vorteil, der eifrige Neue zu sein, der noch eine Menge lernen muss. Nie werden die Erwartungen an Sie geringer sein als jetzt, also können Sie die Erwartungen genauso gut zu Ihren Bedingungen deichseln. Lernen Sie die Spielregeln. Und dann beugen Sie sie.

An dieser Stelle eine Warnung: Neugier und Anspruchsdenken sind nicht das Gleiche. Unbefangen und aufrichtig ohne Erwartungsdruck um etwas zu bitten ist immer erlaubt. Aber etwas zu erwarten – oder etwas einzufordern oder außergewöhnlich enttäuscht zu sein, wenn die Antwort negativ ausfällt, kann Ihrer Kompatibilität gefährlich werden. Wenn es Ihnen möglich ist, auf ein »Nein« mit »Kein Thema – ich dachte, ich frage einfach mal« zu antworten und nicht mit »Wieso das denn? Das ist doch lächerlich!«, dann versuchen Sie es. Jeder von uns ist die Hauptfigur der eigenen Geschichte, wie es so schön heißt, und alle anderen sind nur die Nebenfiguren. Die anderen sind viel zu sehr mit sich selbst beschäftigt, um über Sie nachzudenken. Denken Sie wie ein Firmenbesitzer. Wenn Sie sich nicht selbst um Ihre Karriere kümmern, tut es keiner.

Auch der Kontext spielt eine Rolle. Sind Sie als Frau in einer vorwiegend männlich dominierten Arbeitsumgebung tätig, wird Ihre harte Arbeit unter Umständen nicht anerkannt. Üben Sie eine Tätigkeit aus, die nicht den Ihnen zugeschriebenen Klischees bezüglich Herkunft, Geschlecht oder dergleichen entspricht (etwa, wenn Sie als Asiate in einem eher menschenbezogenen und weniger technikaffinen Beruf arbeiten), kann es sein, dass Ihre Kompetenz infrage gestellt wird. Wenn Sie eine von mehreren »Nebenfiguren« sind, die alle gleichermaßen auffallen wollen, müssen Sie sich möglicherweise ins Rampenlicht manövrieren. Und wenn Sie mit Kolleginnen und Kollegen zusammenarbeiten, die Leute in den höheren Etagen kennen, sind Ihre Möglichkeiten möglicherweise beschränkt. Beispielsweise erzählte mir ein Berufseinsteiger, dass an seinem ersten Tag in einem Finanzunternehmen der CEO einen der Praktikanten mit den Worten: »Ach, du bist doch Johns Sohn, oder? Lass uns zusammen zu Mittag essen!« ansprach. Viele, die seit Jahren dort arbeiteten, hatten eine solche Chance nie bekommen. Wenn

Sie sich zufällig in einer solchen Position befinden, dann gratuliere ich Ihnen sehr! Nutzen Sie diese Chance für sich. Aber was, wenn das nicht der Fall ist?

Ein College-Rektor sagte mir einmal: »Manchen stünde es gut an, weniger Anspruchshaltung an den Tag zu legen. Andere sollten *mehr* Anspruchshaltung zeigen.« Wenn der Praktikant von seinem Mittagessen mit dem CEO des Finanzunternehmens zurückkommt, sollte er sich nach Kräften darum bemühen, sich nicht privilegiert und verwöhnt zu verhalten, sondern umso mehr zeigen, dass er lernen und helfen will und tut, was ihm aufgetragen wurde. Immerhin wurde ihm gerade eine Gelegenheit zuteil, die sich seinem Manager vielleicht nie geboten hat. Verlangt er mehr, riskiert er, dass sein »KEKs« bröckelt.

Für andere kann es sich dagegen lohnen, eine stärkere Anspruchshaltung zu entwickeln: Wenn Sie etwas wollen, dann bemühen Sie sich darum. Falls Sie nicht wissen, ob sie sich etwas nehmen dürfen, bitten Sie darum.

Es läuft darauf hinaus, Einsatzbereitschaft zu zeigen, ohne Abstriche bei der Kompatibilität zu machen. Kommunizieren Sie, dass Sie lernwillig und hilfsbereit sind – dass Sie mehr wollen und können. Je mehr man merkt, dass Sie sich verbessern wollen, desto mehr wird man Ihnen dabei helfen. Je mehr Sie zeigen, dass Sie den Umständen trotzen wollen, desto größer wird auch die Hilfsbereitschaft Ihrer Mitmenschen sein.

Kurz gesagt dreht sich alles um die Denkweise, es doch einfach einmal zu versuchen. Haben Sie eine abgefahrene Idee, die wahrscheinlich nicht funktionieren wird – aber funktionieren *könnte*? Versuchen Sie's doch einfach mal! Gibt es etwas, an dem Sie vermutlich scheitern werden – mit dem Sie aber eben auch Erfolg haben könnten? Versuchen Sie's doch einfach mal! Gibt es etwas, das Ihnen wahrscheinlich nicht gefallen wird – unter Umständen aber vielleicht doch? Versuchen Sie's doch einfach mal!

Erinnern Sie sich an das letzte Mal, als Sie eine Gelegenheit ergriffen haben und sich in der Folge etwas Besseres ergeben hat. Haben Sie Ihre aktuelle Stelle einem Gespräch mit jemandem zu verdanken, mit dem

Sie normalerweise vielleicht nicht reden würden? Haben Sie Ihre Partnerin oder Ihren Partner bei einer Veranstaltung kennengelernt, zu der Sie fast nicht hingegangen wären? Oder war es wie bei mir und Sandy (der mir die Augen geöffnet hat, was die unausgesprochenen Regeln angeht) und Sie haben etwas gelernt, indem Sie eine Frage stellten, die Sie beinahe nicht gestellt hätten? In dem Fall haben Sie erlebt, welche Kraft in dem Gedanken »Versuchen wir's doch einfach mal« steckt. Jetzt ist es an der Zeit, diese Denkweise mit zur Arbeit zu nehmen – und sie für Ihr übriges Arbeitsleben beizubehalten.

Ausprobieren!

- **Sagen Sie sich:** Der Ausgangspunkt gibt nicht zwingend vor, wo man schließlich landet.
- **Sagen Sie sich:** Wer mehr erreichen will als das absolute Minimum, muss auch mehr tun als das absolute Minimum.
- **Sagen Sie sich:** Wenn das Worst-Case-Szenario so aussieht, dass jemand anderes einfach nur »Nein« sagt, ist das Risiko zu scheitern möglicherweise gar nicht so groß.

Wie ein Leistungsträger auftreten

Kurz nachdem Sana die Zusage für eine Stelle als Produktionsleiterin bei einem Start-up, das Mitfahrgelegenheiten vermittelt, bekommen hatte, trudelten die ersten E-Mails ein. Zuerst meldete sich ihr zukünftiger Chef, dann andere aus der Firma. Insgesamt schrieben ihr fünf Leute, die ihr alle dasselbe mitteilten: »Bei Fragen fragen!« *Machen die Witze?*, dachte Sana. *Ich habe gerade sieben Vorstellungsgespräche abgesessen. Meine Fragen habe ich doch längst alle gestellt!*

Dann dämmerte ihr etwas. Was, wenn es nicht nur eine lästige Pflicht wäre, noch mehr Fragen zu stellen, sondern eine gute Gelegenheit, um Beziehungen zu knüpfen? Sana klappte den Laptop auf und vereinbarte mit jeder Person, die sie angeschrieben hatte, einen Telefontermin.

Vor jedem Telefonat suchte sie im Internet nach der betreffenden Person, scrollte durch ihr LinkedIn-Profil und überflog ihre Blogartikel. Dann überlegte sie sich eine Reihe Fragen. Sana verwandelte diese fünf E-Mails in fünf Gespräche – und schuf sich in der Folge fünf Verbündete. Ihr erster Tag im Unternehmen fühlte sich daher überhaupt nicht wie ein erster Tag an. Schon im Vorfeld wusste sie, welche Ziele das Unternehmen verfolgte. Sie kannte bereits in mehreren Teams Leute – Leute, auf die sie nun mit ihren Fragen zugehen konnte. Sie arbeitete sogar bei einer Kampagne zur Lancierung eines Produkts mit, die von jemandem geleitet wurde, den sie am Telefon kennengelernt hatte.

Das sollten Sie wissen

- Einen guten ersten Eindruck kann man sogar schon vor seinem ersten Arbeitstag machen.
- An seinem ersten Arbeitstag sollte man wissen, was die Organisation tut, was in letzter Zeit los war, wer die Mitbewerber der Firma sind, wer die wichtigsten Leute dort sind und wie ihre Position im großen Ganzen ist.
- Immer eine Frage parat haben – und darauf achten, dass es eine gute Frage ist.

Sanas erster Tag hätte sich nicht mehr von Georges erstem Tag als Praktikant bei einer Bank unterscheiden können. George fuhr mit einem Arbeitskollegen Aufzug. Bei einem Halt stieg unerwartet die Generaldirektorin der Bank ein. Weil George keine Ahnung hatte, wer die Generaldirektorin war, glotzte er weiter auf die Stockwerksanzeige des Fahrstuhls. Der Generaldirektorin fiel auf, dass George immer noch das Namensschild von seiner Schulung trug, und begrüßte ihn. »Hallo, ich glaube, wir haben uns noch nicht kennengelernt«, sagte die Generaldirektorin. »Ich bin Kathy.«

»Hallo, ich bin George.«

»Freut mich, Sie kennenzulernen. Herzlich willkommen«, erwiderte die Generaldirektorin. »Welchem Team sind Sie denn unterstellt? «

»Ich bin im Assetmanagement«, antworte George. »Und Sie? «

Kathy gluckste. »Oh. Ich bin die Generaldirektorin.«

Georges Augen wurden immer größer und er lief rot an.

Später riss Georges Arbeitskollege darüber im Team Witze. Innerhalb weniger Stunden war die Story in der Abteilung rum. Den restlichen Sommer über kannte man George dort als »den Praktikanten, der nicht wusste, wer die Generaldirektorin ist«.

Meine unmittelbare Reaktion auf Georges Geschichte war, *Wow, wie fies! Sind die Leute echt so kritisch?* Die Antwort lautet gleichzeitig Ja und Nein.

Fangen wir mit dem Nein an: Wenn man den allerersten Eindruck vergeigt, bedeutet das nicht, dass man fortan verdammt ist und sich besser gleich nach einem neuen Job umschaut. Die Generaldirektorin hat wahrscheinlich im Laufe ihres Arbeitslebens auch irgendwann einmal einen schlechten ersten Eindruck gemacht. Viel wichtiger ist der Umgang damit. Schrumpft man in sich zusammen wie eine verwelkende Blume? Oder kann man über sich selbst lachen. Die eine Reaktion bringt die anderen dazu, an Ihrem Selbstvertrauen zu zweifeln. Die andere lässt anklingen, dass Sie selbstsicher genug sind, um sich zu Ihren Fehlern zu stellen – und reif genug, um sie hinter sich zu lassen.

Nun zum Ja: Wie wir an Georges Erfahrung sehen, ist es tatsächlich so: Ja, wir werden be- und verurteilt. Oft sogar, ohne dass es den Menschen bewusst ist.

Sana wirkte professionell. George sah aus wie ein typischer Praktikant – ein großes Kind in einem Anzug. Sana ließ ihren KEKs spielen. George verpasste die Gelegenheit. Wie können Sie mehr wie Sana und weniger wie George sein? Denken Sie einen Schritt voraus – und betrachten Sie das große Ganze. Um Ihnen zu helfen, habe ich mir 15 Aufgaben überlegt. Keine Sorge – die meisten sind schnell erledigt. Ich möchte Ihnen nahelegen, sich die ersten zehn bei jeder Vorbereitung auf eine neue Stelle, ein Telefonat zum Netzwerken, ein berufliches Treffen oder ein Vorstellungsgespräch zur festen Gewohnheit zu machen.

Aufgaben mit hoher Priorität. Zeitbedarf insgesamt: 45 Minuten.

- Die Wikipedia-Seite der Organisation überfliegen, für die die Person arbeitet, mit der Sie sprechen werden. Das trägt zu einem besseren Verständnis von Geschichte und Aktivitäten der Organisation bei.
- Die Website der Organisation besuchen und die Bereiche »Über uns«, »Was wir tun« und »Neuigkeiten« querlesen. Das trägt zu einem besseren Verständnis dessen bei, wie sich die Organisation selbst beschreibt.

- Bei Google News nach der Organisation suchen und Artikel der letzten Monate überfliegen. Das trägt zu einem besseren Verständnis dessen bei, was die Organisation in letzter Zeit beschäftigt hat.
- Schauen Sie sich die Bezeichnungen, Gesichter und Biografien auf der »Team«-Seite der Organisation an. Prägen Sie sich zumindest die Gesichter der Organisationsleitung, Ihrer Abteilungsleitung und Ihrer Teamleitung ein. Das wird Ihnen dabei helfen, die wichtigsten Personen zu identifizieren, falls sie Ihnen je über den Weg laufen sollten.
- Notieren Sie sich die Namen aller Einzelpersonen, die in den E-Mails, die Sie von der Organisation bekommen haben, erwähnt oder ins CC gesetzt wurden. Dann suchen Sie im Internet nach dem Namen der Person + die Organisation + »LinkedIn«. So können Sie möglichen Gesprächsthemen mit Ihren zukünftigen Kolleginnen und Kollegen auf die Spur kommen.
- Schauen Sie auf Fotos und Videos, die die Organisation auf ihren Social-Media-Kanälen und YouTube postet, nach, wie sich die Angestellten der Organisation kleiden. Erkundigen Sie sich im Zweifelsfall bei Ihrer Ansprechpartnerin bzw. Ihrem Ansprechpartner in der Personalabteilung, ob die Kleidung, die Sie tragen wollen, angemessen ist. Das wird dazu beitragen, dass Sie aussehen wie jemand, der schon dazugehört.
- Vor einem persönlichen Termin E-Mails mehrfach lesen, um sich zu vergewissern, dass Sie wissen, wo Sie hinmüssen, wann Sie dort sein müssen und was Sie an Ihrem ersten Arbeitstag mitbringen müssen (Personalausweis, Arbeitsvisum usw.). Dann die Adresse des Arbeitsortes nachschlagen und ausrechnen, wann Sie sich auf den Weg machen müssen, um mindesten eine Viertelstunde vor der Zeit anzukommen. So vermeiden Sie Hektik (oder noch schlimmer: eine Verspätung).
- Auf *www.google.com/alerts* einen Benachrichtigungsalarm bezüglich der Organisation einrichten. Das hilft Ihnen, auf dem Laufenden zu bleiben.
- Hat die Organisation einen Blog oder einen Newsletter, abonnieren Sie diesen. So bleiben Sie auf dem Laufenden bezüglich dessen, was innerhalb der Organisation gerade los ist.

- Macht Ihnen jemand ein Gesprächsangebot, nehmen Sie das an. Das trägt dazu bei, schon frühzeitig Kontakte zu knüpfen, ganz zu schweigen davon, dass Sie so ein besseres Verständnis dafür entwickeln, was auf Sie zukommt. (Das dauert eine gewisse Zeit, aber lassen Sie sich diese Möglichkeit nicht entgehen!)

Aufgaben mit niedriger Priorität. Dafür benötigen Sie unter Umständen ein paar Stunden, je nachdem, wie viel Zeit Sie zur Verfügung haben und wie ambitioniert Sie sind.

- Im Internet nach der Organisation + »Mitbewerber« oder + »Konkurrenz« suchen, um zu verstehen, wer ebendiese sind. Die Webseiten der Konkurrenz überfliegen und verstehen, inwiefern sich die Organisationen voneinander unterscheiden. Eventuell lohnt es sich, auch für jeden Mitbewerber einen Google Alert einzurichten. Das trägt zu einem besseren Verständnis davon bei, wie sich Ihre Organisation ins Gesamtbild einfügt.
- Wenn Sie in Ihrer Organisation jemandem begegnen, mit dem Sie viel gemeinsam haben und mit dem Sie vielleicht einen gemeinsamen »Bekannten« bei LinkedIn haben, bitten Sie diesen Bekannten, Sie einander vorzustellen. So finden Sie leichter Mentoren und Verbündete, mit denen Sie auf einer Wellenlänge liegen.
- Haben Sie keinen gemeinsamen Bekannten mit jemandem, mit dem sie aber gerne sprechen würden, versuchen Sie, die E-Mail-Adresse der Person zu erraten und ihr eine Initiativ-E-Mail zu schreiben, in der Sie um ein halbstündiges Gespräch über ihre Arbeit und ihre Erfahrungen bitten.
- Fragen Sie am Ende jedes Telefonats: »Fällt Ihnen vielleicht sonst noch jemand ein, mit dem ich sprechen sollte?« Falls ja, bitten Sie darum, dass Ihr Ansprechpartner sie dieser Person vorstellt.
- Suchen Sie an unterschiedlichen Stellen nach Ihrer Organisation: auf Bewertungsportalen, etwa Glassdoor oder Kununu, auf Reddit (um sich ein Bild von der Außenwahrnehmung Ihrer Organisation zu machen) und Ihrer Lieblings-Podcast-App (um für Ihre Organisation tätige Führungskräfte über ihre Arbeit reden zu hören).

Der Grundgedanke dahinter ist nicht, jedes noch so winzige Detail über Ihr Team in Erfahrung zu bringen. Es geht vielmehr einfach darum, genug Informationen zu sammeln, um die acht Lücken in Abb. 3-1 zu füllen, damit wir einen Schritt zurück machen und das große Ganze sehen können. Genau das tun höherrangige Angestellte in Ihrer Organisation nämlich jeden Tag. Je früher Sie sich diese Denkweise aneignen, desto stärker signalisieren Sie, dass Sie kompetent und einsatzbereit sind – und desto mehr Menschen werden Sie als ebenbürtiges Gegenüber für einen Gedankenaustausch wahrnehmen und nicht nur als Arbeitstier.

Wie man gute Fragen stellt

Natürlich ist es mit den Hintergrundrecherchen alleine nicht getan. Keiner kann Gedanken lesen. Wenn Sie nicht zeigen, was Sie wissen, kann also auch keiner Ihre gründliche Arbeit anerkennen. Das bedeutet nicht, dass man wie ein überheblicher Neuling herumläuft und anderen sagt, wie sie ihre Arbeit zu machen haben. Es bedeutet, dass man Fragen stellt. Das ist eine unausgesprochene Regel: »Haben Sie noch Fragen?« ist keine Ja-oder-Nein-Frage. Das ist immer eine Ja-Frage. Sie sollten stets eine Frage parat haben. Aber es geht nicht nur darum, Fragen zu stellen. Es geht darum, *gute* Fragen zu stellen.

Abbildung 3-1

Lückentext, um das große Ganze zu sehen

- _____ *hilft* _____ *bei* _____ *mittels* _____ .

  Mein Arbeitgeber/Kunde   *diesen Menschen*   *der Erledigung dieser Aufgaben*   *dieser Methoden*

  Zum Beispiel: Die Werbeagentur ABC hilft gemeinnützigen Organisationen bei der Steigerung des Spendenaufkommens, indem sie Social-Media-Kampagnen entwirft.

- *In letzter Zeit hat* _____ _____ *um* _____ .

  mein Arbeitgeber/Kunde   *Folgendes unternommen*   *diese Ziele zu erreichen*

  Zum Beispiel: In letzter Zeit hat die Werbeagentur ABC nach Asien expandiert, um sich einen Namen auf dem Weltmarkt zu machen.

- _____ steht in Konkurrenz zu _____ wegen _____.
  Mein Arbeitgeber/Kunde   *diesen Wettbewerbern*   *dieser Gründe*

  Zum Beispiel: Die Werbeagentur ABC steht in Konkurrenz zu Agentur XYZ, weil sich beide auf Sensibilisierungskampagnen spezialisiert haben.

- _____leitet das Unternehmen. _____leitet meine Abteilung.
  Diese Person   *Diese Person*

  _____leitet mein Team.
  Diese Person

  Zum Beispiel: Ken R. (CEO) leitet das Unternehmen. Jerren C. (SVP, Marketing) leitet die Abteilung. Angel A. leitet mein Team.

- Weil _____ hat_____eine Gemeinsamkeit mit mir.
  Wegen dieser Gründe   *diese Person*

  Zum Beispiel: Weil wir beide in Toronto aufgewachsen sind, hat Nisha, die Designerin in meinem Team, eine Gemeinsamkeit mit mir.

- Bei meinen Recherchen habe ich _____herausgefunden, was mich auf_____
                                        dieses   *jenes*

  neugierig macht, weil _____.
                           wegen dieser Gründe

  Zum Beispiel: Bei meinen Recherchen habe ich herausgefunden, dass ABC kürzlich einen Podcast veröffentlicht hat. Das macht mich neugierig darauf, ob das Team Hilfe bei der Produktion braucht, weil ich beim Radiosender meiner Schule mitgearbeitet habe.

- Als _____helfe ich_____
      in dieser Funktion   *dem Team/der Abteilung/der Organisation,   diese Ziele zu erreichen.*

  Zum Beispiel: Als Assistenz der Geschäftsleitung helfe ich Führungskräften, den Überblick zu behalten und somit auch, ihre Aufgaben zu erledigen.

- An meinem ersten Tag bringe ich _____mit, trage_____und bin um
                                      diese Dinge   *diese Kleider*

  _____bei _____.
  diese Zeit   *an diesem Ort*

  Zum Beispiel: An meinem ersten Tag bringe ich meinen Personalausweis mit, trage legere Geschäftskleidung und bin um 8:30 Uhr in der Plympton Str. 26.

Abbildung 3-2

Wie man zwischen guten und dummen Fragen unterscheidet

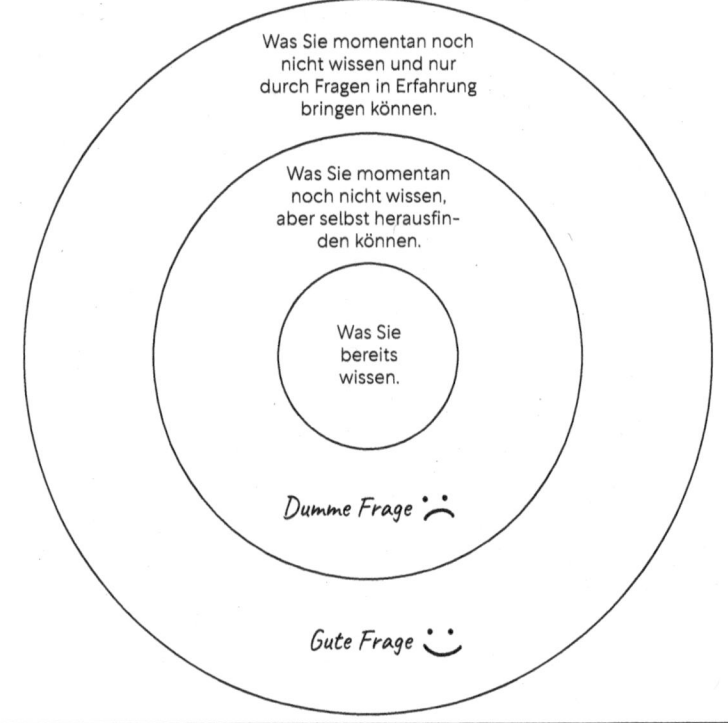

Es kommt ganz klar darauf an, den Unterschied zwischen guten und schlechten Fragen zu kennen. So oft es auch heißt, es gäbe keine dummen Fragen: Doch, die gibt es. Ein Product Operations Manager in einem Technologieunternehmen beschrieb es mir einmal folgendermaßen: »Eine dumme Frage ist eine Frage, bei der die Antwort offensichtlich, naheliegend oder leicht herauszufinden ist. *Offensichtlich* in dem Sinne, dass die Antwort bereits gegeben wurde. *Naheliegend* wie beispielsweise auf Fragen wie ›Sind wir bald da?‹ oder ›Ob es heute wohl regnen wird?‹ – solche Fragen beantworten sich ohnehin binnen kürzester Zeit von selbst. *Leicht herauszufinden* bedeutet, dass man sie

sich mithilfe einer Suchmaschine oder anderen Quellen leicht selbst beantworten kann.«

Stellen Sie sich einen kleinen Kreis wie in Abb. 3-2 vor. Der Bereich innerhalb des Kreises stellt dar, was Sie bereits wissen. Stellen
Sie sich nun einen größeren Kreis vor, der den kleineren umschließt.
Dieser größere Kreis stellt dar, was Sie zwar momentan noch nicht
wissen, aber selbst herausbekommen können. Jede Frage in diesem
Kreisbereich ist eine schlechte Frage, wie der interviewte Manager
verdeutlichte. Diese Fragen wecken in anderen Gedanken wie *Ach,
Menschenskind, die Antwort darauf habe ich in zehn Sekunden im Internet
gefunden (oder in meinen E-Mails, bei denen Sie im CC standen). Wenn
Sie darauf schon nicht von alleine kommen, was muss ich denn sonst noch
alles für Sie tun?*

Stellen Sie sich zuletzt einen dritten Kreis vor, der die anderen beiden umschließt. Diese Kreisfläche symbolisiert Wissen, das Ihnen fehlt
und das Sie nicht ohne Hilfe, also nur durch Fragen, erwerben können.
Jede Frage, die sich innerhalb dieses Kreises befindet, ist eine gute Frage. Das sind Fragen, die in anderen Gedanken hervorrufen wie: *Nachvollziehbare Frage. Auf die Antwort kann ein Anfänger wie Sie gar nicht
kommen, dazu fehlen Ihnen die Ressourcen.*

Auch hier spielt natürlich die Wahrnehmung mit hinein. Wie »gut«
Ihre Frage ist, hängt davon ab, wie überzeugend Sie Ihrem Gegenüber
vermitteln können, dass Sie sie sich nicht selbst hätten beantworten
können. Der Trick dabei ist die unausgesprochene Regel *Hausaufgaben
machen – und vorzeigen*: Ehe Sie die eigentliche Frage stellen, erklären
Sie, wie Sie überhaupt auf die Frage gekommen sind. Anstatt also einfach nur Ihre Frage stellen, versuchen Sie es nach dem in Abb. 3-3 dar-
gestellten Muster: »Mir stellt sich die Frage …, weil …« Oder: »Ich
weiß bereits … und möchte gern wissen …«

Abbildung 3-3

Wie man erklärt, wo die Fragen herkommen

Welche Projekte haben Ihrer Meinung nach höchste Priorität? Welche Projekte haben Ihrer Meinung nach zweithöchste Priorität?	+	Das frage ich, weil Sie vorhin sagten, ich würde mit mehreren Menschen zusammenarbeiten, die womöglich andere Prioritäten setzen.
Das ist meine Frage.		*Aus diesem Grund stelle ich meine Frage.*
Ich habe im Veranstaltungskalender gesehen, dass wir nächste Woche eine Konferenz veranstalten.	+	Kann ich dabei irgendwie behilflich sein?
Das weiß ich.		*Jenes weiß ich noch nicht.*

Natürlich hindert Sie nichts daran, sofort auf Ihre Frage zu sprechen zu kommen. Aber indem Sie das tun, lassen Sie sich die Gelegenheit entgehen, ganz subtil zu signalisieren: *Schauen Sie mal, wie sehr ich mich bereits darum bemüht habe herauszufinden, was hier los ist!* Denken Sie daran: Gedanken lesen kann keiner. Das ist wie in der Schule: Man muss seine Arbeit vorzeigen, damit sie in die Bewertung mit einfließt. Wenn Sie sich die Zeit genommen haben, den Lückentext in diesem Kapitel auszufüllen, können Sie diese Mühe genauso gut gegen wohlverdiente Punkte für Kompetenz und Einsatzbereitschaft eintauschen. Laut dem Personalleiter eines Start-ups im Bereich der Finanztechnologie gibt es außerdem noch einen Bonus obendrein: Je mehr gute Fragen man anfangs stellt, desto mehr Spielraum für dumme Fragen wird einem später zugestanden.

Falls die vielen Anweisungen in diesem Kapitel Sie nervös machen oder überfordern, rufen Sie sich ins Gedächtnis, dass es nicht darum geht, einer bestimmten Anleitung zu folgen, sondern sich eine Reihe Gewohnheiten anzueignen. Das dauert einige Zeit, doch diese Gewohnheiten nützen Ihnen Ihr gesamtes Arbeitsleben lang. Internetrecherchen zu einer Organisation oder einer Einzelperson sind anfangs vielleicht zeitraubend. Bezüglich der Nachrichten immer auf dem Laufenden zu sein, wirkt anfangs vielleicht wie ein hoffnungsloses Unterfangen. Fragen zu stellen – und zu zeigen, was man weiß – kommt einem anfangs mitunter schlichtweg gruselig vor. Doch wie alle Angewohnheiten gehen auch diese schon bald in Fleisch und Blut über. In meinem persönlichen Berufsleben überlege ich gar nicht mehr lange, bevor ich mich im Internet über eine Firma schlau mache oder nach den neuesten Nachrichten über sie suche. Fangen Sie jetzt damit an, sich diese Verhaltensweisen anzugewöhnen!

Ausprobieren!

- Überfliegen Sie vor Ihrem ersten Arbeitstag die Website der Firma, besonders die Bereiche »Über uns«, »Was wir tun« und »Neuigkeiten«. Suchen Sie außerdem im Internet und auf Social-Media-Seiten nach der Organisation. Das trägt zu einem besseren Verständnis dessen bei, was genau das Unternehmen eigentlich tut, was in letzter Zeit los war und wer die wichtigsten Leute dort sind.
- Vergewissern Sie sich, dass Sie wissen, was Sie tragen sollten, wo Sie hingehen müssen, wann Sie dort sein sollen und was Sie an Ihrem ersten Arbeitstag mitbringen sollen.
- Konzentrieren Sie sich als Neuling darauf, Fragen zu stellen – insbesondere Fragen, die Sie sich nicht selbst beantworten können. Wenden Sie dabei das Muster »Mir stellt sich die Frage _____, weil _____« Oder: »Ich weiß bereits _____ und möchte gern wissen _____« an.

Proaktiv sein

Mal fühlt sich der erste Tag an einem neuen Arbeitsplatz oder in einer neuen Position an wie der erste Schultag (wo man einander vorgestellt wird und die nötigen Anweisungen erhält), mal wie der erste Tag in einem fremden Land (wo einen keiner kennt). Manchmal auch wie eine Mischung aus beidem. Egal, in welcher Situation Sie sich befinden, die Lektion ist die gleiche: Keiner hat ein größeres Interesse an Ihrem Erfolg als Sie selbst – und niemand weiß besser als Sie, was Sie brauchen. Man kann nicht einfach nur auf seine Chance warten. Man muss denken wie ein Eigentümer.

Die Arbeit kennenlernen

An seinem ersten Arbeitstag in einem Trainee-Programm bei einer Brauerei bekam Jabril ein Namensschild, einen Rucksack, einen Laptop, eine Trinkflasche mit Werbeaufdruck und einen Ausbildungsplan. Als er sich in seinen Computer einloggte, fand er eine Willkommensbotschaft von seinem Manager und eine Rundmail vor, in der er und die anderen Trainees der Firma vorgestellt wurden.

Valeria wurde an ihrem ersten Arbeitstag auf einem Ölfeld mit einer unerwarteten Frage begrüßt: »Wer sind Sie denn?« Es stellte sich heraus, dass der Vorarbeiter entweder nicht von ihrem Kommen wusste oder es vergessen hatte.

Jabrils Einstieg weckte Erinnerungen an den ersten Schultag. Valerias Erfahrung dagegen glich eher einem ersten Tag in einem fremden Land. Mit hoher Wahrscheinlichkeit wird Ihr erster Tag irgendwo zwischen diesen beiden Polen rangieren.

Das sollten Sie wissen

- Manche Vorgesetzte sind bei der Einarbeitung in ein neues Projekt oder eine neue Stelle gründlicher als andere.
- Falls man Ihnen nicht sagt, was Sie tun sollen, finden Sie das eben selbst heraus.
- Wenn Sie Hilfs- und Lernbereitschaft an den Tag legen, überzeugen Sie Ihre Teammitglieder auf effiziente Weise von Ihrer Einsatzbereitschaft.

Egal, ob Sie angeleitet werden oder sich alleine zurechtfinden müssen: Ziel ist, dass Sie zwölf bestimmte Fragen mit »Ja!« beantworten können. Das dauert unter Umständen eine Weile, aber mit den folgenden Hinweisen sind Sie schon auf einem guten Weg. Schauen wir uns einmal an, wie die Fragen lauten und was Sie tun können, wenn Ihnen keiner hilft.

Habe ich meinen Papierkram abgegeben?

Ob es nun um die Anmeldung zur Altersvorsorge, die Abwicklung von Gehaltszahlungen oder die ordnungsgemäße Erledigung der Formalitäten für Ihr Arbeitsvisum geht: Achten Sie darauf, dass Sie die grundlegenden Dinge erledigt haben. Wenn Sie sich nicht sicher sind, fragen Sie die Personalabteilung oder eine Kollegin oder einen Kollegen auf Ihrer Ebene. Wenn es etwas gibt, worin große Unternehmen gut sind, dann ist es Papierkram – stellen Sie sich also auf jede Menge ein. In einem Start-up-Unternehmen sollten Sie allerdings eher mit etwas mehr Chaos rechnen. Dort können Sie nicht immer erwarten, dass andere alles für Sie organisieren. Möglich, dass Sie sich selbst darum kümmern müssen.

Habe ich meine(n) Betreuer kennengelernt?

Falls Sie nicht genau wissen, wer als Betreuungsperson für Sie zuständig ist, erkundigen Sie sich danach. »Wem bin ich unterstellt?«, wäre hier etwa eine gute Frage. Wenn Sie die Person dann kennenlernen, fragen Sie außerdem: »Gibt es außer Ihnen noch jemanden, mit dem ich mich im Alltagsgeschäft austauschen sollte?« Wird Ihnen kein Treffen mit Ihrem/Ihren Vorgesetzten angeboten, versuchen Sie es mit der Frage: »Hätten Sie in den nächsten Tagen vielleicht eine halbe Stunde Zeit für ein Gespräch? Ich würde Sie gerne besser kennenlernen und mehr über die Erwartungen erfahren, die Sie an mich haben.«

Habe ich meine Berichtswege geklärt?

Falls Sie mehreren direkten Vorgesetzten unterstehen, für die sie unterschiedliche Projekte gleichzeitig jonglieren werden, empfiehlt sich die Frage: »Wie sollte ich meine Zeit Ihrer Meinung nach zwischen Ihnen und [meinem anderen Vorgesetzten] aufteilen? Fifty-fifty? Sechzig zu vierzig?« Und wenn Sie einen Schreibtischjob haben, sollten Sie sich erkundigen: »Wie halte ich Sie am besten auf dem Laufenden? Soll ich Sie bei meinen E-Mails ins CC setzen oder Ihnen regelmäßig Updates schicken?« Solche Fragen tragen dazu bei, dass die jeweiligen Vorgesetzten nicht davon ausgehen, dass Sie ihnen alleine zu 100 Prozent zur Verfügung stehen – und Ihnen potenziell zu viel Arbeit aufbürden.

Habe ich die Erwartungen an meinen Job geklärt?

Wenn Sie eine neu geschaffene Stelle besetzen (z.B. wenn Sie der erste vom Team eingestellte Personalreferent sind), dann sollten Sie verstehen, warum die Stelle geschaffen wurde, was Ihr Auftragsziel ist (inwiefern von Ihnen erwartet wird, mehr, besser, schneller oder billiger zu arbeiten) und wie die Dinge in der Vergangenheit üblicherweise gehandhabt wurden.

Wenn Sie eine bestehende Stelle besetzen, sollten Sie in Erfahrung bringen, was und wie Ihr Vorgänger gearbeitet hat. Auf diese Weise können Sie die Aufgaben genauso gut oder besser erledigen. Wenn Sie eine projektbezogene Stelle mit einem bestimmten Endtermin besetzen (beispielsweise als Praktikant, Berater, Zeitarbeiter oder Dienstleister), sollten Sie wissen, was man von Ihnen erwartet und in welcher Häufigkeit und Qualität Sie sich einbringen sollen. Stellen Sie sich einmal die folgenden fünf Fragen:

1. »Welche Aufgaben und Ergebnisse haben in meiner Position oberste Priorität? Welche sind zweitrangig?«
2. »Was sollte ich bis zum Ende der ersten drei Monate erreichen können? Was in einem halben Jahr?«
3. »Wie definiert sich Erfolg für meine Stelle? Gibt es bestimmte Kriterien, die ich im Auge behalten sollte?«
4. »Gibt es noch jemanden, bei dem ich mich vorstellen sollte?«
5. »Wie sollte die Zusammenarbeit zwischen uns auf täglicher und wöchentlicher Ebene aussehen? Wann sollte ich proaktiv handeln und wann lieber reaktiv?«

Habe ich mit meinem Vorgesetzten einen regelmäßigen Interaktionsplan vereinbart?

Falls Ihre Vorgesetzte oder Ihr Vorgesetzter keine Vier-Augen-Gespräche erwähnt, wäre es eine Überlegung wert, zu fragen: »Wäre es gut, wenn wir uns regelmäßig zwecks Rücksprache zusammensetzten?«, gefolgt von: »Wie würde es Ihnen am besten passen: wöchentlich, alle zwei Wochen oder einmal im Monat?« Falls Ihr Vorgesetzter Vier-Augen-Gespräche nicht für sinnvoll hält, ist es womöglich notwendig, nach Vorwänden für formlose Interaktionen zu suchen, etwa bei einer Tasse Kaffee, nach Meetings oder zwanglos im Laufe des Arbeitstags.

Wenn Sie als Praktikant oder Dienstleister an einem bestimmten Projekt arbeiten, sollten Sie Ihren Ansprechpartner vielleicht fragen, ob es nicht sinnvoll wäre, einen Termin für ein Feedbackgespräch auf halber Strecke zu vereinbaren. Und wenn Sie auf eine reguläre Arbeitsstelle hoffen, ist es wichtig, Ihrem Vorgesetzten zu verstehen zu geben, dass Sie sich langfristig verpflichten wollen.

Habe ich mich den Kolleginnen und Kollegen vorgestellt?

Wenn Sie vor Ort arbeiten, ist es unter Umständen sinnvoll, herumzugehen und sich den Menschen in Ihrer Nähe, in Ihrem Team und in anderen Teams vorzustellen: »Hallo, ich glaube, wir haben uns noch nicht kennengelernt. Ich bin _____. Ich bin die/der neue _____.«

Falls Sie extern arbeiten, überlegen Sie, ob Sie Ihren Teammitgliedern eine kurze E-Mail oder Direktnachricht schicken (abhängig von den Gepflogenheiten und kulturellen Normen Ihres Teams) und sich vorstellen. Wenn Sie den Posten eines anderen übernehmen, sollten Sie Ihren Vorgesetzten bitten, Sie der Person vorzustellen, vorausgesetzt, sie ist noch im Unternehmen und bereit, Ihnen zu helfen. Falls es im Gebäude eine Rezeptionistin oder Wachpersonal gibt, sollten Sie sich auch dort vorstellen. Falls Sie sich einmal aussperren sollten oder Hilfe bei der Bedienung des Systems benötigen, sind sie wichtige Ansprechpartner.

Habe ich die Prioritäten meines Teams in Erfahrung gebracht?

Beim Kennenlernen Ihrer Teammitglieder sollten Sie fragen: »Woran arbeiten Sie gerade?« oder »Was sind momentan Ihre Prioritäten? Was sind die Prioritäten des Teams?« Je besser Sie verstehen, woran jeder arbeitet und worüber er sich den Kopf zerbricht, desto besser werden Sie Mittel und Wege finden, um sich sinnvoll einzubringen.

Habe ich einen Zeitplan für meinen Arbeitsalltag definiert?

Wenn Sie vor Ort arbeiten, sollten Sie Mitarbeitende auf Ihrer Ebene fragen: »Wann fängt man denn hier normalerweise an? Und wann ist Feierabend?« Man kann außerdem versuchen, anhand der Zeiten, zu denen E-Mails verschickt werden, Muster zu erkennen. Geschieht das beispielsweise nur zu üblichen Geschäftszeiten? (Eine hilfreiche Strategie auch für alle, die extern arbeiten.)

Habe ich meinen Arbeitsplatz samt Arbeitsmaterialien und Zugangsberechtigungen eingerichtet?

Benötigen Sie für Ihre Arbeit eine bestimmte Ausrüstung, etwa einen Mitarbeiterausweis oder elektronische Geräte, Uniformen, Sicherheitsausrüstung, Firmenwagen oder Werkzeug? Müssen Sie Computerprogramme installieren (lassen), etwa ein E-Mail-Programm, einen Messenger-Dienst, Videotelefonie, Software für den Datenaustausch, Druckertreiber oder Projektmanagement-Software? Das sollten Sie wenn möglich gleich zu Anfang einrichten. Arbeiten Sie in einem größeren Unternehmen, sollten die IT- und die Personalabteilung Ihnen dabei zur Seite stehen. In einer kleineren Firma müssen Sie sich womöglich selbst darum kümmern.

Hat man mir den Zugang zu den notwendigen Akten und Dateien und Terminanfragen gewährt?

Wenn Sie die Stelle einer anderen Person übernehmen und noch keinen Zugang zu deren Unterlagen und Dateien bekommen haben, sollten Sie Ihren Vorgesetzten fragen, ob es Unterlagen Ihres Vorgängers gibt, die Sie durchgehen sollten? Wenn Ihr Team ein gemeinsames Laufwerk nutzt und Sie noch nicht dazu eingeladen wurden, sollten Sie jemanden auf Ihrer Hierarchiestufe fragen: »Könnten Sie mir bitte den

Zugang dazu gewähren?«, »Gibt es bestimmte Ordner, mit denen ich mich näher beschäftigen sollte?« und »Benutzt man hier bestimmte Templates, die ich parat haben sollte?« Und wenn Sie schon dabei sind, fragen Sie auch gleich: »Stehen in nächster Zeit Meetings an, bei denen ich einbezogen werden sollte?«

Habe ich mir Orientierung über meine Arbeitsumgebung verschafft?

Wenn Sie vor Ort arbeiten und Ihnen niemand eine Führung anbietet, sollten Sie versuchen, sich bei einem Rundgang die Büros der wichtigsten Vorgesetzten, die Arbeitsplätze der zuständigen Mitarbeiter, die Besprechungsräume, die Toiletten, Pausenräume, Treppenhäuser und die Aufzüge zu merken. So können Sie in der Nähe des Geschehens bleiben, gezielt Leuten »zufällig« über den Weg laufen und verhindern, dass Sie sich auf dem Weg zum Meeting verlaufen. Wenn Sie aus der Ferne arbeiten, sollten Sie sich einen vernünftigen Arbeitsplatz einrichten, an dem Sie möglichst wenig abgelenkt werden, viel (idealerweise natürliches) Licht abbekommen und eine professionelle Kulisse für Videokonferenzen haben.

Habe ich meinen Tagesablauf im Griff?

Wenn Sie vor Ort arbeiten: Wie legen Sie die Pendelstrecke zur und von der Arbeit zurück? Müssen Sie sich um Kinderbetreuung kümmern? Brauchen Sie einen Parkausweis? Wenn Sie von zu Hause aus arbeiten, wie sieht dann Ihr Sportprogramm aus? Wann machen Sie Essen? Wahrscheinlich sind Sie in der Lage, diese Fragen ohne die Hilfe Ihrer Vorgesetzten oder Kollegen zu beantworten. Trotzdem sind es wichtige Fragen für die Anfangszeit, weil sie sich auf Ihre Produktivität und Zufriedenheit auswirken.

Die Einarbeitungszeit bei der Aufnahme einer neuen Tätigkeit kann strukturiert, aber auch unstrukturiert und sogar chaotisch verlaufen.

Wenn Sie Zeit haben, sich einzuleben, nutzen Sie sie. Haben Sie jedoch keine Zeit, kommen Sie bei jeder Gelegenheit auf diese Liste zurück. Wenn Sie Anweisungen erhalten, tun Sie, was man Ihnen sagt. Wenn Sie keine Anweisungen erhalten, denken Sie wie ein Eigentümer, und überlegen Sie sich selbst, wie es gehen könnte. Zwar ist es manchmal unangenehm, vielbeschäftigte Kollegen zu stören, aber bedenken Sie: Ihr Erfolg liegt im Interesse aller – und erfolgreich sein können Sie nur, wenn Sie die Voraussetzungen für Ihren Erfolg schaffen. Sie sind nicht lästig. Sie stellen damit Ihr Engagement unter Beweis.

Ihre Aufgabe finden

Nachdem Sie also herausgefunden haben, wie Sie die oben genannten Fragen mit »Ja« beantworten, ist es nun an der Zeit, sich nützlich zu machen. Obwohl man in jedem Team erwarten wird, dass Sie so schnell wie möglich so produktiv wie möglich sind, wird man nicht überall wissen, wie das erreicht werden kann. Ihre Teammitglieder gehen vielleicht auf Sie zu, haben aber womöglich keinen Plan für Sie parat. Möglicherweise erklären sie Ihnen das eine oder andere, aber nicht alles. Vielleicht geben sie Ihnen Aufgaben, übertragen Ihnen aber keine Verantwortung.

Das Problem, nicht zu wissen, was man tun soll, ist vor allem für diejenigen ein alter Hut, die von zu Hause aus arbeiten. Wenn Ihre Organisation nicht gerade über eine lange Geschichte mit Fernarbeitsplätzen verfügt, ist es sehr wahrscheinlich, dass Ihr Vorgesetzter immer noch versucht, einen guten Weg für die Steuerung extern arbeitender Angestellter zu finden. In einem solchen Fall werden Sie einige Dinge selbst ausknobeln müssen – also lassen Sie sich nicht von der Geschäftigkeit der anderen davon abhalten, Ihren Platz im Team zu finden. Lassen Sie uns die drei Strategien durchgehen, die Sie für den Einstieg in Ihre Arbeit nutzen können.

Andere beobachten und mitschreiben

Verfolgen Sie aufmerksam, womit sich Vorgesetzte und Teammitglieder beschäftigen. Falls Ihnen noch keine Aufgabe übertragen wurde, versuchen Sie es mit Fragen wie: »Wäre sinnvoll, wenn ich an dem Meeting teilnehme?« oder »Stört es Sie, wenn ich mir ansehe, wie Sie das machen?« Schreiben Sie anschließend mit (von Hand, falls die anderen keine elektronischen Geräte in der Hand haben).

Wenn Sie extern arbeiten, hören Sie bei Team-Konferenzen aufmerksam zu, wenn die anderen über anstehende Besprechungen oder Projekte reden. Überlegen Sie, ob es sinnvoll wäre, Ihren Teammitgliedern zu schreiben (E-Mail oder Chat): »Ich würde gern mehr über ＿＿＿ erfahren. Wäre es möglich, dass ich mich hier einbringe?« Wenn Sie aufgrund der Fernarbeit keine Teammeetings haben, bei denen Sie aufmerksam zuschauen können, sollten Sie Ihrem Vorgesetzten sagen: »Ich habe mich gerade eingerichtet und würde gerne lernen, wie die Arbeit im Team so läuft. Gibt es irgendwelche Termine oder Meetings, zu denen ich Ihrer Meinung dazukommen sollte?«

Fragen stellen und aus den Antworten lernen

Führen Sie beim Beobachten Ihrer Kolleginnen und Kollegen und beim Kennenlernen Ihrer Arbeit eine Liste der Themen, die Sie neugierig machen oder verwirren (Abb. 4-1). Und dann machen und *zeigen* Sie Ihre Hausaufgaben.

Als Neuling ist es mitunter verlockend, den Mund zu halten, weil man die anderen nicht stören möchte oder gar dumm wirken will. Dabei ist es das genaue Gegenteil dessen, was eigentlich von Ihnen erwartet wird. Zu jeder Zeit befinden Sie sich bei der Arbeit in einem von zwei Modi: entweder sind Sie Lernender oder Leitender.

Als Lernmodus wird die Zeit bezeichnet, in der Sie noch nicht viel wissen, die anderen also davon ausgehen, dass Sie Fragen stellen werden. Vom Führungsmodus dagegen können wir sprechen, wenn Sie lange genug dabei sind, dass man von Ihnen erwartet, dass Sie wissen, was los ist und durchdachte Fragen stellen und durchdachte Kommentare abgeben. Wenn man neu in einem Team oder einem Projekt ist, ist man immer im Lernmodus, die anderen werden also wissen, dass Sie Fragen haben. Und Fragen sollten Sie immer haben.

Ein freundlicher Hinweis: Auch wenn Fragen auf einfache, effektive Art Ihre Einsatzbereitschaft unterstreichen können, sind sie zu weit mehr als nur zu Demonstrationszwecken geeignet: Sie sind auch dafür da, dass Sie etwas lernen. Schreiben Sie mit und merken Sie sich, was man Ihnen gesagt hat!

Abbildung 4-1

Mögliche Fragen für den Einstieg

- Was hat _____ mit _____ gemeint?
  diese Person dieser Aussage

- Wie sieht die Vorgeschichte zu _____ aus?
  dieser Entscheidung

- Wie funktioniert _____ ?
  dieser Prozess

- Wie passt das, was _____ über _____ gesagt hat, mit dem zusammen, was
  diese Person dieses Thema

  _____ über _____ gesagt hat?
  jene Person jenes Thema

- _____ habe ich vorher noch nie gesehen/gehört. Wer ist das?
  Diese Person/diesen Namen

Neue Aufgaben übernehmen und sich freiwillig melden

Besprechungen ziehen häufig neue Arbeitsaufgaben nach sich. Und häufig wird Ihre Betreuerin oder Ihr Betreuer nicht die Zeit haben, diese Aufgaben alle selbst zu erledigen. Manchmal wird man Arbeit an Sie delegieren – und von Ihnen erwarten, dass Sie tun, was man Ihnen aufgetragen hat. Manchmal müssen Sie vielleicht darum bitten, miteinbezogen zu werden. In beiden Fällen sind neue Projekte Möglichkeiten, Ihre Kompetenz unter Beweis zu stellen und Ihre Einsatzbereitschaft zu zeigen. Wenn Sie sich für etwas interessieren, das bei dem Meeting erwähnt wurde, sprechen Sie Ihren Vorgesetzten doch hinterher an und stellen Sie ihm eine der in Abbildung 4-2 aufgeführten Fragen.

Abbildung 4-2

Fragen, die man nach einem Meeting stellen kann

- _____ sprach an, dass wir _____ . Soll ich dem nachgehen?
  Diese Person   dies und jenes tun sollten

- Wäre es angesichts der Debatte über _____ sinnvoll, wenn ich _____ ?
                                        dieses Thema   dies und jenes tue

- _____ hat _____ . Sollten wir bei ihm/ihr nachfassen?
  Diese Person   diese Frage gestellt

- _____ wirkte interessiert an _____ . Soll ich mir die Sache einmal
  Diese Person   diesem Thema

  anschauen?

- Wäre es im nächsten Schritt sinnvoll, wenn ich mich mit _____
                                                            dieser Person

  einmal über _____ unterhalte?
                dieses Thema

Wenn Sie nicht an Besprechungen teilnehmen, in denen neue Aufgaben generiert werden, versuchen Sie darauf zu achten, wenn andere sich beschweren – hier verbergen sich möglicherweise Gelegenheiten, sich nützlich zu machen. Falls Sie eine Chance wittern, fragen Sie »Kann ich helfen?« oder »Mir ist aufgefallen, dass _____ . Kann ich Sie dabei irgendwie unterstützen?« oder »Wie kann ich behilflich sein?«

Falls es nicht möglich ist, anderen bei der Arbeit zuzuschauen, weil Sie extern arbeiten, schreiben Sie Ihren Vorgesetzten an: »Ich bin gerade mit _____ fertig und würde mich freuen, wenn ich Sie irgendwie unterstützen könnte. Gibt es vielleicht ein Projekt, bei dem Sie Hilfe brauchen könnten?«

Aber Achtung: Melden Sie sich nur freiwillig, wenn Sie auch Zeit haben. Anerkennung für Ihre Einsatzbereitschaft ohne Abstriche bei der Kompetenz ernten Sie nur, wenn Sie auch tun, was Sie zugesagt haben. Noch ein Wort der Warnung: Bei vielen Aufgaben bleibt es zwar Ihnen überlassen, ob Sie sich freiwillig melden, nicht aber dann, wenn ein Höherrangiger Sie für eine Freiwilligenmeldung vorschlägt und Ihnen so eine Aufgabe überträgt, obwohl es so aussieht, als stünde es Ihnen offen, sie anzunehmen oder nicht. Für einen Neuling ist »Können Sie das übernehmen?« keine Ja-oder-Nein-Frage, sondern eine, auf die immer ein »Ja!« erwartet wird. Und im Idealfall lautet Ihre Antwort: »Ja! Würde es helfen, wenn ich außerdem noch _____?« Wenn Sie neu sind, sind nervtötende Aufgaben weit mehr als das; es handelt sich dabei um kleine Tests Ihrer Kompetenz und Einsatzbereitschaft.

Eine neue Stelle anzutreten ist an sich schon aufreibend genug. Vorgesetzte, die es Ihnen überlassen, sich einzurichten – was ja eigentlich in deren Verantwortungsbereich fallen sollte – machen das Leben hier nicht leichter. Aber genau da liegt ein ganz wesentlicher Unterschied zwischen Schule und Arbeitsleben: In der Schule geht es darum, Schritt zu halten, bei der Arbeit darum, einen Schritt voraus zu sein. In Schule und Universität wird man für das Befolgen von Anweisungen belohnt – am Unterricht teilnehmen, zuhören, die angesetzten Texte lesen und die Hausaufgaben pünktlich erledigen, schon ist man ein Star. Am Arbeitsplatz gibt es keinen Lehrplan, kein Handbuch, keine übersichtlich durchnummerierte Liste an Hausaufgaben, die es zu erledigen gilt. Manchmal sind die anderen so damit beschäftigt, ihre Abgabetermine einzuhalten, dass ihnen womöglich gar nicht auffällt, dass ein neues Mitglied zum Team dazugestoßen ist. Und mitunter wirken selbst die besten Manager trotz der besten Vorsätze, Sie für einen guten Start vorzubereiten, vergesslich und nachlässig, weil ihre eigenen Vorgesetzten sie kurz vor Ihrer Ankunft überraschend zu einem Meeting einbestellen. Das Ergebnis? In der Arbeitswelt wird die Eigeninitiative bevorzugt. Wenn sich keiner für Sie einsetzt, dann helfen Sie sich selbst.

Ausprobieren!

- Wenn keiner Sie den anderen vorstellt, stellen Sie sich selbst vor.
- Wenn Ihnen niemand Informationen weitergibt, bitten Sie darum.
- Wenn niemand für Sie Arbeit findet, suchen Sie sich selbst welche.

REGELN

Wie man die Wahrnehmung anderer steuert

Die eigene Geschichte gut zu erzählen wissen

An Meghans erstem Tag als Werksstudentin in einem Biotech-Unternehmen wurde sie von ihrem Manager gefragt: »Also dann – was würden Sie denn hier gerne tun?«

Meghan erstarrte. *Was?!*, dachte sie. *Ich dachte, Sie hätten schon ein Projekt für mich!* Weil sie nicht wusste, wie sie reagieren sollte, antwortete Meghan: »Was Sie wollen! Ich bin flexibel.« Doch als sie am Ende ihrer sechsmonatigen Praxisphase ihren Lebenslauf auf den aktuellsten Stand bringen wollte, ertappte sie sich dabei, wie sie ratlos auf den blinkenden Cursor starrte. Was sollte sie schreiben?

Was hatte Meghan während ihrer Praxisphase gemacht? Sie hatte Tabellen bereinigt, E-Mails verschickt und Forschungsaufsätze zusammengefasst. Nicht gerade die Arbeitserfahrung, mit der sie ihren Lebenslauf hatte schmücken wollen. Meghan erzählte mir rückblickend: »Hätte ich besser recherchiert, womit sich das Unternehmen beschäftigt, und mir genauer überlegt, was ich wollte, wäre ich in der Lage gewesen, eigene Vorschläge zu machen und vielleicht sogar die Arbeitserfahrung zu sammeln, die ich gerne gehabt hätte. Stattdessen habe ich es den Vorgesetzten überlassen, zu überlegen, welche Arbeit sie mir übertragen könnten, was möglicherweise dazu führte, dass ich Aufgaben bekam, mit denen ich nichts anfangen konnte, und sie Ergebnisse, die ihnen nicht wichtig waren.«

Für ein neues Teammitglied ist der Umgang mit den anderen manchmal wie der Umgang eines Prominenten mit Reportern: man wird mit Fragen bombardiert, und jede Antwort wird gründlichst analysiert. Es ist wichtig, diese Fragen ernst zu nehmen. Ihre Antworten könnten den Ausschlag geben, ob Sie die Erfahrung machen, die Sie machen wollen – oder die Erfahrung, die andere vorgesehen haben. Wie können Sie verhindern, in Meghans Situation zu landen? Indem Sie lernen, wie man seine Geschichte erzählt.

Das sollten Sie wissen

- Je klarer Sie Ihre Erwartungen an die neue Stelle in Worte fassen können, desto größer sind die Chancen auf eine erfüllende Erfahrung.
- Je besser Sie erklären können, wie Ihre Vergangenheit, Gegenwart und Zukunft mit Ihrer Stelle zusammenhängen, desto kompetenter und engagierter wirken Sie.

Inneres vs. äußeres Narrativ

Ehe wir weitermachen, müssen wir den Unterschied klären zwischen dem *inneren Narrativ* und dem *äußeren Narrativ*. Mit dem inneren Narrativ ist die Geschichte gemeint, die Sie sich über Ihr Tun selbst erzählen. Dabei geht es um die Gründe, die dazu führten, dass Sie die Stelle angenommen haben. Diese Erzählung ist auch das, was Sie morgens zum Aufstehen und bei der Arbeit zur Betriebsamkeit motiviert. Ihr inneres Narrativ könnte sich beispielsweise so anhören: »Ich will Geld verdienen, um meinen Studienkredit abzubezahlen, Berufserfahrung sammeln und herausfinden, ob mir die Arbeit im Labor liegt.« Oder auch: »Ich bin hier, weil das der einzige Job war, den ich kriegen konnte.«

Ihr äußeres Narrativ dagegen ist die Geschichte, die Sie Ihrem Publikum entsprechend angepasst vermitteln, um andere davon zu überzeugen, dass Sie kompetent, einsatzbereit und kompatibel sind. Ihr äußeres Narrativ könnte in etwa so klingen: »Die Alzheimerforschung des Unternehmens interessiert mich besonders, weil Neurowissenschaft eins meiner Lieblingsseminare an der Uni war. Außerdem habe ich ehrenamtlich in einem Seniorenheim gearbeitet und bei meinem Großvater erlebt, wie sich Alzheimer auswirkt, ich habe also auch einen persönlichen Bezug zu diesem Thema.«

Beachten Sie den Unterschied. Heruntergebrochen geht es beim inneren Narrativ um »ich, ich, ich«. Das äußere Narrativ dagegen bedeutet übertragen: »Dies und jenes möchte ich ... und so und so kompetent bin ich in diesem Bereich und dieser Arbeit daher verbunden.«

Warum erzählt man nicht einfach sein inneres Narrativ? Wenn andere lediglich »Ich bin nur um meinetwillen hier« verstehen, stellen sie schnell Einsatzbereitschaft und Kompatibilität infrage. Und wenn sie ein »Weiß nicht genau« zu hören bekommen (wie Meghans Manager), passiert es schnell, dass sie *Hm, mal überlegen* ... denken – und dann das Nachfassen vergessen. Falls es je vorgekommen ist, dass sich ein potenzieller Arbeitgeber nach einem Anruf oder einem Vorstellungsgespräch nicht mehr gemeldet hat, könnte das unter Umständen tatsächlich daran liegen, dass Sie zu viel von Ihrem inneren und zu wenig von Ihrem äußeren Narrativ preisgegeben haben. Das soll allerdings nicht heißen, dass inneres und äußeres Narrativ separat und klar voneinander zu trennen sind. Überschneidungen sind möglich und gar nicht selten. Der Grad der Überschneidung hängt davon ab, wie sehr die angestrebte Stelle dem eigenen Traumjob entspricht. Ist die Stelle nur Mittel zum Zweck, läuft man Gefahr, egoistisch zu wirken, wenn man ständig das innere Narrativ betont. Um nicht unbeteiligt oder inkompatibel zu wirken, konzentriert man sich besser auf das äußere Narrativ.

In Tabelle 5-1 sind häufige Fragen aufgeführt, mit denen man in einer neuen Stelle, einem neuen Team oder einem neuen Projekt rechnen muss. Mit jeder Frage wird mehr abgefragt, als der eigentliche Wortlaut vermuten lässt. Genau genommen steckt hinter jeder Frage eine Gelegenheit, Ihren KEKs vorzuweisen und dafür das zu bekommen, was Sie wollen.

Anfangs werden die Fragen Sie möglicherweise überwältigen, aber mit der Zeit geht Ihnen das Antworten darauf in Fleisch und Blut über. Es kommt nicht darauf an, irgendwelche Antworten auswendig zu lernen. Vielmehr geht es darum, Ihre persönliche Geschichte so gut zu kennen, dass Sie immer Gesprächsstoff parat haben, und zwar ganz egal, welche Frage Ihnen gestellt wird. Die folgenden fünf Schritte helfen Ihnen dabei.

Schritt 1: Das innere Narrativ gestalten

Vom Ziel her rückwärts arbeiten: Stellen Sie sich vor, Sie blicken an Ihrem letzten Arbeitstag auf Ihre Erfahrungen in dieser Stelle zurück. Was möchten Sie dann gearbeitet haben? Füllen Sie im nächsten Schritt den Lückentext in Abb. 5-1 aus. Falls Sie noch nicht auf alles die perfekte Antwort haben, macht das nichts. Das innere Narrativ ist nicht statisch, es wird sich im Laufe der Zeit weiterentwickeln, je mehr Sie über sich selbst erfahren. Viel wichtiger ist, dass Sie etwas zu Papier bringen, auf das Sie später zurückgreifen können. Hätte sich Meghan überlegt, was sie wirklich lernen und erleben wollte, hätte sie besser mit ihren Kolleginnen und Kollegen kommunizieren können und somit die Chancen auf eine erfüllende Praxisphase gesteigert.

Es ist wie beim Einkaufen: Mit einem Einkaufszettel erhöht sich die Wahrscheinlichkeit, das Geschäft auch wirklich mit dem zu verlassen, was man sich vorgenommen hat.

Tabelle 5-1

Fragen, mit denen man als Neuling rechnen sollte

	Was Sie sagen würden, wenn Sie die Frage wörtlich nehmen.	Was Sie sagen würden, wenn Sie Ihre Antwort auf Ihr »Publikum« zuschneiden.
Erzählen Sie mir etwas über sich.	Wo Sie geboren wurden, wo Sie aufwuchsen und wo Sie zur Schule gegangen sind.	Wie Ihre früheren Erfahrungen Ihnen zu Ihrer Kompetenz und Ihrem Engagement für Ihre neue berufliche Aufgabe verholfen haben.
Was hat Sie denn hierher (in dieses Unternehmen) geführt?	Wie Sie tatsächlich von der freien Stelle erfahren haben.	Wie Ihre bisherigen Erfahrungen dazu geführt haben, dass Sie auf diese Stellenausschreibung reagiert haben.
Was hat Ihr Interesse an dieser Stelle geweckt?	Welchen Nutzen Sie aus dieser Erfahrung ziehen wollen.	Warum Sie sich von der Arbeit und dem Auftrag des Teams und der Organisation angezogen fühlen.
Für welche Tätigkeiten interessieren Sie sich? Oder: Was wollen Sie hier tun?	An welcher Art Tätigkeiten Sie interessiert sind oder auch nicht.	Welche konkreten Aufgabengebiete des Teams oder der Organisation Sie interessieren und was Sie aufgrund Ihrer Stärken und Interessen dazu beitragen können.
Was versprechen Sie sich von dieser Stelle?	Die ehrlichen Gründe, warum Sie diese Stelle angenommen haben.	Ihre Motivation, zu lernen und zu helfen.
Welche Berufserfahrung bringen Sie mit?	Wo Sie bisher gearbeitet haben (oder »keine«).	Inwiefern Ihre bisherigen beruflichen Tätigkeiten Ihr Interesse an dieser Arbeitsstelle geweckt haben und wie sich die erworbenen Kenntnisse und Fähigkeiten auf Ihre neue Aufgabe übertragen lassen
Wo sehen Sie sich in Zukunft?	Wie Sie diese Stelle als Sprungbrett benutzen wollen.	Wie Sie im Unternehmen vorankommen und mehr Verantwortung übernehmen wollen.

Schritt 2: Das äußere Narrativ gestalten

Wenn Sie das innere Narrativ vor Augen haben, ist der nächste Schritt, es in eine Reihe Gesprächsthemen zu verwandeln, die Sie für Ihr äußeres Narrativ Ihrem Gegenüber anpassen. Nutzen Sie das eben Gelernte, um die Lücken in Abb. 5-2 auszufüllen. Denken Sie daran: Sie wollen Ihre Kompetenz und Ihre Einsatzbereitschaft demonstrieren. Füllen Sie die

Lücken mit Details, die für Ihre Arbeitsstelle relevant sind. Wo sich alles um Daten dreht, reden Sie über Ihre Erfahrung oder Interesse an Daten und Analysen. Falls Sie noch nicht viel (oder gar keine) Erfahrung haben, ist das okay – in dem Fall erzählen Sie vor allem, was Sie lernen wollen. Widerstehen Sie dem Drang, andere an Ihre Unzulänglichkeiten zu erinnern: Wenn Sie darüber reden, dass Sie noch nie mit Zahlen gearbeitet haben, stellen andere schnell Ihre Kompetenz infrage. Das braucht niemand zu wissen. Konzentrieren Sie sich auf das Positive.

Abbildung 5-1

Lückentext für die Gestaltung des inneren Narrativs

- Ich arbeite hier _____.

  aus diesen Gründen

  Zum Beispiel: Ich arbeite hier, weil ich Berufserfahrung sammeln möchte und das Geld stimmt.

- Ich will ausprobieren, ob _____.

  diese Hypothesen stimmen

  Zum Beispiel: Ich will ausprobieren, ob mir die Arbeit in der Biotech-Forschung Spaß macht.

- Ich möchte gerne _____kennenlernen.

  diese und jene Leute

  Zum Beispiel: Ich möchte einen Mentor finden und vielleicht jemanden, der mir ein Referenzschreiben für das Graduiertenkolleg verfasst.

- Ich möchte _____weiterentwickeln.

  diese Fertigkeiten

  Zum Beispiel: Ich möchte in der Laborforschung besser werden.

- Ich möchte mehr über _____lernen.

  Themen dieser Art

  Zum Beispiel: Ich möchte mehr darüber lernen, wie ein Labor funktioniert und wie Wissenschaft wirtschaftlich genutzt wird.

- Ich möchte in meinem Lebenslauf schreiben können, dass ich _____

  diese Aufgaben

  erfüllt habe.

  Zum Beispiel: Ich möchte in meinem Lebenslauf schreiben können, dass ich beim Aufbau und der Durchführung eines Experiments mitgeholfen habe.

Kompetenz und Einsatzbereitschaft kann man sehr effektiv zeigen, indem man auf die Schnittmengen hinweist, die es zwischen den bisherigen Erfahrungen und den zukünftigen Aufgaben in der aktuellen Stelle gibt. Ausschlaggebend hierbei ist, übertragbare Kenntnisse und Fertigkeiten zu betonen – und über die verfügen Sie, egal, was Sie bisher gemacht haben. Als Babysitter gearbeitet? Sprechen Sie darüber, welche Bedeutung Verantwortung für Sie hat. Tutor gewesen? Reden Sie über die Kunst, Schwieriges leicht verständlich zu erklären. Schon mal an der Kasse, im Einzelhandel, im Service oder in einer Kaffeebar gearbeitet? Sprechen Sie über die Anforderungen, die die Arbeit mit Menschen und Multitasking unter Druck mit sich bringen.

Abbildung 5-2

Lückentext für die Gestaltung des äußeren Narrativs

- *Mein Interesse an dieser Stelle wurde geweckt durch_____.*

  diese Erfahrung/Beobachtung

  Zum Beispiel: Mein Interesse an dieser Stelle wurde geweckt, weil ich an der Uni ein Seminar über Bio-Informatik absolviert und in einer Fachzeitschrift etwas über die Arbeit dieses Labors gelesen habe.

- *Früher war ich bei_____tätig, wo ich_____.*

  in dieser Organisation   *diese relevanten Dinge getan habe*

  Zum Beispiel: Früher habe ich im Forschungslabor meiner Uni einer Professorin bei der Arbeit an einem Artikel für eine Fachzeitschrift geholfen.

- *Ihre Arbeit an_____interessiert mich vor allem, weil_____.*

  auf diesem Gebiet   *aus diesen Gründen*

  Zum Beispiel: Ihre Arbeit auf dem Gebiet der Krebstherapien ist für mich besonders interessant, weil ich meine berufliche Zukunft in diesem Bereich sehe und Ihr Labor zu den Vorreitern auf dem Gebiet der Interventionen gehört.

- *Besonders interessieren mich_____und ich wäre gerne dabei, wenn*

  diese Themen

  _____gemacht wird.

  diese Arbeit

  Zum Beispiel: Besonders interessiere ich mich dafür, wie Forschungsergebnisse veröffentlicht werden, und ich wäre gerne dabei, wenn Sie die Daten aus dem Labor für veröffentlichungsreife Artikel aufbereiten.

- *Wenn sich Gelegenheiten für* _____ *oder* _____ *bieten, würde*
  dies   jenes
  ich mich freuen, wenn Sie sich melden.

  Zum Beispiel: Wenn sich die Gelegenheit bietet, Experimente zu entwickeln oder Artikel zu schreiben, würde ich mich freuen, wenn Sie sich bei mir melden.

In der Zukunft

- *Ich will* _____.
  dies tun/das werden
  Zum Beispiel: Ich will Professor werden.

- *Ich bin noch am Ausloten, aber bisher scheinen mir* _____
  dieses Gebiet
  und _____ *besonders interessant.*
  jener Bereich

  Zum Beispiel: Ich bin noch dabei, meine Möglichkeiten auszuloten, aber bislang scheinen mir die universitäre Forschung und die Pharmaindustrie besonders interessant.

Haben Sie erst einmal inneres und äußeres Narrativ für sich formuliert, verfügen Sie über alle nötigen Rohmaterialien, um die Fragen zu beantworten, die ein Neuling zu hören bekommt. Meine Art des Brainstormings stelle ich mir wie einen Kühlschrank für verschiedene Gesprächsthemen vor. Sobald mich jemand etwas fragt, brauche ich nur meinen »mentalen Kühlschrank« zu öffnen und die für die aktuelle Situation passendste »Zutat« (das Gesprächsthema) herauszuholen.

Wer Ordnung im Kühlschrank zu schätzen weiß, probiert Folgendes: Holen Sie alle Zutaten aus dem Kühlschrank heraus und sortieren Sie sie neu: Inwiefern hängen sie mit Ihrer Kompetenz, Einsatzbereitschaft und Kompatibilität zusammen? Versuchen Sie es einmal, indem Sie die folgenden drei Sätze vervollständigen.

- Kompetenz: »Ich habe das Zeug dazu, hier erfolgreich zu sein, weil ____.«
- Einsatzbereitschaft: »Ich freue mich darüber, hier zu sein, weil ____.«
- Kompatibilität: »Ich gehöre in diese Position und in dieses Team, weil ____.«

Schritt 3: Dem Ganzen eine Struktur geben

Was, wenn jemand gerade heraus eine Frage stellt wie: »Für welche Art Aufgaben interessieren Sie sich?« Machen Sie Ihre Hausaufgaben und zeigen Sie sie vor. Benutzen Sie dabei nicht nur die Zutaten aus Ihrem Kühlschrank, sondern ergänzen Sie diese um Details aus Ihrer Internetrecherche in Kapitel 3. So unauffällig der Unterschied auch sein mag: Wer nicht nur »Ich wäre gerne bei der Durchführung klinischer Studien dabei« sagt, sondern »Ich wäre gerne bei der Durchführung klinischer Studien dabei. Wenn ich mich nicht irre, hat dieser Prozess für eins Ihrer Medikamente gerade begonnen?«, beantwortet nicht nur die Frage, sondern betont gleichzeitig auch Einsatzbereitschaft und Interesse.

Stellt Ihnen jemand eine Frage mit Vergangenheitsbezug, wie etwa »Was hat Sie denn in diese Firma gebracht?«, betten Sie Ihre Geschichte in einen Rahmen aus Vergangenheit, Gegenwart und Zukunft ein. Dieser Bogen aus Vergangenheit, Gegenwart und Zukunft ist von der sogenannten »Heldenreise« inspiriert, die den Kern vieler berühmter Erzählungen bildet: In *Der Herr der Ringe* verlässt Frodo Beutlin das Auenland, um den einen Ring zu zerstören; in *Die Eiskönigin* verlässt Anna das Königreich Arendelle, um ihre Schwester Elsa zu suchen und den Sommer zurückzubringen; Harry Potter geht in Hogwarts zur Schule, um Voldemort zu besiegen. Betrachtet man eine Momentaufnahme aus einer dieser Geschichten, sieht man dieselben Elemente: Woher die Heldin oder der Held kommen (Vergangenheit), was sie aktuell machen (Gegenwart) und welches Ziel sie anstreben (Zukunft). Auf welcher Quest sind Sie? Das ist Ihre Heldenreise. Abb. 5-3 bietet eine gute Richtschnur für die Überlegungen, welche Elemente Ihre »Mission« ausmachen.

Abbildung 5-3

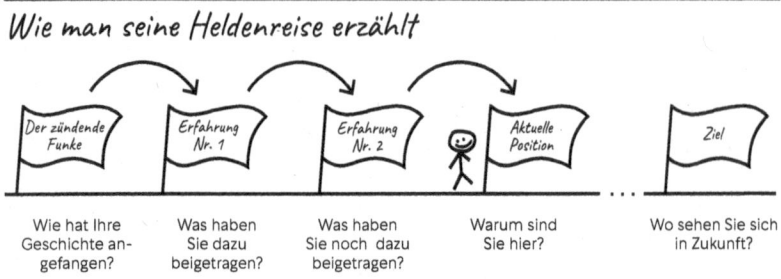

Wie man seine Heldenreise erzählt

Der zündende Funke	Erfahrung Nr. 1	Erfahrung Nr. 2	Aktuelle Position	Ziel
Wie hat Ihre Geschichte angefangen?	Was haben Sie dazu beigetragen?	Was haben Sie noch dazu beigetragen?	Warum sind Sie hier?	Wo sehen Sie sich in Zukunft?

Oft werde ich gefragt, wo man mit seiner Heldenreise anfangen sollte. Eine feste Regel gibt es dafür nicht, Sie sollten also den relevantesten Punkt selbst finden. Vielleicht keimte Ihr Interesse an einem Start-up, weil Sie als Kind die Hunde anderer Leute ausgeführt und sich so etwas dazuverdient haben. Prima, fangen Sie dort an – aber dann sollten Sie rasch springen, damit Ihre Geschichte nur zwei Minuten dauert, nicht zwanzig. Aber vielleicht wurde Ihr Interesse auch erst durch ein bestimmtes Seminar, ein Praktikum oder einen Zeitungsartikel geweckt. Auch das ist in Ordnung. Entwickeln Sie ein Gespür für die Kultur Ihres Teams, um abzuschätzen, wie persönlich der Umgang mit der eigenen Geschichte so ist. In manchen Kulturen weiß man Lebensgeschichten zu schätzen, in denen persönliche Aspekte wie die Familie mit einfließen. Andere verlangen Geschichten, die rein berufsbezogen und professionell sind.

Schritt 4: Den Stil verfeinern

Nachdem Inhalt und Struktur der Erzählung nun bekannt sind, müssen wir uns mit dem Stil beschäftigen. Wenn Sie über sich selbst sprechen, gilt es vor allem zu vermeiden, dass Sie die Grenzen Ihrer Kompetenz, Ihres Engagements und Ihrer Kompatibilität weder überschreiten noch weit dahinter zurückbleiben.

Abbildung 5-4

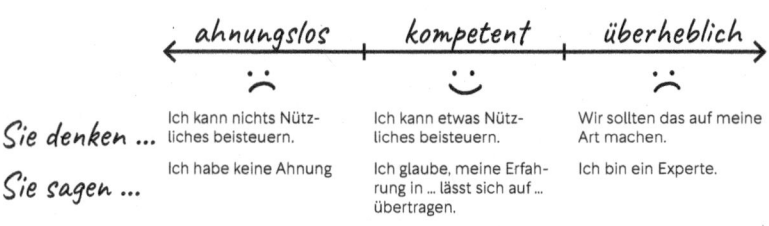

Wie man beim Reden über sich selbst dauerhaft Kompetenz vermittelt

	ahnungslos	kompetent	überheblich
Sie denken ...	Ich kann nichts Nützliches beisteuern.	Ich kann etwas Nützliches beisteuern.	Wir sollten das auf meine Art machen.
Sie sagen ...	Ich habe keine Ahnung	Ich glaube, meine Erfahrung in ... lässt sich auf ... übertragen.	Ich bin ein Experte.

Dauerhaft Kompetenz vermitteln

Vermitteln Sie klar und deutlich, dass Sie etwas zu bieten haben und wichtige Aufgaben erledigen – ohne dabei so zu wirken, als wüssten Sie alles am besten oder aber als wären Sie völlig planlos. Deshalb sagt man besser. »Ich glaube, meine Erfahrung in/bei _____ lässt sich auf _____ übertragen« oder »Ich werde an _____ arbeiten« anstatt »Darin bin ich Experte« oder »Keine Ahnung.« Abbildung 5-4 zeigt, wie bestimmte Aussagen Sie ahnungslos, kompetent oder überheblich wirken lassen.

Es ist schnell passiert, dass man unabsichtlich übers Ziel hinausschießt oder hinter den Erwartungen zurückbleibt. Beispielsweise leitete ein neuer Manager in einem Start-up-Unternehmen seine Bemerkungen immer mit »Nun, in meiner letzten Stelle habe ich _____« ein. Nachdem das dreimal vorgekommen war, gründeten seine Kolleginnen und Kollegen eine Chatgruppe, in der sie sich darüber ausließen, wie eingebildet er doch war. Dieser Manager wirkte überheblich. Er begriff nicht, dass seine Kolleginnen und Kollegen dachten: *Wenn es dir in deiner letzten Stelle so gut gefallen hat, warum bist du dann hier?*

Anderes Beispiel: Eine Praktikantin in einer Behörde arbeitete mit ihrem Vorgesetzten an einer dringenden Angelegenheit, als der Büroleiter hereinkam.

»Wie läuft's?«, fragte der Büroleiter.

»Och, soweit ganz gut«, antwortete die Praktikantin.

»Was soll das heißen, ›soweit ganz gut‹?«, fuhr ihr Vorgesetzter sie an. »Wir haben es hier gerade mit einer Krise zu tun!« Diese Praktikantin wirkte ahnungslos, weil sie vergessen hatte, dass sich das »Wie läuft's?« auf die Situation bezog und darauf, woran gerade gearbeitet wurde, und nicht auf das rhetorische »Wie läuft's?« unter Freunden.

Dauerhaft Einsatzbereitschaft vermitteln

Zeigen Sie, dass Sie begierig darauf sind zu lernen, zu helfen und zu wachsen, ohne machtgierig zu wirken, jemanden in ein schlechtes Licht zu rücken oder den Anschein zu erwecken, Sie wollten jemandem die Stelle abluchsen. Deshalb sagt man besser: »Ich strebe eine berufliche Laufbahn in dem Bereich an« oder »Ich interessiere mich für …« und nicht: »Ich werde CEO« oder »Ich erwarte, dass ich befördert werde.« Abbildung 5-5 zeigt, wie bestimmte Aussagen Sie apathisch, engagiert oder bedrohlich wirken lassen.

Auch hier ist es wieder leicht, in die eine wie in die andere Richtung vom Pferd zu fallen. Einmal wurde eine Sozialarbeiterin, die in einer befristeten Stelle in einem Gemeindezentrum arbeitete, von ihrem Vorgesetzten gefragt: »Wie stellen Sie sich Ihre weitere berufliche Laufbahn vor?«

»Ich möchte in die Leitung«, antwortete die Sozialarbeiterin.

Ihr Vorgesetzter runzelte die Stirn. »Ach … Okay …«

Diese Sozialarbeiterin hatte ein wichtiges Detail übersehen: In der Einrichtung gab es nur eine einzige Leitungsstelle – und die hatte ihr Vorgesetzter inne, der auch nicht vorhatte zu gehen. Das »Okay« des Vorgesetzten bedeutete also eigentlich nicht »Okay«, sondern: *Wollen Sie damit sagen, dass Sie gern meine Stelle hätten? Und wie wollen Sie das anstellen? Indem Sie mich ausbooten?!* Glücklicherweise wissen viele Manager Ehrgeiz zu schätzen und sind nicht so unsicher. Aber man kann nie wissen. Wer unvorsichtig ist, wirkt schnell bedrohlich.

Anderes Beispiel: Ein Junior Analyst in einem Wirtschaftsforschungsinstitut sollte mit einem Senior Analysten über seinen ersten

Auftrag sprechen. Der Senior Analyst begann, über die Abläufe beim Bereinigen und Zusammenführen von Datensätzen zu sprechen. Als er sah, dass der Jüngere nur still dasaß und nicht mitschrieb, fragte er: »Haben Sie Fragen?«

»Oh«, erwiderte der Junior Analyst. »Projekte dieser Art möchte ich eigentlich gar nicht machen, deswegen ist es vielleicht Zeitverschwendung, wenn Sie mir das erklären.«

Schlagartig wirkte der Junior Analyst apathisch. Der Senior Analyst sagte mir Folgendes: »Nur weil ein Projekt nicht mit den eigenen Zielen zusammenpasst, heißt das nicht, dass man einfach ablehnen kann. Wir sind eine kleine Firma. Man kann nicht so tun, als würde einen ein Problem nichts angehen. Jedes Problem geht uns alle an.«

Abbildung 5-5

Wie man beim Reden über sich selbst dauerhaft Einsatzbereitschaft vermittelt

Dauerhaft Kompatibilität vermitteln

Bringen Sie zum Ausdruck, dass Sie sich darüber freuen, Teil des Teams zu sein, ohne dabei zu klingen, als würden Sie alles machen wollen oder seien jemand, der Sie nicht sind. Das drückt sich darin aus, dass man etwa »Schön, dass ich in Ihrem Team bin!« sagt oder auch »Ich freue mich, Sie alle kennenzulernen!«, nicht aber »Sie haben ja so recht mit allem, was Sie gesagt haben!« oder »Ja, kann ich machen! Und das auch! Und, klar, das auch noch!« Abb. 5-6 zeigt, wie bestimmte Aussagen Sie passiv, kompatibel oder wie einen Selbstdarsteller wirken lassen.

Schießt man übers Ziel hinaus, ist häufig Übereifer im Spiel, sogar bis zum dem Punkt, dass man »falsch« klingt. Beispielsweise wurde ein Mitarbeiter in der Qualitätssicherung als Schleimer abgestempelt, weil auffiel, dass er übertrieben begeistert reagierte – aber nur, wenn ein höherrangiger Mitarbeiter etwas vorstellte. Wo andere hin und wieder nickten oder zustimmend murmelten, nickte der Mitarbeiter übermäßig viel und sagte nach fast jedem Satz »Mhm!« Beim ersten Mal fanden die anderen das eigenartig. Beim zweiten Mal nervig. Beim dritten Mal nannten man ihn einen Poser.

Trifft man dagegen durch Untertreibung daneben, liegt das häufig daran, dass man nicht genug lächelt oder bei der Vorstellung nicht genug über sich preisgibt. Bei einer Mitarbeiterversammlung in einem Forschungslabor stellten sich die neuen Hilfskräfte nacheinander vor. Jeder sprach mindestens eine Minute lang über ihre liebsten Seminare und Forschungsthemen. Doch einer sagte einfach nur: »Hallo, ich bin Ethan.« Darauf folgte längeres Schweigen. Am Ende wurde Ethan seiner Kompetenz wegen sehr geschätzt, aber er hatte keine Ahnung, dass seine Kolleginnen und Kollegen sich fragten, ob er schüchtern war, sie nicht mochte oder ungesellig war – weil er so passiv wirkte. Fair sind solche Urteile vielleicht nicht, aber es gibt sie.

Es braucht Zeit, seinen KEKs richtig hinzubekommen. Man muss ausdauernd üben, Muster zu erkennen. Keine Sorge, wenn Sie anfangs das Gefühl haben, am Ziel vorbeizuschießen. Beobachten Sie die Körpersprache Ihrer Gesprächspartner. Achten Sie darauf, wenn jemand die Stirn runzelt, die Arme verschränkt, sich zurücklehnt, den Blick abwendet oder den Kopf zur Seite neigt. Das sind subtile Anzeichen dafür, dass Sie Ihre Geschichte beim nächsten Mal womöglich etwas anders strukturieren sollten. Achten Sie außerdem auf Lächeln und Kopfnicken, denn das deutet darauf hin, dass Ihre Geschichte gut ankommt. Nutzen Sie die Reaktionen, um Ihre Geschichte weiter zu verfeinern. Falls Sie sich telefonisch vorstellen und den Gesichtsausdruck Ihres Gesprächspartners nicht sehen können, versuchen Sie, langsam zu sprechen und hier und da innezuhalten, um Ihrem Gegenüber Gelegenheit zu geben, eine Frage zu stellen oder »Mhm« zu machen. **Nach einem Dutzend Vorstellungsgesprächen sind Sie dann schon Profi.**

Schritt 5: Üben!

Was man sagt, ist zwar wichtig, doch ebenso ausschlaggebend ist oft, *wie* man etwas sagt. Dieses Buch ist kein Ratgeber für das Reden in der Öffentlichkeit, deshalb gehen wir hier nicht ins Detail, aber im Grunde kommt es darauf an, selbstsicher, aber nicht arrogant, korrekt, aber nicht roboterhaft, und munter, aber nicht unreif zu klingen.[4]

Selbstsicher klingen ...

Selbstsicher klingen bedeutet, überzeugt von dem zu wirken, was man zu sagen hat (und das wissen Sie ja, wenn Sie den Kern Ihrer Geschichte kennen). Es bedeutet außerdem, sein Gegenüber anzuschauen, gekonnt zu gestikulieren, in einem ruhigen Tempo zu reden, jedes Wort deutlich zu artikulieren, laut genug zu sprechen, damit man Sie auch versteht, und seine Aussagen wie Aussagen zu betonen, nicht wie Fragesätze (also nicht am Satzende mit der Stimme hochzugehen). Um es mit den Worten eines Praktikanten in einem Medienunternehmen zu sagen: »Nervosität ist normal. Tu so, als würdest du dazugehören, dann glauben es die anderen irgendwann auch.«

... aber nicht arrogant

Arrogant klingen bedeutet, so zu klingen, als hielte man sich für besser als andere. Also unterbrechen Sie andere nicht – lassen Sie sie ausreden, ehe Sie Ihre Meinung vertreten. Achten Sie darauf, nicht unwillkürlich Grimassen zu schneiden oder buchstäblich die Nase hochzunehmen, und stehen Sie auf oder setzen Sie sich hin, um mit Ihrem Gegenüber auf Augenhöhe zu sein. Vorsicht mit dem Gebrauch von Wörtern und

Wendungen wie »Nun ja« (oder »Schön und gut«), und passen Sie außerdem auf, dass Sie die Redebeiträge anderer nicht (ständig) durch ein »Ja, aber ...« abwerten.

Korrekt klingen ...

»Korrekt« klingen bedeutet, so reif und höflich zu klingen wie Ihre Kolleginnen und Kollegen. Da Reife und Höflichkeit sich in einer Bank ganz anders äußern als zum Beispiel in einem Start-up, halten Sie sich an das Vorbild Ihrer Kolleginnen und Kollegen. Wenn die anderen also auf Formulierungen wie »mega«, »Alter«, »mein Fehler«, »Lass mal ...« verzichten, sollten Sie versuchen, diese Wörter ebenfalls zu vermeiden. Wenn die anderen keinen Slang verwenden, vermeiden Sie Slang. Wenn die anderen keine Schimpfwörter verwenden, vermeiden Sie Schimpfwörter. Siezen oder Duzen? Wird eine Gruppe mit »Sie« oder mit »Ihr« angesprochen? Wenn Sie unsicher sind, wie Höflichkeit an Ihrem Arbeitsplatz verstanden wird, gehen Sie auf Nummer sicher: Seien Sie anfangs förmlicher, um dann mit der Zeit lockerer zu werden. Den Eindruck, man sei zu ernst, wird man sehr viel einfacher wieder los als den, man sei unprofessionell.

... aber nicht roboterhaft

Roboterhaft klingen bedeutet, man hört sich an, als hätte man seinen Text auswendig gelernt. Sie sollten also zwar wissen, welches äußere Narrativ Sie aus Ihrem Kühlschrank holen müssen, nicht aber auf Kommando den auf der Orangensaftpackung abgedruckten Text herunterleiern. Wenn Ihnen etwas nicht einfällt, fahren Sie einfach fort – vermeiden Sie es, ins Stocken zu geraten, als hätten Sie in einem Theaterstück den Text vergessen. Vorsicht vor allem mit Klischeewörtern wie »Synergien«, »innovativ« und »disruptiv« sowie schwammigen Aussagen, die irgendwie auf alles zutreffen könnten, wie etwa »Meine Leidenschaft gilt dieser Firma und ihren Werten« (es sei denn, sie führen das weiter aus).

Munter klingen …

Munter klingen bedeutet, energiegeladen zu klingen. Ihre Stimme sollte sich also heben und senken (und nicht monoton sein), Sie sollten positiv oder zumindest neutral über andere sprechen (statt sie zu kritisieren) und ein offenes und einnehmendes Gesicht machen (kein Pokerface).

… aber nicht unreif

Unreif klingen bedeutet, kindisch zu klingen. Was Stimmlage, Erregungsgrad und das Ausmaß an Gekicher oder Gelächter betrifft, sollten Sie daher ebenfalls die Verhaltensmuster Ihrer Kolleginnen und Kollegen beobachten.

In all diesen Bereichen hilft Übung. Also stellen Sie sich vor den Spiegel, schauen Sie sich in die Augen und proben Sie, was Sie sagen wollen. Sie können auch mit einem Freund oder einer Freundin üben. Wichtig ist, dass Sie diesen Abschnitt nicht als starres Regelwerk betrachten, sondern eher als eine lose gedankliche Checkliste zur Selbsteinschätzung. Aber Vorsicht: Wie so viele andere versteckte Erwartungen, die wir in diesem Buch besprechen, sind nur wenige davon gerecht. Geht es um Professionalität oder um Anpassung? Und inwiefern ist »Professionalität« eine Frage dessen, was wir tun, oder doch vielmehr dessen, wer wir sind (beispielsweise im Falle von jemandem mit einer von Natur aus hohen Stimme)? Außerdem wird überall mit zweierlei Maß gemessen. Wann geht es bei der Selbstdarstellung darum, eine überzeugendes äußeres Narrativ zu vermitteln, und wann darum, das eigene wahre Ich zu unterdrücken?

Natürlich geht es nicht ausschließlich darum, Ihre Geschichte zu erzählen. Bis es soweit ist, dass Ihr Vorgesetzter Sie nimmt, wie Sie sind (und nicht, wie er Sie gerne hätte), gilt: Lernen Sie Ihr Publikum kennen und überlegen Sie genau, wie Sie Ihre Geschichte erzählen.

Wir konzentrieren uns zwar auf die Beantwortung allgemeiner Fragen im Zusammenhang mit der ersten Zeit in einer neuen Position, doch die Fähigkeit, Ihre Geschichte gut und zielgruppengerecht zu erzählen, wird Ihnen während Ihrer gesamten Laufbahn zugutekommen. Auch wenn Sie nicht im Verkauf tätig sind, so »verkaufen« Sie sich doch jedes Mal, wenn Sie mit jemandem in Kontakt treten. Fangen Sie jetzt an, an Ihrer Geschichte zu feilen. Das wird sich nicht nur in Ihrem neuen Job, sondern auch bei der nächsten beruflichen Chance, der nächsten Stelle oder dem nächsten Projekt als nützlich erweisen.

Ausprobieren!

- Schreiben Sie Ihr inneres Narrativ auf: Was möchten Sie für sich aus dieser Erfahrung herausholen?
- Bereiten Sie sich darauf vor, Ihr äußeres Narrativ zu schildern: Wieso sind Sie mit Ihrer Persönlichkeit und Ihren Erfahrungen für die neue Stelle kompetent, einsatzbereit und kompatibel?
- Finden Sie heraus, wofür sich Ihr Publikum interessiert. Geben Sie ihm, was es sich wünscht.
- Ordnen Sie Ihre Geschichte in Vergangenheit, Gegenwart und Zukunft ein – wie eine Heldenreise.
- Versuchen Sie beim Reden selbstsicher, aber nicht arrogant, korrekt, aber nicht roboterhaft, und munter, aber nicht unreif zu klingen.

Sein Erscheinungsbild
im Griff haben

Als ich meine erste Praktikumsstelle in der Wall Street antrat, hatte ich nicht großartig über mein Aussehen nachgedacht. Ich hatte lediglich gehört, dass der Dresscode »Business formal« sei, was ich als irgendeinen Anzug, eine beliebige Krawatte, dazu eben Hemd, Ledergürtel, Socken und irgendwelche Lederschuhe interpretierte.

Das große Erwachen kam, als ich hörte, wie meine Kolleginnen und Kollegen darüber witzelten, dass schlecht sitzende Anzughemden, Halbschuhe mit eckiger Spitze und Gürtel, die farblich nicht zu den Schuhen passten, an der Wall Street nichts verloren hätten. Ich sah an mir herab. Sie beschrieben gerade meine Kleidung.

Glücklicherweise wird die Geschäftswelt zunehmend zwangloser und toleranter, vor allem durch die Zunahme dezentraler Arbeitsplätze. Die gelernte Lektion bleibt jedoch die gleiche: Kleiderordnungen wie »Business casual« oder »Smart casual« machen nur einen kleinen Teil der Geschichte aus. Vielmehr sind es die unterschwelligen Erwartungen, die Außenseiter von den Insidern unterscheiden – und diese beziehen sich nicht nur auf die Kleidung, sondern gehen weit darüber hinaus, bis hin zur Frisur, Accessoires und sogar Körperpflege. Weil das Urteil anderer gnadenlos und hartnäckig sein kann, schadet ein gewissenhaftes Vorgehen nie. Schließlich sollte die Definition Ihrer Identität einzig und allein Ihre Aufgabe sein, nicht die anderer Leute.

Was kann man da tun? Los geht es, indem Sie herausfinden, was an Ihrer Arbeitsstelle angemessen ist und was sich für Sie authentisch anfühlt.

Das sollten Sie wissen

Bei einem professionellen Erscheinungsbild geht es vor allem darum, die Schnittmenge dessen zu finden, was an Ihrem Arbeitsplatz üblich ist und was sich für Sie authentisch anfühlt.

Wie man herausfindet, was angemessen ist

Im ersten Schritt geht es darum, Muster zu erkennen. Versuchen Sie, sich daran zu erinnern, welchen Eindruck Sie beim Vorstellungsgespräch gewonnen haben, und suchen Sie im Internet nach Fotos aus der Firma. Bestimmen Sie, welches Erscheinungsbild viele, die meisten oder alle Mitarbeiterinnen und Mitarbeiter auf Ihrer Ebene gemeinsam haben. Wenn Ihnen auffällt, dass alle Kleider oder Anzughemden tragen, haben Sie eventuell eine stillschweigende Kleiderordnung entdeckt. Fällt Ihnen das Fehlen von Eau de Cologne oder Parfüm auf, sind Sie vielleicht einer versteckten Duftnorm auf der Spur. Falls Ihnen auffällt, dass die Kleidung absolut faltenfrei ist, ist das womöglich ein Hinweis auf Ordnungsliebe.

Und dann ahmen Sie die anderen nach. Wenden Sie die identifizierten Muster auf Ihre Entscheidungen bezüglich Kleiderwahl und Körperpflege an. Dabei sollten Sie auf wichtige Stilelemente wie die Art der Kleidung, Farbe, Muster, Materialien, Passform und Sauberkeit größeren Wert legen als auf Details wie Marken oder den Preis. Ziehen Sie in Erwägung, erst nur ein Outfit anzuschaffen und darauf aufzubauen, wenn Sie die unterschwelligen Normen in Erfahrung gebracht haben.

Im Zweifelsfall fragen Sie einen Mentor oder im Kollegium: »Wäre _____ passend?« Wenn Sie bei der Entscheidung zwischen zwei Looks immer noch nicht sicher sind, sollten Sie immer mit der förmlicheren Option beginnen. Besser zu ernsthaft wirken als unprofessionell. (Legerer gestalten können Sie Ihren Kleidungsstil später immer noch.)

Falls Sie dann immer noch nicht weiterwissen: Versuchen Sie, die Perspektive Ihrer Vorgesetzten, Ihrer Kolleginnen und Kollegen, Ihrer Kundschaft und Ihrer Partnerin oder Ihres Partners einzunehmen. Anschließend betrachten Sie sich und fragen sich: Wenn ich einen Modekatalog für meinen Berufsstand zusammenstellen sollte, würde ich dann meinen Look darin aufnehmen? Ziel des Ganzen ist, bei den Insidern den Gedanken zu wecken: *Ja, den/die kann ich ernst nehmen.* Dazu gehört ein angemessenes Erscheinungsbild; man sollte keinesfalls so wirken, als ob man sich zu sehr oder nicht genug angestrengt hat.

Das alles ist natürlich leichter gesagt als getan. Für Stellen im Dienstleistungssektor oder im Handwerk gelten normalerweise klarer ausformulierte Regeln wie »nur schwarze Hosen und Schuhe«, »Sicherheitsschuhe mit Stahlkappen sind Pflicht« oder »Tätowierungen müssen abgedeckt werden«. Falls Sie in dieser Situation sind, finden Sie vermutlich recht einfach heraus, was als angemessene Kleidung gilt. In der Bürowelt (also gemeinhin Schreibtischtätigkeiten) müssen Sie sich allerdings auf stillschweigende Erwartungen jenseits des typischen »bei der Arbeit in einem Start-up trägt man besser keinen Anzug« oder »in der Finanzbranche Business casual oder Business formal tragen« einstellen. In Tabelle 6-1 finden Sie Elemente des Erscheinungsbilds, über die es sich besonders nachzudenken lohnt.

Diese unterschwelligen Erwartungen sind kontextabhängig und mitunter sehr ausgeprägt. Ein Erlebnispädagoge sagte mir: »Im Outdoor-Bereich wird man sowohl nach der Marke als auch nach der Funktionalität seiner Ausrüstung beurteilt. Wer mit einer teuren Jacke auftaucht, die aber für den Herbst zu warm oder für den Winter nicht warm genug ist, gilt schnell als Angeber.«

Tabelle 6-1

Worauf man bei seinem Erscheinungsbild achten sollte

Kleidung:	• Oberteile, Beinbekleidung, Socken, Schuhe, Kopftücher, Jacken und Mäntel
	• Farbpalette, Muster
	• Materialien
	• Passform
	• Marken
	• Qualität, Sauberkeit, Tragezustand (neu?), gebügelt (oder nicht), eingesteckt (oder nicht)
Accessoires	• Schmuck, Taschen, Gürtel, Uhren, Schals, Tücher
Haut	• Make-up, Tattoos, Piercings
Körperpflege	• Frisur, Gesichtsbehaarung, Nägel, Duft

Wie man herausfindet, was für einen persönlich authentisch ist

Das Erscheinungsbild Ihrer Kolleginnen und Kollegen mag zwar ein hilfreicher Ausgangspunkt sein, ist aber auch nicht mehr als das: ein Durchschnitt, ein Anfang. Aus Durchschnittswerten können wir ableiten, wie man es eben immer gemacht hat – aber nicht, wie es sein könnte (oder gar sollte). Anhand ihrer können wir ablesen, was innerhalb der Mehrheit normal ist – nicht, was für Sie persönlich authentisch ist. Sie sagen Ihnen, wie es die anderen machen – nicht aber, wie Sie es machen sollten. Daran sollten Sie denken, besonders, wenn Sie nicht den gleichen Hintergrund haben wie Ihre Kolleginnen und Kollegen. Was tun, wenn Sie sich in einer Situation wiederfinden, in der Ihr Erscheinungsbild nicht »passt«? Die Regeln ablehnen, sich daran halten oder sie zurechtbiegen? Abbildung 6-1 zeigt Möglichkeiten für den Umgang mit dieser Frage auf.

Abbildung 6-1

Ihr Aussehen - Ihre Entscheidungsmöglichkeiten

	Regeln ablehnen	Regeln zurechtbiegen	Regeln einhalten
Was Sie denken	Ich bin, wie ich bin. Nehmt mich, wie ich bin, oder lasst es sein.	Ich komme ihnen auf halbem Wege entgegen.	Ich werde zum Chamäleon.
Was Sie tun	Das Erscheinungsbild der anderen ignoriere ich. Wenn mich das Team nicht annimmt, wie ich bin, bin ich hier falsch.	Ich ahme mein Team nach, soweit das nicht im Widerspruch zu meiner Identität/meinen Werten steht, und gebe vielleicht dann mehr von meiner Identität preis, wenn ich selbst Fuß gefasst habe.	Ich ahme mein Team selbst dann nach, wenn ich dadurch in Konflikt mit meiner Identität/ meinen Werten gerate.

Wo möchten Sie stehen?

In diesem Fall gibt es keine richtigen oder falschen Antworten – nur persönliche Grundwerte. Eine Menge Menschen haben die Regeln abgelehnt, sich daran gehalten oder zurechtgebogen. Jeder von ihnen musste ganz individuell Hindernisse überwinden und Zugeständnisse machen.

Avery, ein:e Expert:in in der Versicherungsbranche, lehnte die Regeln ab. Avery war bei der Geburt dem männlichen Geschlecht zugeordnet worden, identifizierte sich jedoch als nicht-binär. Zu Vorstellungsgesprächen erschien Avery stets mit langen Haaren, Ohrringen und lackierten Fingernägeln. Avery wusste, dass es in einem als männlich wahrgenommenen Körper schwer werden würde, sich als weiblich vorzustellen, daher legte Avery großen Wert darauf, dass es beim Arbeitsantritt nicht zu Überraschungen kommen würde, was den Kleidungsstil anging. Und wenn ein Unternehmen Avery nicht einstellte, betrachtete sie/er dies als ein Zeichen dafür, dass sie/er sich dort ohnehin nicht wohlgefühlt hätte. Bekam Avery eine Zusage, suchte Avery vor dem ersten Arbeitstag das Gespräch mit Personalabteilung und Vorgesetzten, um zu erklären, wie wichtig es für sie/ihn war, sie/er selbst zu sein. Avery drückte es so aus: »Ich etablierte mich als eine Person, die sich nicht anpasst.« Doch Averys Entscheidung brachte auch Entbehrungen mit sich: »Mit meinen Kolleginnen und Kollegen komme ich gut aus, weil ich meine Kompetenz unter Beweis gestellt habe. Trotzdem will mir niemand eine Aufgabe mit Publikumsverkehr übertragen, weil befürchtet wird, dass sich die Kundschaft unwohl fühlen könnte, auch wenn dieser das egal zu sein scheint.«

Ayesha, eine Hidschab tragende Muslima, hielt sich bei ihrer Arbeit in einem Lebensmittelverarbeitungsunternehmen an die Regeln. Um sich ihren Kolleginnen anzupassen nahm sie ihr Tuch ab, ließ sich Strähnchen ins Haar machen, legte ein leichtes Make-up auf und trug ärmellose Etuikleider. Im Gegensatz zu ihrer Schwester Khatija, die ihren Hidschab bei ihrer Arbeit als Anwaltsgehilfin trug und ständig gefragt wurde: »Woher kommst du?« und »Ja, aber wo kommst du ursprünglich her?«, wurde Ayesha kein einziges Mal danach gefragt. Aber auch ihre Entscheidung blieb nicht ohne Opfer: Einige religiöse Familienmitglieder und Freunde stellten ihre Kleidungsentscheidungen infrage.

Avery und Ayesha zeigen, dass es möglich ist, die Regeln entweder anzunehmen oder abzulehnen. Viele Berufstätige, mit denen ich zu tun hatte, wählten indes einen dritten Ansatz: Sie beugten die Regeln. Sie kamen ihren Kollegen auf halbem Weg entgegen. Regeln, die nur oberflächlich Abstriche verlangten, nahmen sie an, lehnten aber diejenigen ab, mit denen sie ihre Werte kompromittiert hätten. Manchmal bestand diese Strategie darin, anfangs Kompromisse einzugehen, um dann ihre Kompetenz, ihre Einsatzbereitschaft und ihre Kompatibilität unter Beweis zu stellen und im gleichen Zuge die Grenzen zu verschieben und mehr von ihrem authentischen Charakter zu zeigen.

Diese Strategie verfolgte auch Ngozi, eine Schwarze Ingenieurin. Nachdem Ngozi sich im Internet über ihre neuen Kollegen informiert und herausgefunden hatte, dass es sich dabei ausschließlich um Weiße Männer handelte, glättete sie sich vor ihrem ersten Arbeitstag die Haare. Nach vier Monaten zeigte sie sich dann, wie sie war. Ngozi erzählte mir Folgendes: »Mit meiner Naturkrause aufzutauchen war, als würde man ein Pflaster abreißen. Alle reagierten extrem überrascht. Aber weil die anderen schon genug Vertrauen zu mir aufgebaut hatten, was dieses

›Wow!‹ ein ›Wow, die Seite kannte ich ja noch gar nicht an Ihnen!‹ und kein ›Wow, na, Sie gehören aber nicht hierher!‹«

Was ihr Aussehen anging, war Ngozi zwar kompromissbereit, nicht aber, was ihren Namen anging. Jedes Mal, wenn sie sich vorstellte, wurde sie gefragt, ob sie einen Spitznamen hätte. Als sie verneinte, schlugen mehrere Kollegen selbst einen vor: »Wie wäre es mit Nora? Nina? Nosy?«

»Nein.« Mit so fester Stimme, wie ihr nur möglich war, beharrte Ngozi auf ihrem Standpunkt. »Ich höre nur auf Ngozi. En-go-si.«

Schon kurze Zeit später hatten sich ihre Kollegen daran gewöhnt – und ihr Name wurde nie wieder infrage gestellt.

Jomo, ein Schwarzer in einem sonst aus Weißen bestehenden Team, bog die Regeln ebenfalls zurecht. In seinem Fall ging es um die Kleiderordnung: »Überall sah ich den gleichen adretten Look: Hemden mit Button-Down-Kragen, Loafers mit Sneakersöckchen, 7/8-Stoffhosen, in denen man die Knöchel sah. Und das passte einfach nicht zu mir. Also beschloss ich: Wisst ihr was? Ich komme euch auf der Ebene entgegen, auf der ihr euch bewegt. Also ›Smart casual‹. Aber das mache ich dann auf meine Art, also Jeans und Timbys [Timberland-Stiefel]. Um auf dem Level der anderen zu bleiben, zog ich Anzughemden an, aber darunter trug ich eine Kette, die ich auch gerne sehen ließ. Das war so meine Art, etwas für mein Selbstempfinden zu tun – so habe ich mich den anderen angepasst und mich trotzdem von ihnen abgehoben.«

Denken Sie daran: Richtige oder falsche Antworten gibt es hier nicht, nur persönliche Grundwerte. Diese persönlichen Werte zusammengefasst dienen dazu, eine einzige Frage zu beantworten: Welche Aspekte ihrer Persönlichkeit sind für Sie verhandelbar – oder eben nicht? Um diese Frage zu beantworten, müssen Sie sich selbst gut verstehen.

Zum besseren Verständnis stellen Sie sich drei konzentrische Kreise vor (Abb. 6-2). Der innerste Kreis ist das »Allerheiligste«. Dieser Bereich stellt Ihre Grundwerte und Ihre Identität dar. Der nächste Kreis ist die »verhandelbare Zone«. Dieser Bereich steht für alles, was Ihnen wichtig ist, wo Sie aber umständehalber Abstriche machen würden. Der äußerste Kreis ist die »Egal-Zone«. Dieser Bereich veranschaulicht alles, was Sie ohne Verlustgefühl aufgeben könnten.

Abbildung 6-2

Entscheidungshilfe: Regeln ablehnen, zurechtbiegen oder annehmen?

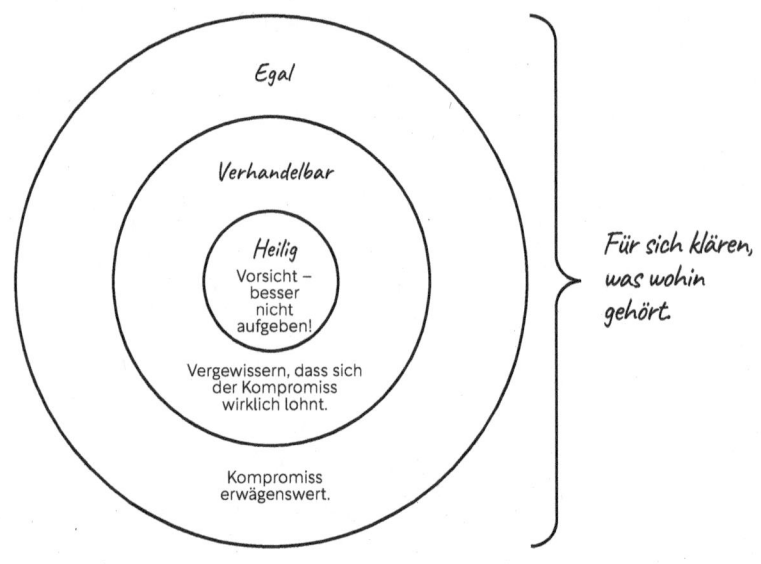

Ordnen Sie Elemente Ihres persönlichen Lebens in diese drei Kategorien ein. Orientieren Sie sich dann bei Ihren Entscheidungen an der
Zuordnung zu den einzelnen Kategorien. Erwägen Sie, diejenigen Elemente preiszugeben, die Ihnen egal sind. Prüfen Sie sorgfältig, was Sie
gewinnen, wenn Sie die verhandelbaren Elemente aufgeben oder aber
daran festhalten. Und schließlich sollten Sie sich regelmäßig fragen, ob
Sie auf etwas verzichten, das Ihnen eigentlich heilig ist. Wenn ja, lautet
die entscheidende Frage: Was sind die Vor- und Nachteile – und sind
die Vorteile den Preis wirklich wert?

Unterschiedliche Menschen setzen unterschiedliche Elemente in die
einzelnen Kreise. Avery platzierte das Aussehen in weiten Teilen in den
heiligen Bereich. Für Ayesha gehörte das Aussehen, anders als für ihre
Schwester Khatija, vorwiegend in den verhandelbaren und als egal emp-
fundenen Bereich. Ngozi ordnete ihren Namen dem Allerheiligsten zu,
ihr Haar aber dem verhandelbaren Bereich. Bei Jomo lagen einige Ele-

mente seines Aussehens in der heiligen, andere wiederum in der verhandelbaren Zone. Nun ist es nicht so, dass Avery, Ayesha, Khatija, Ngozi und Jomo die richtige Wahl getroffen haben und alle, die sich anders entscheiden, falsch liegen. Vielmehr es geht darum, dass sie angesichts ihrer persönlichen Toleranzbereiche die für sich persönlich richtige Wahl getroffen haben.

An dieser Stelle ein warnendes Wort: Das ist eine schwierige Übung – nicht nur, weil man dafür tief in sich gehen muss, sondern weil dabei mitunter auch einiges Rätselraten nötig ist. Ebenso wie man den Aspekt der Kompatibilität zu sehr vernachlässigen kann, kann auch das Gegenteil der Fall sein. Da zerbricht man sich den Kopf, was das eigene Aussehen angeht, und stellt hinterher womöglich fest, dass man sich an etwas angepasst hat, das den Kolleginnen und Kollegen entweder gar nicht wichtig ist oder über das sie sich nie Gedanken gemacht haben. Vielleicht sprechen Sie Ihre Vorgesetzte oder Ihren Vorgesetzten darauf an. Könnte sein, Sie werden von den Kompromissmöglichkeiten positiv überrascht – oder brauchen erst gar keine Kompromisse zu machen.

Leiden Sie nicht still vor sich hin. Im Zweifel sollten Sie jemand mit ähnlichem Hintergrund fragen: »Mir ist aufgefallen, dass wir beide _____ sind. Mich würde brennend interessieren, wie Sie mit _____ umgegangen sind. Hätten Sie vielleicht Zeit für ein kurzes Gespräch?« Wenn es in Ihrem Team keine entsprechende Person gibt, suchen Sie im Verzeichnis Ihrer Organisation nach Personen in anderen Teams. Sie könnten sich auch an die Leiter von Ressourcengruppen für Mitarbeiter, Mitarbeiternetzwerken oder Interessengruppen wenden, falls es die in Ihrer Organisation gibt – dort engagieren sich Menschen, die sich freiwillig bereit erklärt haben, Personen mit vergleichbarem Hintergrund oder ähnlicher Identität zu unterstützen. Es könnte sich lohnen, sich zudem auch außerhalb Ihrer Organisation umzuschauen und im Internet nach Aspekten Ihrer Identität (also etwa: »asiatisch«, »Frau«, »LGBTQ+«) und Ihrem Arbeitsbereich (zum Beispiel »Informatik«, »Jura«, »Vertrieb«) in Kombination mit den Stichworten »Netzwerk«, »Verein(igung)«, »Arbeitskreis«, »Arbeitsgruppe«, »Gewerkschaft«, »Innung« oder »Interessensvertretung« zu suchen.

Der Beginn des Berufslebens ist eine Chance, etwas über sich selbst zu erfahren, darüber, was einem wichtig ist und was nicht. Einsatzbereitschaft und Kompatibilität haben ihre Grenzen. So wichtig es auch sein mag, auf den Schnittpunkt des »KEKs« hinzuarbeiten, so wichtig ist es auch, sich zu fragen, ob Sie überhaupt dorthin wollen. Schließlich steht das E für Einsatzbereitschaft im Sinne von: »Freust du dich darüber, hier zu sein?« Bis zu einem gewissen Grad kann man Begeisterung vortäuschen. Aber wollen Sie das auch wirklich? Das K für Kompatibilität steht für »Kommen wir gut miteinander aus?« Harmonie kann man ebenfalls bis zu einem gewissen Grad vortäuschen. Aber wollen Sie das auch wirklich? Luisa, die ihren Job als Verwaltungsassistentin gekündigt hat, um in der Gastronomie zu arbeiten, erzählte mir: »Mit der Einstellung ›Ich werde mich nie ändern‹ kommt man im Leben nicht weiter. Anpassungsfähigkeit ist wichtig im Leben. Wer mit Freunden verreist, muss Kompromisse eingehen. Eine Ehe erfordert Kompromisse. Teamarbeit baut auf Kompromissbereitschaft. Ich will also nicht behaupten, dass man sich nicht verändern soll. Aber wenn man an einen Punkt kommt, an dem man nicht mehr man selbst sein kann, ist es Zeit zu gehen.«

Was ist Luisa passiert?

»Die Leute guckten mich schief an, wenn sie mein lautes Lachen hörten und meine Tattoos, mein starkes Make-up und meine dicken Augenbrauen sahen«, erzählt Luisa. »Manche Manager machten Witze darüber, dass ich aus dem Ghetto käme, und warfen sich dann vor mir wie Gangsterrapper in Pose. Ich wollte von vornherein nicht so brav sein wie sie. Denen fehlte die Persönlichkeit.«

Denken Sie daran: Richtige oder falsche Antworten gibt es nicht – nur persönliche Wertvorstellungen. Erfüllen Sie Ihre eigenen Erwartungen – und nicht die Erwartungen, die andere an Sie haben.

Wenn dieses Kapitel relevant für Sie war, hoffe ich, dass Sie das Vertrauen, das Sie in Ihrem Unternehmen aufgebaut haben, für die Verbesserung der Voraussetzungen für diejenigen einsetzen, die nach Ihnen kommen. Und wenn dieses Kapitel für Sie nicht relevant war, weil Sie von Natur aus zu Ihrem Team »passen«, sollten Sie sich der Tatsache bewusst sein, dass es an Ihnen ist, ein Mitstreiter zu sein und diejenigen zu unterstützen, denen es schwerer fällt, »hinein zu passen«. Unsere Einzigartigkeit macht uns zu dem, was wir sind. Das sollten wir feiern.

Ausprobieren!

- Überlegen Sie, welchen Eindruck Ihr Auftreten auf Ihre Vorgesetzten, Mitarbeitenden, Kunden und Partner macht.
- Treffen Sie bewusste Entscheidungen in Bezug auf Kleidung, Accessoires und Körperpflege.
- Achten Sie auf Muster im Erscheinungsbild anderer und nutzen Sie diese als Ausgangspunkt für Entscheidungen bezüglich Ihres Aussehens.
- Finden Sie heraus, wann Sie die Regeln ablehnen, annehmen oder zurechtbiegen sollten.
- Überlegen Sie, was Ihnen in Bezug auf Ihr Aussehen heilig, verhandelbar und egal ist.

Die richtigen Signale senden

Der Unternehmensberater Neel arbeitete an einer Präsentation für ein Treffen mit einem Kunden, das um 14:30 Uhr stattfinden sollte, er hatte noch eine Viertelstunde Zeit. Sein Vorgesetzter, einer der Geschäftsführer der Firma und der CEO des beauftragenden Unternehmens würden anwesend sein.

Neel überflog die verbleibenden Folien, um die letzten Kommentare seines Managers einzuarbeiten, und sah dann noch einmal auf die Uhr: 14:29 Uhr. Er speicherte die Präsentation und suchte nach dem Link für die Einladung zur Besprechung, fand ihn aber nicht. Rasch schrieb er einem Kollegen:

»Hey, hast du die Einladung?«

Beim Warten konnte Neel jede Sekunde in seinem Kopf ticken hören. Die Uhr zeigte 14:30 Uhr an. Dann 14:31 Uhr. Er schrieb einen weiteren Kollegen an, der ihm die Einladung umgehend zusandte. Anschließend klickte er auf den Link zur Besprechung. Ein Pop-up-Fenster erschien: »Update erforderlich. Zum Fortfahren bitte aktualisieren.« Nachdem er das Update installiert und seinen Computer neu gestartet hatte, trat Neel schließlich der Videokonferenz teil. Es war 14:42 Uhr.

Der Geschäftsführer hörte auf, die Kunden abzulenken. »Also gut, wollen wir anfangen? Dann legen Sie bitte los, Neel.« Als Neel den

Bildschirm freigeben wollte, stürzte seine Präsentation ab. Autsch! Er stöhnte und hämmerte auf seine Tastatur.

»Alles in Ordnung?«, erkundigte sich der Geschäftspartner scharf.

»Ja … ja«, stammelte Neel. Er hatte vergessen, die Stummschaltung zu aktivieren. Wenig später hatte er die Slideshow wieder zum Laufen gebracht.

Am Ende war der Kunde von Neels Analyse beeindruckt. Sechs Monate später jedoch musste Neel in seiner Projektabschlussbewertung lesen: »Neel war bei kleinen Problemen schnell sichtlich frustriert. Dieses Verhalten deutet auf einen Aufmerksamkeitsmangel hin, da Kunden anwesend waren. Es ist zu befürchten, dass er sich auch in stressigeren Situationen so verhalten würde.«

Das sollten Sie wissen

- Alles, was Sie tun beziehungsweise nicht tun, hat Einfluss darauf, wie andere Ihre Kompetenz, Einsatzbereitschaft und Kompatibilität beurteilen.
- Beim Umgang mit Missverständnissen geht es in allererster Linie darum, Ihre Intention zu verstehen und Ihre Wirkung zu kontrollieren.
- Achten Sie darauf, dass Sie das richtige Maß an Dringlichkeit und Ernsthaftigkeit zeigen.

Was war geschehen? Trotz Neels Wunsch, eine ausgefeilte Präsentation abzuliefern, nahmen die anderen vor allem wahr, dass er nicht pünktlich erschien (was sie an seiner Einsatzbereitschaft zweifeln ließ), angesichts eines scheinbar geringfügigen Problems die Fassung verlor (was sie an seiner Kompetenz zweifeln ließ) und sich vor den Kunden unprofessionell verhielt (was sie an seiner Kompatibilität zweifeln ließ).

Neel hatte gute Absichten, die sich aber negativ auswirkten. Sie selbst kennen Ihre Absicht, andere nicht. So kommt es zu Missverständnissen.

Neels Schwierigkeiten waren nicht allein seine Schuld, zumal es ja an den Änderungen seines Vorgesetzten in letzter Minute lag, dass Neel überhaupt ins Straucheln geriet. Aber das wusste niemand. Gleiches wird auch für Sie gelten.

Dezentrales Arbeiten erschwert die Kontrolle der eigenen Wirkung zusätzlich. Die anderen können Ihre Absichten nur aus dem ableiten, was sie von Ihnen in E-Mails lesen, bei Telefonaten hören oder per Videochat sehen und hören. Und wenn Sie Ihre Kolleginnen und Kollegen nie persönlich treffen, ist das, was Sie in der digitalen Welt von sich zeigen, nicht nur der erste, sondern auch der einzige Eindruck, den Sie hinterlassen.

Da das Fremdurteil über Sie unbarmherzig und hartnäckig sein kann, müssen Sie die richtigen Signale aussenden: dass Sie Ihre Aufgaben kompetent erfüllen, sich für das Unternehmen einsetzen und gut ins Team passen. Im Folgenden betrachten wir die Bereiche, in denen Menschen am häufigsten gemischte Signale aussenden – und wie man Zweifel bei seinem Gegenüber vermeidet.

E-Mails und Direktnachrichten

Jede E-Mail ist eine neue Gelegenheit, seinen »KEKs« zu zeigen. Aber weil jeder verschiedene Dinge als normal betrachtet, ist es wichtig, sein Publikum zu kennen und seine Signale entsprechend anzupassen. Das beginnt damit, dass man weiß, wie das Team per E-Mail oder Direktnachrichten kommuniziert.

Am Arbeitsplatz gibt es im Allgemeinen zwei wesentliche Prägungen:

1. **E-Mail bevorzugt.** An Arbeitsplätzen, an denen die Kommunikation per E-Mail im Vordergrund steht, sind die Mitarbeitenden mit dem Schreiben von beruflichen E-Mails aufgewachsen. Daher versenden sie standardmäßig richtige E-Mails und greifen nur dann auf SMS oder Direktnachrichten zurück, wenn sie wegen eines kurzen oder zwanglosen Gesprächs Kontakt aufnehmen wollen. Oft sind

das eher traditionelle Büroarbeitsplätze, wo Schreibtischarbeit geleistet und Business formal oder Business casual getragen wird.

2. **Chat bevorzugt.** An Arbeitsplätzen, an denen die Kommunikation via Chat üblich ist, ist man in der Regel mit dem zwanglosen Austausch via Sofortnachrichten untereinander aufgewachsen. Die Mitarbeitenden verschicken daher standardmäßig Sofortnachrichten und greifen nur dann auf geschäftliche E-Mails zurück, wenn sie mit einer externen Partei korrespondieren oder etwas Offizielles kommunizieren müssen. Oft handelt es sich bei diesen Arbeitsplätzen um Start-ups oder um ein Arbeitsumfeld, in dem kein Computer zum Einsatz kommt, wie zum Beispiel im Dienstleistungssektor oder im Handwerk, wo die Mitarbeiter gepflegte, aber zwanglose Kleidung oder standardisierte Berufsbekleidung tragen.

Zwischen Schriftverkehr und dem Ankleiden bei der Arbeit gibt es also gewisse Parallelen. Menschen in E-Mail-Teams kleiden sich eher formell in Anzug und Kostüm und nehmen es dann gelegentlich etwas lockerer – und gehen mit ihrem Schreiben ganz ähnlich um. Teams, die Chatnachrichten bevorzugen, kleiden sich in aller Regel zwangloselegant oder leger und schlagen dann gelegentlich einen förmlicheren Ton an – das gilt für die Kleidung wie für ihr Schreiben. Wie bei der Kleiderwahl kann der Grad der gewählten Förmlichkeit auch bei der Kommunikation den Unterschied ausmachen, ob man wie ein Insider oder wie ein Außenseiter wirkt.

Weil der rote Faden in dem Ganzen die Förmlichkeit ist, definieren wir zuerst »Business formal« und reduzieren dann schrittweise, um die gesamte Bandbreite des geschäftlichen Umgangstons abzudecken.

Betrachten wir einmal die folgende E-Mail, die Ihnen in ähnlicher Form in Organisationen, in denen E-Mails bevorzugt werden, häufig begegnen wird.

Betreff: Projektplan zur Prüfung/Fälligkeit: 16.8.

An: Bob Smith

CC: Khatchig Patel

Anhang: Projektplan ABC v3 – 10082020.docx; Projektplan ABC v3 – 10082020.pdf

Sehr geehrter Herr Smith,

ich hoffe, es geht Ihnen gut.

In der Anlage übersende ich Ihnen den aktuellsten Stand des Projektplans zur Prüfung. (Als Word-Dokument, falls Sie die Änderungen nachverfolgen wollen; als PDF zur Ansicht auf dem Smartphone).

Am 17.8. besprechen wir die Planung mit Sruthi Bakshi, weshalb es wünschenswert wäre, wenn Sie sich bis spätestens Montag, den 16.8. mittags dazu äußern würden.

Zu Fragen oder Rücksprachen stehe ich Ihnen gerne zu folgenden Zeiten zur Verfügung:

- Dienstag, 11.8.: vor 10 Uhr, nach 11 Uhr

- Mittwoch, 12.8.: ganztägig

- Donnerstag, 13.8.: nach 14 Uhr

- Freitag, 14.8.: vor 12 Uhr, nach 15 Uhr.

Mit freundlichen Grüßen,

Lauren Miller

In den meisten geschäftlichen E-Mails werden Sie mehrere Elemente dieses Beispieltexts wiederfinden.

- Eine Grußformel wie »Sehr geehrte(r)«, gefolgt von der entsprechenden Anrede, also dem akademischen Grad (Dr. oder Prof.) und der kulturell üblichen Titulierung (beispielsweise Herr, Frau, Mr oder Ms, Datuk, Mme, -san) sowie einem Vor- oder einem Nachnamen, je nach Land. (Falls Sie unsicher sind, suchen Sie im Internet nach Ihrem Land + »Arbeitskultur« und »Anrede«; in den USA spricht man einander in der Regel mit dem Vornamen an, es sei denn, man verwendet eine Titulierung.)

- Einen Gruß wie »Ich hoffe, es geht Ihnen gut« oder dergleichen.
- Eine förmliche Abschiedsformel wie »Mit freundlichen Grüßen«.
- Die Hauptzielgruppe der E-Mail gehört in die Adresszeile, Menschen, die auf dem Laufenden gehalten werden sollen, in die CC-Zeile, und falls es jemanden gibt, der die E-Mail erhalten, aber unsichtbar bleiben soll, gehört dessen Adresse in die BCC-Zeile.
- Klare und höfliche Ausdrucksform sowohl in der Betreffzeile als auch im Fließtext.
- Alle relevanten Informationen, die der Empfänger benötigt.
- Fehlerfreie Rechtschreibung, Grammatik und Formatierung.
- Keine Ausrufezeichen, Smileys oder Bildchen.

Um von diesem sehr förmlichen Niveau auf ein etwas zwangloseres zu kommen, tauschen Sie die Grußformel gegen »Liebe(r) …« oder »Guten Morgen« aus. Auch der Abschiedsgruß darf etwas lockerer ausfallen, etwa mit einem »Danke!« oder »Herzliche Grüße«. Mitunter werden Grußformeln nach und nach auch gänzlich weggelassen, wenn die E-Mail-Korrespondenz in Gang gekommen ist.

Um von »Business casual« auf »Smart casual« herunterzuschalten, verwendet man »Hallo …« Manche verabschieden sich auch mit »Sonnigen Grüßen«, »Eine gute Woche noch« oder schlicht »Danke!«. In schriftlicher Kommunikation auf diesem Niveau findet man auch Ausrufezeichen oder das gelegentliche Emoji (meistens ein lächelndes Gesicht – Alt + 1). Noch zwangloser wird die Korrespondenz, indem man Ausrufezeichen, Chat-typische Abkürzungen, Emojis oder Bilder einbindet.

Was Direktnachrichten angeht, so verläuft die Förmlichkeitsskala spiegelbildlich zu der der E-Mail-Korrespondenz. Am Anfang der Skala, dem »Business formal«, werden Direktnachrichten in ähnlicher Form wie E-Mails verfasst, samt »Sehr geehrte(r) …« und »Mit freundlichen Grüßen«. Dieses Verhalten beobachtet man vor allem in Traditionsunternehmen, wo man zwar die Schnelligkeit der Kommunikation per Chat schätzt, nicht aber die Zwangslosigkeit. Schraubt man hier einen Schritt zurück, werden schnell sämtliche Grußformeln wegge-lassen. Je näher man dem zwanglosen Ende der Skala kommt, desto häufiger sieht man Ausrufezeichen, »LOLs«, Emojis und Bilder.

Um sich zu vergewissern, dass Sie die richtigen Signale aussenden, könnte es sich lohnen, sich das Geschriebene selbst laut vorzulesen und zu überlegen, wie es sich wohl für den Empfänger anhört. Stellen Sie sich vor dem Absenden außerdem die folgenden fünf Fragen:

1. Enthält meine E-Mail weder Tippfehler noch Unstimmigkeiten in der Formatierung?

Wer in einem Beruf arbeitet, der nicht viel Schreibarbeit erfordert, oder im Unternehmen einen derartig hohen Posten bekleidet, dass er gegen die Regeln verstoßen darf, dem verzeiht man Tippfehler, falsche Zahlen, unterschiedliche Schriftarten oder Unstimmigkeiten bei den Abständen vielleicht eher. Aber einer neuen Rechtsanwaltsgehilfin oder einem Finanzanalysten, der ein »nicht« in einem Satz vergisst, kann man nur schwer trauen. In diesen Berufen kommt es auf die Liebe zum Detail an, daher reicht eine an sich gute, aber mit Tippfehlern gespickte E-Mail hier nicht aus. Besondere Vorsicht ist bei Personennamen ange-zeigt. Diese sollten Sie doppelt und dreifach überprüfen, bevor Sie auf Senden klicken.

2. Bin ich auf dem Laufenden?

Haben Sie Ihren Posteingang überflogen, um sich davon zu überzeu-gen, dass Sie auf die aktuellste Nachricht antworten? Haben Sie zum Anfang des E-Mail-Verlaufs gescrollt, um tatsächlich etwas Neues zur Diskussion beitragen zu können? Haben Sie seit Ihrem letzten Aus-tausch das getan, was Sie Ihrem E-Mail-Empfänger versprochen ha-ben? Mithilfe dieser kleinen Maßnahmen versichern Sie sich, dass Sie als organisiert und up-to-date rüberkommen, und nicht etwa nachlässig und vergesslich.

3. Sende ich diese E-Mail zum richtigen Zeitpunkt?

Landet Ihre E-Mail um Mitternacht beim Empfänger, weil Sie Überstunden machen oder weil Sie Ihre Arbeit nicht im Griff haben? Antworten Sie mit einer Woche Verspätung, weil Sie so beschäftigt sind oder weil Ihnen die Korrespondenz gleichgültig ist? Um hier jeglichen Zweifel auszuräumen, versuchen Sie, so zügig wie möglich zu antworten, spiegeln Sie die Dringlichkeit, die andere an den Tag legen, oder liefern Sie eine nachvollziehbare Erklärung für mögliche Verzögerungen. Weil es so verflixt schnell passiert ist, dass man eine E-Mail vorzeitig abschickt, sollten Sie die Adresszeilen erst ausfüllen, wenn Sie wirklich zum Abschicken der E-Mail bereit sind, und Direktnachrichten in einem separaten Dokument vorbereiten und dann in das Chatprogramm hinüberkopieren.

4. Stimmt der Tonfall meiner E-Mail oder Direktnachricht mit meiner Absicht überein?

Wenn es hart auf hart kommt, mischt sich schon einmal ein von Wut, Frustration oder passiver Aggressivität zeugender Unterton ins Schreiben. Manchmal will man diese Emotionen ja auch vermitteln. Aber manchmal möchte man lieber geduldig und herzlich zu erscheinen. Wenn Sie sich beim Schreiben unsicher fühlen, sollten Sie die Nachricht besser abspeichern und eine Runde spazieren gehen oder eine Nacht darüber schlafen, ehe Sie sie abschicken. Wenn Ihre E-Mail oder Direktnachricht unterschiedliche Interpretationen zulässt, sollten Sie den Text überarbeiten und Ihre Absicht deutlicher zum Ausdruck bringen, oder aber stattdessen die Person anrufen.

5. Würde es mir etwas ausmachen, wenn meine Nachricht ans ganze Team weitergeleitet würde?

E-Mails und Direktnachrichten sind eine ebenso praktische wie permanente Sache. Sie können leicht weitergeleitet oder per Screenshot abgespeichert werden. Wenn Sie eine Information loswerden wollen, die ansonsten niemand wissen soll, gehen Sie auf Nummer sicher und vereinbaren Sie stattdessen einen Telefontermin.

Telefonate

Ein Telefonat hat manchmal etwas von einem Paartanz. Läuft es gut, fühlt sich die Vorstellung mühelos und graziös an und wirkt auch auf andere so. Läuft es dagegen nicht gut, kann man Menschen dabei beobachten, wie sie anderen zu nahe treten und einander anrempeln.

Wir wollen uns auf fünf effektive Methoden konzentrieren, die Ihnen helfen, einen anmutigen Tanz hinzulegen:

- **Hintergrundgeräusche minimieren.** Nehmen Sie Anrufe an einem ruhigen Ort mit gutem Empfang entgegen, schalten Sie alle Benachrichtigungstöne aus und schalten Sie sich selbst auf stumm, wenn Sie nicht sprechen (besonders wichtig bei Telefonkonferenzen!). So vermeiden Sie, dass Ihre Gesprächspartner sich ablenken lassen und sich fragen, ob die Hintergrundgeräusche darauf hindeuten, dass Sie den Anruf nicht ernst nehmen.
- **Pünktlich sein.** Erwarten Sie einen Anruf, dann bleiben Sie in der Nähe des Telefons, damit Sie den Anruf beim ersten Versuch entgegennehmen können. Wenn Sie andere anrufen, tun Sie dies zu der vereinbarten Zeit. Falls Ihnen das nicht möglich ist, sagen Sie vorher Bescheid. So verhindern Sie, dass man sich fragt, ob Sie keine Rücksicht auf die Zeit anderer Leute nehmen oder ein schlechtes Zeitmanagement haben.
- **Höflich sein.** Beantworten Sie Anrufe mit »Hallo, hier ist [Ihr Name]«, fragen Sie »Passt es Ihnen gerade?«, wenn Sie andere anrufen, verabschieden Sie sich ordentlich und warten Sie eine Sekunde, bevor Sie auflegen. So vermeiden Sie den Eindruck, Sie seien zu locker oder unhöflich.
- **Auf einen ruhigen Ton achten.** Falls Sie dazu neigen, anderen ins Wort zu fallen, warten Sie kurz ab, wenn jemand zu Ende gespro-

chen hat. Falls Sie dazu neigen, den Faden zu verlieren und nicht wissen, was Sie als Nächstes sagen sollen, versuchen Sie, Ihre Antwort zu formulieren, während andere noch sprechen, und gleichzeitig weiterhin zuhören. Dadurch verhindern Sie, dass Ihr Gesprächspartner den Eindruck hat, Sie würden nicht zuhören oder seien nicht an dem Gespräch interessiert.

- **Innehalten.** Fällt ein Redebeitrag länger aus, sollten Sie gelegentlich Pausen einlegen, damit auch andere sich einbringen und Sie Ihre Redezeit besser einteilen können. Auf diese Weise vermeiden Sie den Eindruck, Sie würden nur so viel reden, weil Sie aufgeregt sind oder weil Sie sich so gerne reden hören.

Selbstverständlich ist es unrealistisch, immer alles umzusetzen. Wenn Sie sich verspäten oder einen Anruf in einer lauten Umgebung entgegennehmen müssen, sollten Sie eine vernünftige Erklärung liefern, beispielsweise »Tut mir leid, meine letzte Besprechung hat länger gedauert« oder »Vor meinem Haus sind Bauarbeiten, und ich kann den Anruf leider nirgendwo anders entgegennehmen.« Sicherheitshalber können Sie auch zugeben, dass Sie wissen, dass Sie gegen eine unausgesprochene Regel verstoßen haben. So wissen die anderen, was Sie für akzeptables und inakzeptables Verhalten halten. Stellen Sie immer alles klar, was missverstanden werden könnte. Man weiß nie, auf welche Gedankensprünge andere manchmal kommen.

Natürlich ist niemand perfekt. Und ehrlich gesagt: Wer behauptet, er habe noch nie einen Anruf auf der Toilette entgegengenommen, lügt. Letztlich hängt alles von der Situation ab und davon, inwieweit Sie den Ton angeben und sich über die Regeln hinwegsetzen können. Ein leitender Angestellter einer Agentur für digitales Marketing sagte mir: »Wenn wir uns mit Kunden treffen, halten wir uns in der Firma alle an die Regeln – also, wenn uns die Zielgruppe wirklich am Herzen liegt. Aber bei Meetings, bei denen es nicht darauf ankommt? Da machen die Leute alles Mögliche. Einer meiner Vorgesetzten hat während eines Gesprächs sogar mal eine ganze Mahlzeit gekocht.«

Kurz gesagt, wir werden alle faul. Oder wir sind es leid, die Regeln zu befolgen. Aber manchmal muss man die Regeln kennen – und annehmen –, um sich das Recht zu verdienen, sie strategisch zu brechen.

Videotelefonate

Bei Videotelefonaten werden zwei Signale übermittelt: ein Audiosignal, also alles, was die anderen von Ihnen hören können, und ein visuelles Signal, also alles, was in Ihrem Videochatfenster sichtbar ist. Die Tipps zum Thema Telefongespräche gelten auch hier, weshalb wir sie nicht wiederholen werden. Lassen Sie uns stattdessen darauf eingehen, wie Sie per Video die richtigen Signale senden können.

Auf den Hintergrund achten

Bei jedem Objekt, das in Ihrem Videochat-Fenster sichtbar ist, sollten Sie sich fragen: Welches Signal sendet dies an mein Publikum? Nehmen die Kollegen vielleicht wahr, dass Sie im Bett arbeiten, und fragen sich, ob Sie abwechselnd arbeiten und ein Nickerchen machen? Sind im Hintergrund möglicherweise Menschen zu sehen, was darauf schließen lässt, dass sie Besuch haben oder abgelenkt sind? Wenn Sie nicht gerade mit einem Bild oder Objekt ein bestimmtes Statement abgeben wollen, versuchen Sie, sich so vor eine einfarbige Wand, ein Bücherregal oder einen Raumteiler zu setzen, dass hinter ihnen niemand durchs Bild laufen kann.

Auf das Obenherum achten

In Bezug auf die Kleidung des Oberkörpers sollten Sie sich fragen: Entspricht meine Kleidung der von Kolleginnen und Kollegen mit meiner Identität und meinem Status? Manche Menschen kleiden sich bei Fernarbeit ganz leger, auch wenn sie normalerweise Business Casual tragen. Andere ziehen sich an wie immer. Wieder andere kleiden sich gegenüber den Mitarbeitenden leger, gegenüber Außenstehenden aber formell. Wenn Sie zwischen verschiedenen Looks wählen, sollten Sie sich für die förmlichere Variante entscheiden. Wenn Sie während des Videogesprächs aufstehen müssen, sollten Sie entweder unterhalb der Gürtellinie präsentabel aussehen oder vorher das Video ausschalten.

Auf das Verhalten achten

Fragen Sie sich bei allem, was Sie vor laufender Kamera tun: Könnte ich abgelenkt wirken? Wenn Sie mehrere Dinge gleichzeitig tun, achten Sie darauf, was Ihre Augenbewegungen oder die Spiegelung in Ihrer Brille preisgeben. Auch wenn es durchaus üblich ist, vor der Kamera zu trinken (zumindest Wasser oder Kaffee!), so gilt dies häufig nicht für das Essen; achten Sie auf das Verhalten gleichrangiger Mitarbeiterinnen und Mitarbeiter. Falls es so wirken könnte, als wären Sie abgelenkt, wenn Sie sich Notizen machen, ist eine Bemerkung wie »Ich schreibe mir das mal eben auf« gerechtfertigt. Falls Sie sich kurz zurückziehen müssen, sollten Sie Ihre Kamera solange abschalten.

Darauf achten, was auf dem Bildschirm freigegeben wird

Bei allem, was beim Screensharing auf Ihrem Bildschirm zu sehen ist, sollten Sie sich fragen: *Könnte mich das abgelenkt oder unprofessionell wirken lassen?* Achten Sie auf Ihre Desktop-Ordner, offene Tabs, die Favoritenleiste im Browser, minimierte Fenster und Taskleistensymbole. Schalten Sie alle Benachrichtigungen und Pop-up-Fenster aus, bevor Sie Ihren Bildschirm freigeben. Stimmigkeit ist wichtig: Sie wollen, dass das, was die Leute sehen, dem entspricht, was Sie sagen. Wenn dann während einer ernsthaften Präsentation eine Werbe-E-Mail (»20% Rabatt!«) auf Ihrem Bildschirm aufleuchtet, ist das nicht gerade förderlich.

Darauf achten, was während des Meetings erledigt werden muss

Bevor Sie an einem Meeting teilnehmen, sollten Sie sich fragen: *Gibt es irgendetwas, auf das ich mich beziehen, am Bildschirm freigeben, versenden oder koordinieren muss?* Ist dies der Fall, sollten Sie alle nötigen Dateien öffnen und E-Mail-Entwürfe in die Warteschlange setzen – und vor der Besprechung einen Testlauf durchführen. Auf diese Weise wissen Sie genau, was Sie wann anklicken müssen und brauchen sich nicht vor versammelter Mannschaft mit der Suche nach einer Lösung herumschlagen.

Voicemails

Sprachnachrichten verlieren immer mehr an Bedeutung, da die Menschen stattdessen lieber E-Mails oder Sofortnachrichten schreiben. Gleichwohl ist die korrekte Formulierung wichtig, insbesondere, da Empfänger der Sprachnachrichten wahrscheinlich eher traditionell geprägte Gesprächspartner sind, denen Professionalität wichtig ist. Glücklicherweise sind Sprachnachrichten relativ unproblematisch. Halten Sie sich einfach das folgende Skript:

> *Hallo [Lance]. Hier spricht [Gorick Ng] von [der Acme Corporation]. Ich hoffe, es geht Ihnen gut. Es ist [Montag, 17. August, um 10 Uhr].*
> *Ich rufe an, weil ich [mit Ihnen über den neuesten Vertrag sprechen wollte]. Bitte rufen Sie mich bei Gelegenheit zurück. Ich sollte bis etwa [13 Uhr Pazifische Zeit] telefonisch erreichbar sein. Meine Nummer hier ist [6171234567]. Ich wiederhole, meine Nummer lautet [6171234567]. Vielen Dank. Auf Wiederhören.*

Und hier noch eine Vorlage für die Begrüßung auf Ihrem eigenen Anrufbeantworter/der Mailbox:

Hallo, Sie sind mit der Mailbox von [Gorick Ng] verbunden. Leider kann ich Ihren Anruf im Moment nicht entgegennehmen. Bitte hinterlassen Sie Ihren Namen, Ihre Nummer und eine kurze Nachricht, und ich rufe Sie so schnell wie möglich zurück.
Vielen Dank und noch einen schönen Tag.

Da Voicemails und Voicemail-Ansagen einfach nur dazu dienen, ein Anliegen zu vermitteln, bedarf es normalerweise keiner großen Kreativität. Aber weil sie so kurz sind, ist das richtige Signal besonders wichtig: Sie sind professionell und höflich. Kommen Sie also auf den Punkt, sprechen Sie jedes Wort deutlich aus, und achten Sie darauf, dass im Hintergrund keine Geräusche zu hören sind.

Online-Aktivitäten

Ihre Online-Aktivitäten sind eine Erweiterung Ihrer Person. Sie werden beobachtet, wahrgenommen und beurteilt. Achten Sie deshalb unbedingt darauf, dass die Signale, die Sie in der digitalen Welt aussenden, mit den in der realen Welt übermittelten übereinstimmen. Auf folgende digitale Signale sollten Sie achten:

- Ihre Posts, Likes und Shares in den sozialen Medien, anhand derer andere beurteilen können, wo Sie sich aufhalten und womit Sie sich beschäftigen.
- Ihre Aktivitäten auf den vom Arbeitgeber zur Verfügung gestellten Geräten, anhand derer Ihre IT-Abteilung beurteilen kann, wie Sie die Zeit des Unternehmens nutzen.
- Ihr Status im Instant Messenger, anhand dessen Ihre Kollegen beurteilen können, wann Sie online, offline und beschäftigt sind.
- Ihre öffentlichen Kalendereinträge, anhand derer Ihre Kollegen Rückschlüsse auf Ihren Arbeitsalltag ziehen können.
- Ihre Dateiversionsnummern, Zeitstempel und Änderungsverfolgungen sowie der Name der Datei, anhand derer andere beurteilen

können, wann, wie gründlich und wie schnell Sie arbeiten und wer die Arbeit erledigt hat.

- Ihre E-Mail- oder Messenger-Lesebestätigungen, aus denen andere auf Ihre Anwesenheit schließen können (und darauf, ob Sie sie vielleicht ignorieren).
- Ihre E-Mail-Korrespondenzen beim Weiterleiten langer Nachrichten – anhand derer Rückschlüsse auf Ihr Kommunikationsverhalten gezogen werden können.

Trotz der vielen digitalen Signale, die auf so eine vielfältige Art und Weise falsch interpretiert werden können, besteht die Lösung nicht darin, paranoid zu werden und sein Leben quasi aufzugeben. Es geht vielmehr darum, sich bewusst zu machen, dass es für Personalvermittler, Mitarbeiter und Kunden inzwischen völlig normal ist, im Internet nach Bewerbern, Kollegen und Dienstleistern zu suchen. Und selbst wenn Kollegen nicht absichtlich nach Informationen über Sie suchen, werden sie intern mit vielen Ihrer digitalen Signale konfrontiert. Bevor Sie also auf »Senden« oder »Posten« klicken, sollten Sie sich fragen: Wie könnte das bei anderen ankommen? Werde ich dieses Signal in den nächsten Tagen, Wochen, Monaten oder Jahren bedauern?

Verhalten im persönlichen Umgang

Wer dezentral arbeitet, kann sich hinter Laptop oder Telefon verkriechen, aber bei der Arbeit vor Ort gibt es weniger Möglichkeiten, sich zu verstecken. Ein Fachbereichsleiter einer Highschool sagte mir: »Sie müssen davon ausgehen, dass Sie immer beobachtet werden. Selbst die kleinsten Gesten hinterlassen mitunter einen großen Eindruck.«

Ganz gleich, ob Sie mit Schülern oder Tabellenkalkulationen zu tun haben, ob Sie einem Elternteil oder einem Direktor Bericht erstatten, ob Sie in einem Haushalt oder auf einer Baustelle arbeiten: Es kommt darauf an, dass Sie mit sich selbst ins Gericht gehen. Dazu sollten Sie sich einige Fragen stellen:

- Wann und wie kommen Sie an Ihren Arbeitsplatz und wie verlassen Sie ihn? Was sagt das über Ihre Zeitmanagementfähigkeiten und Ihr Engagement aus?
- Was lassen Sie auf Ihrem Schreibtisch, in Ihrem Papierkorb und im Drucker zurück? Was sagt das über Ihre Prioritäten aus?
- Wie sehen Ihre Tischmanieren bei gemeinsamen Mahlzeiten aus? Was sagt das aus über die Achtung der Kultur, in der Sie leben?
- Wie sichtbar sind Sie bei der Arbeit? Was sagt das über Ihre Arbeitsmoral aus?
- Wie offen sprechen Sie über vertrauliche Informationen? Was sagt das über Ihr Vermögen aus, diskret zu sein?

Die Liste ist unvollständig und könnte endlos fortgesetzt werden. Unterm Strich gilt: Alles, was Sie tun oder nicht tun, hat eine gewisse Signalwirkung. Seien Sie daher stets darauf bedacht, dass die ausgesendeten Signale auch die sind, an die man sich erinnern soll.

Um die richtigen Signale zu senden, kommt es letztlich darauf an, das richtige Maß an Dringlichkeit und Ernsthaftigkeit vermitteln. Das Problem dabei ist, dass kein objektiver Maßstab angelegt wird, sondern Sie mit persönlichen Vorstellungen darüber abgeglichen werden, was »dringend« und »ernst« ist. Und diese persönlichen Definitionen werden über Jahre hinweg durch die eigene Kultur, Ausbildung, den Arbeitsstil und die Persönlichkeit geprägt.

Um zu ermitteln, welche Signale Sie vorrangig senden sollten, empfiehlt es sich zu analysieren, wie *monochron* oder *polychron* die Arbeitskultur in Ihrem Unternehmen ist.[5] Gibt es bei Ihren Mitarbeitern und Kunden eine Tendenz, sich bestimmte Zeiten für bestimmte Aktivitäten zu reservieren und sich an den Zeitplan zu halten? In diesem Fall gehören sie eher zum monochronen Typ und betrachten Zeit als etwas, das in Blöcke eingeteilt und verwaltet werden muss. Neigen Ihre Kollegen und Kunden eher zu Multitasking, Planänderungen und Spontanität? Dann sind sie womöglich eher polychron veranlagt und betrachten die Zeit als fließend und weniger greifbar. Tabelle 7-1 verdeutlicht noch einige weitere Unterschiede zwischen diesen zwei Persönlichkeitstypen.

Tabelle 7-1

Zwischen monochronen und polychronen Typen unterscheiden

Monochrone Persönlichkeiten	Polychrone Persönlichkeiten
Erledigen eine Sache zurzeit	Erledigen mehrere Dinge gleichzeitig
Betrachten Unterbrechungen als schlecht	Betrachten Unterbrechungen als normal
Verstehen Abgabetermine als Befehl	Verstehen Abgabetermine als Vorschlag
Legen höchsten Wert darauf, eine Aufgabe zu erledigen	Legen höchsten Wert darauf, Beziehungen zu stärken
Nehmen selten Planänderungen vor	Nehmen ständig Planänderungen vor
Sind immer und unfehlbar pünktlich	Pünktlichkeit hängt von der Beziehung ab
Schaffen kurzlebige Beziehungen	Schaffen dauerhafte Beziehungen

Quelle: In Anlehnung an Duranti, G. & Di Prata: »Everything is about time: does it have the same meaning all over the world?« Paper, PMI® Global Congress 2009. https://www.pmi.org/learning/library/everything-time-monochronism-polychronism-orientation-6902

Diese Unterscheidung ist wichtig, weil monochrone Persönlichkeiten polychrone schnell als unengagiert, unorganisiert oder faul empfinden, obwohl diese vielleicht einfach mehr an Multitasking oder das Arbeiten mit lockeren Fristen und Absprachen gewöhnt sind. Gleichzeitig könnten polychrone Persönlichkeiten monochrone als verklemmt, anstrengend oder rücksichtslos erleben, obwohl diese vielleicht aus Respekt vor der Zeit anderer darum bemüht sind, schnell und effizient zu arbeiten. Cici, Personalchefin eines Agrarunternehmens, die von New York nach Sambia gezogen ist, hat diese Lektion auf die harte Tour gelernt.

Obwohl Cici nur tat, wofür sie ausgebildet worden war, wurde ihr unablässiges Einfordern von Leistung von den Managern als aufdringlich und respektlos empfunden. Aus der Chefetage hörte ich oft: »Würden Sie Ihrem Mädchen bitte sagen, dass sie den Fuß etwas vom Gas nehmen soll? Wir sind hier in Lusaka, nicht in New York!« Die schnelllebigen Beratungsprozesse in New York standen im krassen Gegensatz zur gemächlichen sambischen Kultur, in der es heißt, dass »sich Probleme schon von selbst lösen«. In der sambischen Kultur verhält man sich passiv-aggressiv und subtil. Bevor man über eine Klippe rast, gibt es kaum Anzeichen dafür, dass es gleich zu spät ist.

Anders gesagt: Einen universellen Standard für positive Signale gibt es nicht. Entscheidend ist die Zielgruppe. Wenn Sie unter Menschen arbeiten, die dasselbe Zeitverständnis haben wie Sie, dann behalten Sie Ihre Arbeitsweise gerne bei. Wenn Sie aber eine polychrone Person unter monochronen Kollegen sind, empfiehlt es sich möglicherweise, verstärkt auf entsprechende Signale zu setzen: Seien Sie pünktlich, antworten Sie zügig und konzentrieren Sie sich in Anwesenheit anderer auf eine einzige Aufgabe. Und wenn Sie als monochroner Typ unter polychrone Kollegen gefallen sind, dann sollten Sie sich überlegen, ob die Signale, die Sie aussenden, nicht als zu ernst oder zu intensiv empfunden werden könnten. Anstatt sofort zu reagieren, sollten Sie sich an dem Grad der Dringlichkeit der anderen orientieren. Erwägen Sie, behutsamer vorzugehen und sich daran zu gewöhnen, dass der Zeitplan sich sowieso ändert und man Ihnen sagt, dass Sie »bald« eine Antwort erhalten werden, anstatt strikte Zeitvorgaben zu machen (»Erledigen Sie X bis zum Zeitpunkt Y.«). Doch abgesehen von Polychronismus und Monochronismus sollten Sie davon ausgehen, dass die unterschwelligen Erwartungen anderer von ihrem jeweiligen Hintergrund und ihren Umständen beeinflusst werden. Ist Ihre Chefin vielleicht ein Workaholic? Dann sollten Sie damit rechnen, dass sie deutlichere Signale für Ihre Produktivität erwarten wird. Hat Ihr Vorgesetzter vielleicht familiäre oder andere Verpflichtungen außerhalb der Arbeit? Dann dürfen Sie vermutlich mit mehr Nachsicht für Signale rechnen, die auf eine ausgewogene Work-Life-Balance hindeuten. Spielt Professionalität vielleicht keine ganz so große Rolle? Stellen Sie sich darauf ein, einige, wenn nicht sogar die meisten der in diesem Kapitel beschriebenen Erwartungen über Bord werfen zu können. Seien Sie freundlich zu sich selbst. Jeder macht Fehler. Und wenn es um Signale geht, ist Ihr »Fehler« vielleicht kein Fehler an sich, sondern Sie haben sich einfach nicht an die Vorgehensweise Ihrer Kolleginnen und Kollegen gehalten. Achten Sie auf Muster – und achten Sie beim nächsten Mal noch gewissenhafter darauf, welche Dringlichkeit und Ernsthaftigkeit sie an den Tag legen. An Ihrer Wirkung müssen Sie vielleicht noch arbeiten, aber Sie wissen zumindest, dass Sie die richtige Absicht haben. Sie haben es schon fast geschafft.

Ausprobieren!

- Achten Sie auf den Eindruck, den Sie durch Ihre E-Mails, Direkt-nachrichten, Telefongespräche, Voicemails, Videoanrufe, Online-Aktivitäten und persönliches Verhalten erzielen.
- Legen Sie das rechte Maß an Dringlichkeit und Ernsthaftigkeit an den Tag. Gehen Sie also entweder mit weniger Nachdruck vor (wenn Sie eher ein polychroner Typ sind) oder handeln Sie schneller und strukturierter (wenn Sie eher zu den Monochronen gehören).
- Fragen Sie sich regelmäßig neu: Welche Signale sende ich?

REGELN

Wie man seine Aufgaben gut schafft

Verantwortungsbewusstsein entwickeln

A rbeitsaufträge in der Schule oder an der Universität unterscheiden sich von denen in der Arbeitswelt. In der Schule oder an der Uni gibt es klare Anweisungen und eindeutige Bewertungskriterien. Am Arbeitsplatz hingegen besteht die Anweisung vielleicht darin, dass Ihr Vorgesetzter in einer Besprechung umständliche Reden schwingt oder Ihnen einen langen E-Mail-Thread weiterleitet und Sie bittet: »Können Sie das weiterverfolgen?« In der Schule werden Termine sowohl schriftlich als auch mündlich festgelegt. Am Arbeitsplatz sind die Fristen oft ungeschrieben und unausgesprochen. Wer nicht aufpasst, ist schnell überfordert. Um sicherzustellen, dass Sie die Nerven behalten und die kompetenteste Fachkraft werden, die Sie sein können, lohnt sich ein gut durchdachtes Vorgehen.

Seine Aufgaben verstehen

Wenn Ihnen eine Aufgabe zugeteilt wird, lautet die wichtigste Frage: Ist mir noch etwas unklar? Allen guten Absichten zum Trotz geben Führungskräfte oft nur einen Bruchteil dessen weiter, was man wissen müsste. Vielleicht vergessen sie einfach, Ihnen den Rest mitzuteilen, gehen davon aus, dass Sie das bereits wissen, oder sind der Meinung, dass bestimmte Informationen nicht der Rede wert waren.

Wenn diese fehlenden Details nicht geklärt werden, führt das schlimmstenfalls dazu, dass Sie das Falsche tun und sogar inkompetent wirken. Der richtige Zeitpunkt, um nachzufragen, ist daher sofort – und nicht erst in fünf Minuten, wenn Ihr Vorgesetzter schon mit etwas anderem begonnen hat. Damit Sie garantiert nicht im Unklaren bleiben, sollten Sie die folgenden Schritte unternehmen.

Das sollten Sie wissen

- Das Geheimnis gut erledigter Aufgaben liegt darin, zu wissen, was von Ihnen erwartet wird, und Ihrem Vorgesetzten immer einen Schritt voraus zu sein.
- Je leichter Sie es anderen machen, Sie zu unterstützen, desto wahrscheinlicher ist es, dass man Ihnen hilft.
- Scheuen Sie sich nicht, Ihren Vorgesetzten anzuleiten (»manage your manager«).

Das große Ganze sehen

Hinter jeder Aufgabe verbirgt sich ein Ziel. Fordert man Sie auf, eine Torte zu kaufen, besteht die *Aufgabe* zwar im Kauf der Torte, aber das eigentliche *Ziel* dahinter ist viel weiter gefasst. Vielleicht ist die Torte für einen Mitarbeitergeburtstag gedacht, vielleicht für eine Abschiedsfeier, vielleicht als Requisite für ein Fotoshooting. Wenn Sie den eigentlichen Beweggrund für die Aufgabe nicht verstehen, vergessen Sie vielleicht die Kerzen für die Geburtstagstorte, die Grußkarte für die Verabschiedung in den Ruhestand oder die gewünschte Tortenart für das Fotoshooting.

Um das übergeordnete Ziel zu verstehen, sollten Sie Fragen stellen wie: »Wofür wird das benötigt?«, »Was ist das übergeordnete Ziel?«,

»Wie kann man sich den Erfolg vorstellen?« oder »Wer ist die Zielgruppe?« Sobald Sie mit der Arbeit beginnen, sollten Sie sich immer
wieder an das übergeordnete Ziel erinnern. Wenn Ihre Bemühungen
nicht zur Zielerreichung oder Problemlösung beitragen, lohnt es sich
eventuell, sich noch einmal beim Vorgesetzten zu erkundigen: »Ich
habe über unser Ziel _____ nachgedacht und frage mich, ob es nicht
sinnvoller wäre, _____ anstelle von _____ zu machen. Was meinen Sie
dazu?« Eine subtile, aber wirkungsvolle Weise, die anderen an Ihre
Kompetenz zu erinnern – und Ihre Zeit nicht mit unwichtigen Aufgaben zu vergeuden.

Verstehen, was, wie und bis wann

Wann immer Ihnen eine Aufgabe zugewiesen wird, müssen Sie mit
Ihrem Vorgesetzten drei Fragen klären: Was muss ich tun? Wie sollte ich vorgehen? Und bis wann muss ich es erledigt haben? Wenn Sie
nicht auf alle drei Fragen eine Antwort haben, versuchen Sie sofort, sich
Klarheit zu verschaffen. Andernfalls werden Sie die falsche Arbeit machen, die Aufgaben auf die falsche Art und Weise oder aber zu spät erledigen – und somit Ihre Kompetenz infrage stellen. Möglicherweise hat
Ihr Vorgesetzter vergessen, Ihnen etwas zu sagen. Oder vielleicht hat
er manche Einzelheiten nicht bedacht und verlässt sich darauf, dass Sie
den Prozess steuern. Gibt Ihr Vorgesetzter Ihnen ausschweifende, un-
zusammenhängende Antworten, müssen Sie sich wohl oder übel selbst
um Klarheit kümmern. In diesem Fall sollten Sie Folgendes versuchen:

Wenn Ihr Vorgesetzter sich nicht deutlich äußert, *was* oder *wie* etwas zu tun ist, fragen Sie ihn oder Kollegen, was bereits versucht wurde.
Alternativ suchen Sie in internen Dateien oder im Internet nach Vorlagen oder Beispielen. Vergleichen Sie die verschiedenen Möglichkeiten,
wählen Sie diejenige aus, die Ihnen am besten erscheint, und zeigen Sie
Ihrem Vorgesetzten die Vorschläge. (Eine kurze Warnung zum *Wie*:
Wenn Sie etwas zum ersten Mal tun, empfiehlt sich die Frage: »Gibt es
einen bestimmten Vorgang, eine Methode oder eine Vorlage, an die ich
mich halten sollte?« Möglicherweise wird von Ihnen erwartet, dass Sie

einem bestimmten Dienstweg folgen, vor allem, wenn Sie in einer büro-kratischen Einrichtung arbeiten, in der jeder klar umrissene Aufgaben hat und alles auf eine bestimmte Art erledigt wird.)

Sagt Ihr Vorgesetzter nicht eindeutig, *bis wann* etwas zu erledigen ist, versuchen Sie einzuschätzen, wie polychron oder monochron Ihre Kollegen sind (siehe Kapitel 7), und übernehmen Sie deren Dringlich-keit. Schätzen Sie ein, wie dringend und wichtig die Aufgabe im Ver-gleich zu anderen Ihnen zugewiesenen Aufgaben ist, klären Sie, wann Ihre Arbeitsergebnisse benötigt werden, oder fragen Sie: »Wann sollen wir uns dazu noch einmal austauschen?«

Lassen Sie sich nicht täuschen: Wenn Ihr Vorgesetzter sagt: »Das kriegen wir schon hin«, meint er wahrscheinlich nicht: »*Wir* kriegen das schon hin«, sondern vermutlich eher: »*Sie* kriegen das schon hin.« Er verlässt sich auf Ihre Unterstützung dabei, Uneindeutiges in Ein-deutiges zu verwandeln.

RACI verstehen

Hinter jeder Aufgabe verbirgt sich etwas, das in der englischsprachigen Fachwelt mit der Abkürzung RACI (ausgesprochen »racy«) auf den Punkt gebracht wird. Jeder Buchstabe steht dafür, wie sich jemand zu einem Projekt verhält: eine Person, die verantwortlich ist für die Durch-führung der Arbeit (»responsible«), eine, die rechenschaftspflichtig ist für den Erfolg der Arbeit (»accountable«), eine, die zurate gezogen werden muss (»consulted«), und eine, die über den Status der Arbeit informiert werden muss (»informed«).

Das Wort »rechenschaftspflichtig« werden Sie im Berufsleben oft hö-ren. Es ist einfach ein schickes Wort dafür, dass man seinen Ruf aufs Spiel setzt, wenn etwas schief geht. So sind Sie vielleicht für ein Projekt ver-antwortlich, Ihr Vorgesetzter jedoch muss über den Erfolg des Projekts Rechenschaft ablegen. Das heißt, wenn Sie einen Fehler machen, ist Ihr Vorgesetzter mitschuldig, weil er Ihre Arbeit besser hätte kontrollieren müssen. Nur weil Ihr Vorgesetzter die Hauptverantwortung trägt, heißt das aber nicht, dass Sie nicht auch verantwortlich sind. Leistungsträger behandeln jeden Auftrag so, als stünde ihr Ruf auf dem Spiel, nicht der ihres Vorgesetzten. Und genau darum geht es bei verantwortungsvollem Handeln – dem Schwerpunktthema dieses Kapitels.

Bei der Anwendung von RACI kommt es darauf an, dass Sie sich vor Projektbeginn darüber im Klaren sind, wem innerhalb Ihres Projekts die einzelnen Buchstaben der Abkürzung zuzuordnen sind. Um zu klären, wer verantwortlich ist, sollten Sie fragen: »Gibt es noch jemanden, mit dem ich zusammenarbeiten sollte?« und »Wer ist wofür verantwortlich?« Um zu klären, wer rechenschaftspflichtig ist, fragen Sie: »Wer muss diese Arbeit freigeben?« Um zu klären, wer zu Rate gezogen werden muss, fragen Sie: »Gibt es noch jemanden, dessen Einschätzung ich einholen sollte?« Um zu klären, wer informiert werden muss, fragen Sie: »Wen sollte ich sonst noch auf dem Laufenden halten?«

Für Ihre Kompetenz und Kompatibilität ist es wichtig, dass Sie die Erwartungen aller durch RACI bezeichneten Personen berücksichtigen. Andernfalls empfindet jemand, der zurate gezogen oder auf dem Laufenden gehalten werden sollte, Sie möglicherweise als anmaßend oder bedrohlich, wenn Sie ihn nicht nach seiner Meinung fragen (auch wenn Sie nicht wussten, dass Sie das tun müssen). Dies kann besonders wichtig sein, wenn Sie im Homeoffice arbeiten und nicht sehen können, ob Ihr Vorgesetzter am Schreibtisch einer Kollegin oder eines Kollegen vorbeischaut – und daher nicht mitbekommen, wer an einer bestimmten Entscheidung beteiligt sein sollte und wer nicht.

Mehrere Schritte vorausdenken

Stellen Sie sich vor, wie Sie jeden Schritt Ihrer Aufgabe von Anfang bis Ende erledigen. Welche Zugangsdaten werden Sie benötigen? Mit wem werden Sie sprechen müssen? Welche Analysen müssen Sie durchführen? Fragen Sie sich dann:

- Verstehe ich, wie ich die einzelnen Schritte der Aufgabe umsetzen muss?
- Habe ich alles, was ich brauche, um loszulegen?

- Wird etwas von mir verlangt, das im Widerspruch zu einer bereits erteilten Aufgabe steht oder mit ihr kollidiert?

Für eine Klärung ist rein gar nichts zu einfach oder zu offensichtlich. Könnte ja sein, es wird angenommen, dass Sie Zugang zu etwas haben, worauf Sie nicht zugreifen können, oder dass etwas schnell und einfach geht, obwohl dies nicht der Fall ist. Möglicherweise kommt Ihnen auch etwas zeitaufwändig und kompliziert vor, obwohl es das nicht sein sollte. Wenn Sie auch nur den geringsten Zweifel haben, sollten Sie aktiv werden und nachfragen. Indem Sie sich im Voraus 30 Sekunden mehr Zeit für die Klärung solcher Fragen nehmen, sparen Sie später unter Umständen 30 Stunden ein.

Vom Zieltermin her arbeiten

Wenn im Berufsleben eine Aufgabe einen Stichtag hat, gibt es in der Regel zwei oder mehr Fristen: einen *letzten* Termin (von dem oft die Rede ist) und mindestens einen *Zwischentermin* (der meist unausgesprochen bleibt). Der endgültige Abgabetermin ist der Zeitpunkt, an dem etwas freigegeben, veröffentlicht oder verschickt wird. Der Zwischentermin ist eine interne Abstimmung, um sicherzustellen, dass Sie auf dem richtigen Weg (und die zuständigen Personen in Ihrer RACI-Liste damit einverstanden) sind. Oft ist es sinnvoll, kurz nach der ersten Besprechung um wenigstens einen Rücksprachetermin zu bitten. Im Folgenden einige Formulierungsvorschläge:

- »Wann sollen wir uns zusammensetzen, damit ich einen Statusbericht abgeben kann?«
- »Wie wäre es, wenn wir zusammenkommen, sobald ich eine erste Gliederung erstellt habe?«
- »Wäre es sinnvoll, wenn wir uns morgen noch einmal unterhalten, um abzuklären, ob ich auf dem richtigen Weg bin?«
- »Ich mache so etwas zum ersten Mal. Wie wäre es, wenn ich es ausprobiere und Ihnen vor Feierabend einen Zwischenstand zeige?«

Wenn Sie digital arbeiten, sollten Sie Ihre Arbeit am Tag vor der Besprechung freigeben, damit Ihr Vorgesetzter Zeit hat, sie zu prüfen. Fragen Sie dann bei der Besprechung: »Bin ich auf Kurs?« Macht Ihre Zwischenstandmeldung kein Gespräch erforderlich, kann Ihr Check-in auch nur eine einfache E-Mail an Ihren Vorgesetzten sein, in der Sie Ihren Entwurf, Ihre Skizze, Ihr Modell oder Ihren ersten Versuch vorstellen. Wenn Ihr Vorgesetzter sagt: »Das sieht gut aus!«, können Sie mit der Gewissheit weiterarbeiten, dass Sie auf dem richtigen Weg sind, dass er seine Meinung nicht geändert hat und dass Sie Ihre Zeit nicht vergeuden.

Abgesehen von der ersten Rückmeldung ist es auch wichtig, vorausschauend zu denken. Wenn Ihnen am Mittwoch, dem 1. Oktober, eine Aufgabe zugewiesen wurde, die Sie bis Freitag, dem 10. Oktober, erledigt haben müssen, mag es so aussehen, als hätten Sie sieben Arbeitstage Zeit dafür. Berücksichtigen Sie aber auch andere relevante Faktoren: Wenn Ihr Vorgesetzter (der die Arbeit überprüfen muss) am darauffolgenden Montag abwesend ist und der Vorgesetzte Ihres Vorgesetzten (der die Arbeit absegnen muss) am darauffolgenden Mittwoch, bleiben Ihnen vielleicht nicht sieben Tage für Ihren ersten Entwurf, sondern nur zwei. Abbildung 8-1 zeigt, wie Sie von Ihrem endgültigen Abgabetermin ausgehend rückwärts arbeiten, um Ihre Zwischentermine zu planen.

Wenn Sie zeitliche Konflikte dieser Art bemerken, sollten Sie die anderen darauf hinweisen. (»Ich weiß, dass Sie am Montag außer Haus sind, sollen wir uns daher gleich am Freitag dieser Woche treffen?«) Indem Sie für Ihren Vorgesetzten mitdenken, signalisieren Sie unaufdringlich, aber wirksam: »Keine Sorge. Ich habe alles unter Kontrolle.«

An Arbeitsplätzen, an denen die Mitarbeiterkalender allen zugänglich sind, erwarten manche Manager sogar, dass Sie einen Blick in den jeweiligen Kalender werfen, bevor Sie Besprechungen ansetzen. Es wäre ratsam, den Kalender im Beisein des Vorgesetzten aufzurufen, damit Sie sofort einen Termin finden können – und damit Ihr Vorgesetzter sagen kann: »Hoppla, da habe ich eigentlich bereits etwas anderes vor, das noch nicht im Kalender steht.« Mittelmäßige Leistungsträger warten darauf, dass ihre Manager sie managen. Gute Leistungsträger managen ihre Manager.

Abbildung 8-1

Wie man vom endgültigen Abgabetermin her rückwärts arbeitet

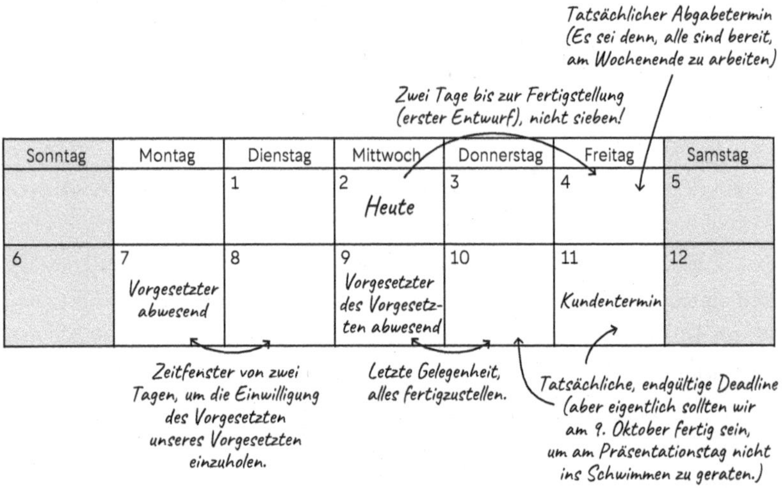

Tatsächlicher Abgabetermin
(Es sei denn, alle sind bereit,
am Wochenende zu arbeiten)

Zwei Tage bis zur Fertigstellung
(erster Entwurf), nicht sieben!

Sonntag	Montag	Dienstag	Mittwoch	Donnerstag	Freitag	Samstag
		1	2 *Heute*	3	4	5
6	7 *Vorgesetzter abwesend*	8	9 *Vorgesetzter des Vorgesetzten abwesend*	10	11 *Kundentermin*	12

Zeitfenster von zwei
Tagen, um die Einwilligung
des Vorgesetzten
unseres Vorgesetzten
einzuholen.

Letzte Gelegenheit,
alles fertigzustellen.

Tatsächliche, endgültige Deadline
(aber eigentlich sollten wir
am 9. Oktober fertig sein,
um am Präsentationstag nicht
ins Schwimmen zu geraten.)

Aktiv zuhören: Das Gesagte in eigenen Worten wiedergeben

Was man meint, verstanden zu haben, entspricht nicht immer dem, was das Gegenüber tatsächlich gesagt hat – oder sagen wollte. Um Missverständnissen vorzubeugen, empfiehlt es sich, das Gehörte in eigenen Worten zu wiederholen und dem Gesprächspartner so eine Richtigstellung zu ermöglichen. Das könnte folgendermaßen aussehen:

- »Habe ich Sie richtig verstanden: _____. Ist das richtig?«
- »Als nächstes mache ich also _____, oder?«
- »Bis (Zeit) mache ich _____, indem ich _____ (Methode). Was halten Sie davon?«

- »Okay, ich werde _____ und dann _____. Habe ich etwas übersehen?«
- »Ich dachte, ich nehme _____. Geht das?«

Ist Ihr Vorgesetzter vergesslich, arbeiten Sie in einer Gruppe oder bräche Chaos aus, falls sich jemand nicht mehr an die Einzelheiten erinnert (wenn Sie etwa einen Vertrag für eine Verhandlung bearbeiten), müssen Sie sich möglicherweise gründlich absichern, also wiederholen Sie nicht nur, was Sie gehört haben, sondern schreiben Sie es in eine E-Mail an alle Beteiligten.

Probleme im Keim ersticken

Wenn Sie mit Ihrer Arbeit begonnen haben, kann es sein, dass sich Fragen ergeben, Sie auf Probleme stoßen oder mit Konflikten oder einer unerwarteten Planänderung konfrontiert werden. In solchen Fällen ist man schnell beunruhigt und hat das Gefühl, man habe etwas falsch gemacht. Oft ist das aber nicht der Fall. Solche Situationen sollte man nicht fürchten oder vermeiden. Sie bieten Ihnen vielmehr die Gelegenheit zu beweisen, wie gut Sie mit Erwartungen, Menschen und Unklarheiten umgehen können. Im Folgenden finden Sie einige Strategien für den Umgang mit Problemen, Fragen oder Planänderungen.

Fragen: bündeln, an höhere Ebenen weiterreichen und Hausaufgaben vorzeigen

Wenn Sie eine weniger dringende Frage haben, denken Sie an die Regel: *Hausaufgaben machen – und vorzeigen.* Durchsuchen Sie zunächst Ihre E-Mails und alle freigegebenen Ordner. Recherchieren Sie anschließend online. Wenn Sie die Antwort nicht finden, bündeln Sie die Fragen und stellen Sie sie dann zunächst einer Kollegin oder einem Kollegen auf Ihrer Hierarchiestufe, wenn dieser gerade nicht beschäftigt zu sein scheint, oder jemandem, der für die Beantwortung Ihrer speziellen Frage zuständig ist (z.B. die Personal- oder IT-Abteilung). Wenn auch diese Person Ihnen nicht weiterhelfen kann, bitten Sie anschließend jemandem, der nächsthöher positioniert ist oder über relevante Kompetenzen verfügt, danach Ihre Vorgesetzte oder Vorgesetzten, dann deren Chef oder Chefin. Wie bei einer Leiter klettern Sie eine Sprosse nach der anderen hinauf. Abbildung 8-2 zeigt, wie Sie sich das Erklimmen der Leiter vorstellen können.

Abbildung 8-2

Fragen stellen am Arbeitsplatz

Den Vorgesetzten des Vorgesetzten fragen

Den Vorgesetzten fragen

Einen anderen Mitarbeiter fragen

Einen Mitarbeiter derselben Hierarchiestufe fragen

Im Internet recherchieren

Interne Dateien durchsuchen

Fragen bündeln

Jedes Mal, wenn Sie sich mit einem Fragenpaket an jemanden wenden, erklären Sie den Zusammenhang und weisen Sie auf Ihre erledigten Hausaufgaben hin. Anstatt zu fragen: »Wie melde ich mich beim Warenwirtschaftssystem an?«, fragen Sie: »Wie melde ich mich beim Warenwirtschaftssystem an? Ich benötige einige Daten für meine Analyse. In der Einführungs-Checkliste konnte ich sie nicht finden. Ken hat anscheinend auch keinen Zugang.« Es geht darum, Ihre Anfrage dem

folgenden Muster anzupassen: »Das ist meine Frage, und *deshalb* stelle
ich sie.« Oder: »Das weiß ich, aber jenes *weiß ich noch nicht*.« In Abbildung 8-3 finden Sie fünf weitere Formulierungen, die Sie ausprobieren
können.

Abbildung 8-3

Wie man beim Fragenstellen seine Hausaufgaben vorzeigt

- Ich bin mir nicht ganz sicher, was _____ angeht. Ich vermute,
  diese Frage

  _____, aufgrund von _____.
  die Antwort könnte so lauten · diesen Hypothesen

  Bin ich da auf der richtigen Fährte?

- Obwohl ich _____ gesucht habe, konnte ich _____
  hier, dort und da diese Information/Sache

  nicht finden. Wo ist/steht das?

- Ich habe Schwierigkeiten mit _____ und habe bereits _____
  diesen Hürden diese Lösungswege

  versucht, aber _____. Übersehe ich irgendetwas?
  diese Probleme sind aufgetreten

- Ich versuche, _____, aber mir fehlt _____.
  dieses Problem zu lösen diese Sache

  An wen wende ich mich da am besten?

- Ich bin mir wegen _____ nicht ganz sicher. Ich weiß, dass ich schon
  dieser Sache

  einmal danach gefragt habe, aber könnten Sie bitte _____.
  helfen/die Erklärung wiederholen

Für Ihre Kompatibilität ist es sinnvoll, zu erklären, warum Sie jemanden für den geeignetsten Ansprechpartner für Ihre Frage halten, damit
gar nicht erst der Gedanke aufkommt, dass Sie seine Zeit vergeuden.
Eine einfache Bemerkung genügt: »Ich habe gehört, dass Sie der Experte für Lieferketten sind« oder »Ich habe Ihren Namen in der Datei
gesehen und dachte, ich frage Sie zuerst«. Und um Ihre Kompetenz
zu steigern, behalten Sie Ihre Gewohnheiten im Auge und achten Sie

darauf, dass nicht immer wieder dasselbe passiert: Wenn Ihnen jemand etwas erzählt, wiederholen Sie es vor der Person, wiederholen Sie es für sich selbst, schreiben Sie mit – tun Sie also alles, um das Gesagte in Erinnerung zu behalten. Vermeiden Sie, dass Ihnen jemand dasselbe zweimal sagen muss – und dass Sie dieselbe Frage zweimal stellen. Wenn Sie doch noch einmal nachfragen müssen (oder wenn Sie sonst immer wieder dieselbe Person ansprechen), fragen Sie vielleicht einmal jemand anderes. Schicken Sie vielleicht ein Eingeständnis vorweg wie: »Entschuldigung, ich weiß, dass wir darüber gesprochen haben, aber ich finde das in meinen Notizen nicht.« oder »Ich weiß ja, dass ich viele Fragen stelle, aber ich hätte tatsächlich noch ein paar mehr. Ich hoffe, das macht Ihnen nichts aus.«

Ziel ist es, fünf Fragen auf einmal zu stellen, nicht eine Frage fünfmal. Zeigen Sie, dass Sie Ihr Möglichstes in Sachen Selbsthilfe getan haben, bevor Sie andere einbeziehen, und verhalten Sie sich solidarisch mit Ihren viel beschäftigten Mitarbeitern. Auch wenn andere noch so sehr helfen wollen, müssen sie doch auch ihre eigenen Aufgaben erfüllen. Daher ist es nervig, wenn sie für Sie im Internet recherchieren, immer wieder das Gleiche sagen oder eine Frage beantworten müssen, die eigentlich an einen Kollegen mit weniger Erfahrung hätte gerichtet werden können.

Zudem kann niemand Ihre Gedanken lesen. Keiner außer Ihnen weiß, wie viel Sie unternommen haben, man attestiert Ihnen also nicht automatisch Kompetenz und Einsatzbereitschaft. Je überzeugter andere davon sind, dass Sie alles getan haben, was Sie konnten, desto eher werden sie denken: *Na ja, nachvollziehbar*, und nicht: *Hättest du da nicht selbst drauf kommen können?*

Wenn Sie nicht wissen, was Sie als Nächstes tun sollen: Anregungen liefern, auf die andere reagieren können.

Wenn Sie sich fragen, was Sie als Nächstes tun sollen, widerstehen Sie dem Impuls, sofort um Hilfe zu bitten, es sei denn, es ist wirklich dringend. Schließlich ist Ihnen daran gelegen, das richtige Signal auszusenden – nämlich, dass Sie in der Lage sind, Probleme selbstständig zu lösen und auch bei Unklarheiten nicht aufgeben. Fragen Sie sich: *Was würde ich als Nächstes tun, wenn die Situation ganz in meiner Hand läge und ich niemanden hätte, den ich um Hilfe bitten könnte?* Probieren Sie dann diese Schritte aus:

1. Suchen Sie nach Beispielen dafür, wie andere mit ähnlichen Problemen oder Fragen umgegangen sind.
2. Machen Sie ausgehend von früheren Lösungen ein Brainstorming möglicher Optionen.
3. Vergleichen Sie die Vor- und Nachteile der einzelnen Möglichkeiten.
4. Wenn Sie sich nicht zwischen zwei Varianten entscheiden können, probieren Sie beide aus (vorausgesetzt, es geht schnell und einfach).
5. Bündeln Sie alle weiteren Fragen, die Sie haben.
6. Bitten Sie Kollegen oder Vorgesetzte um Hilfe (oder fragen Sie per E-Mail/Direktnachricht).
7. Zeigen Sie, dass Sie Ihre Hausaufgaben gemacht haben, indem Sie Ihre Frage folgendermaßen formulieren: »Ich weiß nicht genau, was ich als Nächstes tun soll, aber ich habe an ... oder ... gedacht. Ich schlage ... vor, weil ... Sehen Sie das auch so?«
8. Vermeiden Sie nach Möglichkeit offene Fragen wie »Was meinen Sie?«, weil die Beantwortung dieser Fragen mitunter viel Zeit in Anspruch nimmt. Versuchen Sie es stattdessen mit einer Multiple-Choice-Frage (zum Beispiel »Was bevorzugen Sie: A, B oder C?«), einer Ja-oder-Nein-Frage (z.B. »Soll ich damit weitermachen?«), einer Vorgabe (zum Beispiel »Ich habe vor, ... zu machen; lassen Sie mich wissen, wenn Sie eine andere Vorgehensweise bevorzugen würden«), einer Kombination (zum Beispiel »Was wäre Ihnen lieber: A, B, oder C? Falls nicht anders gewünscht, mache ich C.«) oder eine Kombination mit einer Frist (zum Beispiel »Was ist Ihnen lieber: A, B, oder C? Ich werde C am Montag, den 23.8., um 12 Uhr erledigen.«).

Versuchen Sie beim Verfassen von E-Mails oder Direktnachrichten eine klare Handlungsaufforderung zu formulieren, also eine Aussage, die die Art der gewünschten Reaktion präzisiert. Statt also zu sagen: »Der Vertrag kann jetzt geprüft werden.«, schreiben Sie: »Bitte geben Sie den angehängten Vertrag frei, damit ich ihn um 12 Uhr MEZ an das Team schicken kann. Ich habe alle Änderungen gekennzeichnet.« oder »Sollten wir den Vertrag besser persönlich besprechen? Sagen Sie gerne Bescheid, dann kümmere mich um einen Termin.« oder »Wir sollten uns zusammensetzen, um den neuen Vertrag zu besprechen. Ich habe dann und dann Zeit – teilen Sie mir bitte mit, welche Zeit Sie bevorzugen.« E-Mails ohne ein Fragezeichen oder ein »Bitte teilen Sie mir mit, wann Sie Zeit haben« (besonders am Anfang) werden leicht ignoriert. Egal, ob Betreffzeilen, Handlungsaufforderungen, Terminanfragen oder auch Dateinamen: Versuchen Sie, nichts unklar zu lassen. Tabelle 8-1 zeigt, wie Sie aus unklaren Aussagen eindeutige machen können.

Tabelle 8-1

Aus unklaren Aussagen eindeutige machen

	Unklare Aussage	Eindeutige Aussage
Betreffzeilen	Mittagessen	Mittagessen bestellen (bis Dienstag, 12 Uhr)
Dateinamen	Entwurf.xslx	Marketing Budget 2021 2502021.xlsx
Terminanfragen	Wie wäre es heute Nachmittag?	Haben Sie heute um 14 Uhr Zeit? Falls nicht, freue ich mich über Alternativvorschläge.
Anfragen in E-Mails	Ich habe einige Zahlen im Budget auf den neuesten Stand gebracht.	Aufgrund von Nates Bitte habe ich die Marketing-Zeile um 5 % erhöht. Bitte teilen Sie mir mit, falls Sie hier irgendwelche Probleme erkennen. Ich habe vor, bis 16 Uhr MEZ abzugeben.
Termineinträge	Rücksprache	Telefontermin Lea – Eric betr. Nachwuchsprogramm
Treffpunkte/ Veranstaltungsorte	Anruf	Vishnu soll Camille anrufen, Tel. 617-123-4567

Das alles klingt vielleicht nach einer Menge zusätzlicher Arbeit, aber diese kleinen Schritte geben unter Umständen den Ausschlag, ob Sie das Benötigte bekommen oder nicht. Ein Mitglied eines Thinktanks sagte mir: »Oft wissen Vorgesetzte nicht, was sie wollen; sie wissen nur, was ihnen nicht gefällt.« Wenn Sie anderen keine Reaktionsvorlage liefern, riskieren Sie die Frage des Grauens: »Äh, ich weiß nicht _____ was meinen Sie?«

Andere entlasten, wenn deren Hilfe benötigt wird

Je mehr Arbeitsschritte ein potenzieller Helfer für die Erledigung einer Aufgabe benötigt, desto wahrscheinlicher ist es, dass er aufgibt – und desto unwahrscheinlicher ist es, dass Sie bekommen, was Sie brauchen. Umgekehrt gilt: Je einfacher eine Aufgabe ist, desto wahrscheinlicher ist es, dass man Ihnen hilft und die Aufgabe dann auch tatsächlich erledigt wird. Bevor Sie also um Hilfe bitten, denken Sie mehrere Schritte voraus und fragen Sie sich: *Welche Maßnahmen müssen andere ergreifen, um mir zu helfen, und was kann ich im Vorfeld für sie tun?* Müsste eine bestimmte Datei herausgesucht werden? Hängen Sie sie Ihrer E-Mail an. Müsste eventuell ein Termin vereinbart werden? Benennen Sie, wann Sie in der jeweiligen Zeitzone verfügbar sind. Muss auf einer bestimmten Website nachgeschaut werden? Denken Sie in Ihrer E-Mail an den Link. Helfen Sie anderen dabei, Ihnen zu helfen.

Bei der Entscheidungsfindung an das große Ganze denken und Konsequenzen durchspielen

Ist Ihre Arbeit Teil eines größeren Projekts? Werden andere auf die Ergebnisse Ihrer Arbeit angewiesen sein? Sind Sie im Begriff, eine Änderung vorzunehmen, die sich auf andere auswirken könnte? Wenn ja, spielen Sie das Szenario vorher in Gedanken durch.

Wenn Sie zum Beispiel Urlaub beantragen wollen, werfen Sie zuerst einen Blick in den Teamkalender, damit Sie nicht gerade dann abwesend sind, wenn andere Sie brauchen (oder um einen Plan für Ihre Abwesenheit vorzulegen). Wollen Sie eine Programmzeile ändern, die die Arbeit der anderen betrifft? Denken Sie daran, andere zurate zu ziehen, bevor Sie die Änderung vornehmen. Haben Sie vor, etwas zu präsentieren, wodurch sich jemand überrumpelt fühlen könnte? Überlegen Sie, ob Sie das Material nicht besser mit dieser Person abstimmen, damit sie während der Präsentation auf Ihrer Seite ist. Seien Sie berechenbar. Je weniger Sie Ihre Kollegen überraschen, desto weniger müssen diese Ihnen entgegenkommen. Je weniger sie Ihnen entgegenkommen müssen, desto »benutzerfreundlicher« sind Sie als Mitarbeiterin oder Mitarbeiter. Und je benutzerfreundlicher Sie als Arbeitskraft sind, desto kompatibler wirken Sie.

Proaktiv auf Probleme hinweisen (oder lösen)

Wenn Sie in der Arbeit eines Kollegen einen Fehler entdecken, weisen Sie ihn unter vier Augen darauf hin (im Zweifelsfall gilt: öffentlich loben, vertraulich kritisieren, es sei denn, dies entspricht nicht der Kultur Ihres Teams). Es genügt schon, wenn Sie Ihrem Kollegen eine Nachricht schicken und sagen: »Wahrscheinlich hast du es schon bemerkt, aber mir ist ein Problem mit _____ aufgefallen. Wollte ich dir nur kurz mitteilen.«

Wenn Sie bei Ihrer eigenen Arbeit auf einen Fehler stoßen, korrigieren Sie ihn. Je schwerwiegender das Problem, je hierarchischer das Team und je mehr Standardarbeitsanweisungen (übliche Dienstwege) es in Ihrem Aufgabenbereich gibt, desto häufiger sollten Sie Ihre Vorgesetzten um deren Meinung bitten, anstatt selbst Entscheidungen zu treffen. Sie könnten zum Beispiel sagen: »Ich wollte Ihnen mitteilen, dass mir ein Problem mit _____ aufgefallen ist. Bei meinen Nachforschungen bin ich auf _____ gestoßen. Wäre es hier sinnvoll, _____ oder _____ anzuwenden? Ich tendiere zu _____, wollte mich aber zuerst vergewissern.« Je mehr Sie sich angewöhnen, nicht nur Informationen weiterzugeben, sondern auch Ihren eigenen Standpunkt einzubringen, desto mehr werden die Vorgesetzten Ihrem Urteilsvermögen und Ihrer Kompetenz vertrauen – und desto mehr Spielraum wird man Ihnen zukünftig für das eigenständige Lösen von Problemen zugestehen.

Schon bald werden Sie nicht mehr fragen: »Wäre es sinnvoll, wenn ich _____ oder _____ machen würde?« Stattdessen werden Sie sagen:

»Ich plane, _____ zu machen. Sagen Sie mir Bescheid, wenn Sie das anders sehen.« Wenn Ihr Betreuer volles Vertrauen in Ihre Kompetenz hat, sagen Sie irgendwann vielleicht sogar: »Habe _____ erledigt. Wollte Sie nur informieren.« Es geht nur darum, Ihren Vorgesetzten Zeit und Stress zu ersparen und für Lösungen statt Probleme zu sorgen.

Bei widersprüchlichen Anweisungen die entsprechenden Personen zusammentrommeln

Möglicherweise sind Ihre Vorgesetzten unterschiedlicher Meinung in Bezug auf das *Was*, *Wie* oder *Wann* Ihrer Arbeit. Wenn Sie mit mehreren Vorgesetzten zusammenarbeiten und diese nur selten miteinander sprechen, sollten Sie Vorsicht walten lassen – wenn Sie sich nicht darum kümmern, sind widersprüchliche Anweisungen hier nahezu garantiert, und die verursachen nur unnötigen Druck.

Wenn Sie die Gelegenheit hatten, Ihre Vorgesetzten zu fragen, ob es hilfreich wäre, wenn Sie wichtige E-Mails an beide Betreuerinnen oder Betreuer weiterleiten würden, damit alle auf dem gleichen Stand sind, sind Sie bereits auf dem besten Weg, eine solche Situation zu vermeiden. Wenn Sie sich jedoch mit Manager A treffen und unschlüssig sind, ob Manager B womöglich anderer Meinung ist, fragen Sie Manager A: »Wie wäre es, wenn ich Manager B eine Zusammenfassung unseres Gesprächs maile und Sie ins CC setze, damit B auch ganz sicher mit an Bord ist?« Wenn Ihre Manager besser mit persönlichen Gesprächen zurechtkommen als mit E-Mails oder falls Sie mit einem endlosen Hin und Her rechnen, können Sie auch sagen: »Wäre es in Ordnung, wenn wir drei uns für eine Viertelstunde zusammensetzen, damit wir auch wirklich auf demselben Nenner sind?« So vermeiden Sie, dass Sie zwischen den Stühlen landen. Der Versuch, die Gedanken seiner Vorgesetzten zu lesen, kostet viel zu viel Zeit und kann sehr anstrengend sein. Das lohnt sich nicht, vor allem, weil immer die Gefahr besteht, die andere Person zu verärgern oder zu verprellen, wenn man sich mit einem von zwei Vorgesetzten zusammentut. Überlassen Sie es ihnen, ihre Meinungsverschiedenheiten untereinander auszutragen.

Helfenden ein gutes Gefühl vermitteln und in ein gutes Licht rücken

Knausern Sie nicht mit Schmeicheleien. Die sind nicht nur kostenlos, sondern werden auch allgemein geschätzt. Jeder erfährt gerne Bewunderung, Anerkennung und Dank. Wenn Sie also jemanden aufsuchen, weil Sie seiner Meinung vertrauen, ihn als Experten ansehen oder seine Arbeit bewundern, bringen Sie das zum Ausdruck. Das geht gut mit Formulierungen wie: »Ich würde gerne in Ihre Fußstapfen treten, vor allem mit _____.« oder »Ich weiß es wirklich zu schätzen, dass Sie sich die Zeit genommen haben, mir das zu erklären, obwohl Sie so viel mit _____ beschäftigt sind.« In Meetings können Sie es damit versuchen: »Besonderen Dank an _____ für _____.« oder »Ein Lob an _____ für _____.«

Diese kleinen Gesten der Wertschätzung haben oft eine große Wirkung, vor allem, wenn man dabei konkret wird. Natürlich sollten Sie andere nicht mit unbedachten Lobhudeleien überhäufen. Wenn sich jedoch eine aufmerksame Bemerkung anbietet, seien Sie großzügig. Gewöhnen Sie es sich an, eine Dankes-E-Mail zu schicken, wenn Ihnen jemand geholfen hat. Die Wahrscheinlichkeit, dass sich jemand über ein Dankeschön ärgert, liegt bei 0 Prozent. Die Wahrscheinlichkeit, dass sich jemand ärgert, wenn Sie nach einer Hilfeleistung einfach verschwinden, liegt bei etwa 100 Prozent.

Dem Chef immer einen Schritt voraus bleiben

Am Arbeitsplatz geht das Abschließen einer Aufgabe oder eines Projekts anders vor sich als bei einer Hausarbeit oder einem Test an der Uni. An der Uni müssen Sie nach dem Beantworteten einer Frage oder der Fertigstellung eines Aufsatzes nur noch auf »Abschicken« klicken und abwarten. Am Arbeitsplatz ist der Abschluss der Aufgabe nur der vorletzte Schritt. Der letzte Schritt besteht darin, Ihre Arbeit so zu präsentieren, dass andere Ihre Kompetenz und Ihr Engagement bestmöglich einschätzen können. Bevor Sie Ihren Vorgesetzten bitten, Ihre Arbeit zu überprüfen, sollten Sie sich die folgenden Fragen stellen.

Habe ich alle Vorgaben befolgt (oder notiert, warum ich sie nicht befolgt habe)?

Um über den Erwartungen zu bleiben, sollten Sie eine Liste aller erhaltenen Vorschläge und Änderungen führen, und diese noch einmal überprüfen, ehe Sie Ihre Arbeit mit anderen durchgehen. Falls Sie etwas nicht umsetzen konnten oder es nicht durchführbar war, erklären Sie gleich anfangs, dass und warum es so ist. Einige Formulierungshilfen:

- »Sie haben um _____ gebeten, aber angesichts von _____ habe ich _____ gemacht. Was halten Sie davon? «
- »Ich habe _____ fertiggestellt, arbeite aber noch an _____, das ich voraussichtlich bis _____ fertigstellen werde.«
- »Bitte beachten Sie, dass _____, weil _____. Würden Sie eine andere Vorgehensweise vorschlagen? «

Auf diese unauffällige, aber effektive Weise steuern Sie Erwartungen, zeigen, dass Sie zugehört haben, und vermitteln, dass Sie die Fragen Ihres Vorgesetzten erwarten. Wenn Sie für Ihre Vorgesetzten mitdenken, können Sie sich einen Ruf als jemand aufbauen, der Zusagen nicht schleifen lässt, nur weil keiner darauf achtet.

Profitipp: Legen Sie sich in einem Dokumenten- oder E-Mail-Entwurf eine Liste mit Diskussionspunkten und Fragen an Ihre Vorgesetzten an. So brauchen Sie sich nicht in letzter Minute an alles zu erinnern. Dann gilt es nur noch, die Aufgabe abzuschließen, die E-Mail zu bearbeiten und auf Senden zu klicken.

Habe ich mich auf die wesentlichen Aspekte konzentriert?

Die Grenze dessen, was bei einer bestimmten Aufgabe als zufriedenstellend gilt, richtet sich nach der Art der Tätigkeit und dem Umfeld. Für Ingenieure ist es vielleicht egal, ob in einer Präsentation jedes einzelne Pixel sitzt, solange die Berechnungen korrekt sind. Bei einem Designer dagegen spielen ungenaue Berechnungen womöglich keine so große Rolle, solange jedes Pixel im Entwurf einwandfrei sitzt. Wenn Sie etwas vor Kolleginnen und Kollegen auf derselben Hierarchieebene präsentieren, ist es vielleicht nicht so wichtig, wenn etwas nicht ganz so schön aussieht. Wenn Sie Ihre Arbeit aber Vorgesetzten oder Kunden vorstellen, ist das höchstwahrscheinlich *durchaus wichtig*, denn Formatierungsfehler oder Tippfehler werfen ein schlechtes Licht auf die Kompetenz Ihres Teams. Und in Branchen wie dem Gesundheitswesen, dem Ingenieurwesen, dem Baugewerbe oder der Logistik, wo der Preis für die Nichteinhaltung von Standardarbeitsanweisungen Tod, Verletzungen, ein Gerichtsverfahren, hohe Kosten oder Entlassungen sein können, ist die Messlatte für die Qualität gewiss noch höher.

Um Ihre Kompetenz zu sichern, sollten Sie sich fragen: *Worauf wird man besonders achten?* Suchen Sie nach Mustern bei Ihren Kolleginnen und Kollegen – worauf wird geachtet (und worauf nicht)? Worauf verwenden andere ihre Energie (und worauf nicht)? Vergewissern Sie sich anschließend, dass diese Aspekte Ihrer Arbeit einwandfrei sind, bevor Sie sie vorstellen. Andernfalls machen Sie andere von sich aus darauf aufmerksam, dass Sie wissen, dass etwas Wichtiges fehlt oder nicht ganz optimal ist, damit es keine Überraschungen gibt. Und sollte Ihnen einmal gesagt werden, dass Sie mehr Sorgfalt an den Tag legen sollten, dann soll das heißen, dass ein wichtiger Teil Ihrer Arbeit nicht gut genug ist. Überprüfen Sie penibel, ob Ihre Arbeit Tippfehler, Ungereimtheiten, Rechenfehler oder schlampige Formatierungen enthält oder ob Angaben vergessen wurden.

Ist die Aufforderung zum Handeln klar?

Wenn Sie einen Blog-Beitrag für das Unternehmen verfassen und ihn mit einer vagen Frage wie »Was denken Sie?« an Ihr Team weitergeben, fällt das Feedback womöglich ebenso unbestimmt aus: »Zu lang«, »Das Bild oben gefällt mir nicht« oder »Im zweiten Absatz hapert es mit der Grammatik« … Wenn Sie nur wissen wollen, ob Sie das richtige Thema für den Blog gewählt haben, sind solche Rückmeldungen wahrscheinlich reine Zeitverschwendung. Um zu verhindern, dass die Befragten sich ablenken lassen (und Ihnen dadurch eine Einschätzung geben, die Sie nicht brauchen), fragen Sie sich: *Worauf sollen sich andere konzentrieren – und worauf nicht?* Formulieren Sie in Ihrer Bitte dann sehr konkret einen sogenannten »Call to Action«: »Ich habe gerade einen ersten Entwurf geschrieben – siehe Anhang. Stimmen Thema und Struktur dieses Entwurfs? Bitte stören Sie sich nicht an der Formatierung oder der Grammatik, die korrigiere ich später, wenn das Thema feststeht.« Auf diese Weise sparen Sie sich hoffentlich auch etwas Zeit und Stress.

Habe ich meine Arbeit so präsentiert, dass man sie leicht begutachten kann?

Um das gewünschte Feedback zu gewährleisten, überlegen Sie sich, auf welche Weise Ihre Zielgruppe das Ergebnis ansehen, bearbeiten oder kommentieren wird. Achten Sie dann darauf, Ihre Arbeit in einem möglichst benutzerfreundlichen Format zu präsentieren. Wenn der Empfänger Bearbeitungen vornehmen muss, sollten Sie die Rohdatei senden, wenn Sie nicht wissen, auf welchem Gerät der Empfänger die Datei betrachten wird, eine PDF-Datei. Im Zweifelsfall verschicken Sie sowohl eine PDF-Datei als auch eine bearbeitbare Datei. Wenn eine Anmeldung erforderlich ist, fügen Sie den Link und die Zugangsdaten bei.

Habe ich Antworten auf die Fragen vorbereitet, die mein Vorgesetzter stellen könnte?

Denken Sie mehrere Schritte voraus: Versetzen Sie sich in die Lage des Begutachtenden und überlegen Sie sich, welche Fragen wohl gestellt werden könnten. Gehen Sie dann entweder ganz aktiv in einer E-Mail oder Direktnachricht darauf ein oder haben Sie mögliche Antworten im Kopf. Häufig gestellte Fragen sind:

- »Warum haben Sie das so gemacht?« (Seien Sie bereit, Ihren Gedankengang zu erklären.)
- »Wieso haben Sie _____ nicht mit einbezogen?« (Haben Sie eine Erklärung parat, warum es weggelassen wurde.)
- »Haben Sie mit _____ gesprochen?« (Seien sie darauf vorbereitet, wiederzugeben, worüber Sie gesprochen haben.)

Diese Fragen können Angst machen, dienen Ihrem Vorgesetzten allerdings dazu, zu überprüfen, ob Sie auch wirklich alles bedacht haben. Wenn es in Ihrem Team keine Standardarbeitsanweisungen gibt, existiert oft auch keine in dem Sinne richtige oder falsche Vorgehensweise. Stattdessen ist der »richtige« Weg lediglich derjenige, bei dem die Vorteile die Nachteile überwiegen. Bereiten Sie sich also darauf vor darzulegen, welche verschiedenen Möglichkeiten Sie erwogen und warum Sie die eine der anderen vorgezogen haben. Bei dieser Gelegenheit können Sie zeigen, dass Sie in der Lage sind, richtige Entscheidungen zu treffen. Die besten Leistungsträger antworten nicht mit »Gute Frage. Darüber habe ich noch nicht nachgedacht,«, sondern können stets begründen, was sie getan haben.

Habe ich schon herausgefunden, was als Nächstes ansteht (und dies auch kommuniziert)?

Denken Sie daran, Ihre Arbeit nicht einfach nur einzureichen, sondern eine Anmerkung über die nächsten Schritte hinzuzufügen, beispielsweise so:

- »Solange Sie dies prüfen, konzentriere ich mich auf _____.«
- »Wäre es sinnvoll, wenn ich mit der Arbeit an _____ beginnen würde?«
- »Brauchen Sie sonst noch etwas von mir?«

All dies signalisiert auf subtile, aber wirkungsvolle Weise: *Ich bin nicht nur hier, um Anweisungen zu befolgen, sondern um das Team beim Errei-*

chen seiner Ziele zu unterstützen. Betrachten Sie es als einen Hinweis auf Ihre Kompetenz und Ihr Engagement für andere.

Natürlich sollten Sie diese Sätze taktisch klug einsetzen. Wenn Ihnen etwas aufgetragen wird, nur weil ein Vorgesetzter einen anderen besänftigen will, sollten Sie vielleicht nicht um mehr Arbeit bitten. Dann ist es unter Umständen klüger, wenn Sie Ihre Arbeit einfach gut genug machen und Ihr Leben weiterleben. Es gilt zu vermeiden, dass ein Vorgesetzter sagt: »Wow, das war super. Machen Sie das und das und das dann bitte auch noch?« Sparen Sie sich den Kummer. Sie sollten wissen, wann Sie sich an die Regeln halten müssen und wann Sie die Regeln beugen sollten.

Vor einiger Zeit interviewte ich Veronica, eine Praktikantin in einem Krankenhaus. Sie hatte gerade ihr Medizinstudium abgeschlossen und war einem Assistenzarzt unterstellt, einem erfahrenen Arzt in der Facharztausbildung. Es war Veronicas zweite Woche im Krankenhaus. Wie alle angehenden Mediziner klärte auch sie alles mit dem betreuenden Arzt ab, um nur ja keine Fehler zu machen. Wenn ein Patient oder eine Pflegekraft ihr eine Frage stellte, die sie nicht beantworten konnte, sagte sie: »Ich erkundige mich danach«, und bat dann den zuständigen Arzt um Hilfe. Stets vergewisserte sie sich, dass sie das übliche Verfahren einhielt. Sie machte ihre Sache gut. Aber dann wurde sie auf die Probe gestellt.

Veronica betreute einen Patienten, der operiert werden sollte. Doch gerade als der Patient in den OP-Saal gerollt wurde, sagte der behandelnde Anästhesist, dass ihm bei der Operation nicht wohl sei und er sie deshalb verschieben wolle. Veronica, die sich zu der Zeit um einen anderen Patienten kümmerte, erhielt eine Benachrichtigung auf ihrem Pager. Anästhesist, Chirurg, chirurgischer Assistenzarzt, Apotheker und Pflegekraft – lauter Leute, die sie noch nie zuvor gesehen hatte – baten um ein Treffen mit einem Mitglied des medizinischen Teams. Veronicas Herz begann zu klopfen. Sie rannte zu ihrem Arzt und erklärte ihm, was los war.

»Das OP-Team bittet um ein Treffen«, sagte Veronica.

Der Assistenzarzt starrte sie ausdruckslos an. »Okay …«

»Das Treffen soll *jetzt* stattfinden«, stellte Veronica klar.

»Dann gehen Sie doch hinunter«, sagte der Assistenzarzt.

»Ich?!«

»Ja, Sie. Ist doch Ihr Patient, oder?«

Veronika dämmerte es langsam. Sie nickte. *Das ist mein Patient! Ich gehöre zum Team.* Sie eilte in den OP-Saal und stellte sich vor.

»Wir raten dazu, die Operation zu verschieben«, sagte der Chirurg. »Wäre das in Ordnung?« Er und der Anästhesist erklärten ihr die Risiken.

Veronica schluckte. *Ich soll das also entscheiden?* Aber sie sagte: »Ja, das klingt nach der besten Lösung. Wir wollen alle das Beste für diesen Patienten.« Als die Worte aus ihrem Mund kamen, spürte sie, wie sie sich aufrechter hinstellte. Sie war nicht die Hochstaplerin, für die sie sich gehalten hatte. Man hatte sie als Gleichgestellte behandelt. Es war, als wäre sie eine von ihnen.

Als Veronica auf ihre Station zurückkehrte, tat sie etwas ganz Neues: Sie übernahm die Verantwortung. Zunächst erklärte sie dem Patienten die Verzögerung der Operation und rief die Familie des Patienten an, um sie auf den neuesten Stand zu bringen – und das ganz ohne die Hilfe des betreuenden Arztes. Als Nächstes schrieb sie eine E-Mail an das OP-Team, um sich für die Zeit und die Beratung zu bedanken und eine Nachbesprechung für den Nachmittag vorzuschlagen.

Veronica erzählte mir Folgendes:

Das Ganze ist eine Entwicklung: Man fragt irgendwann nicht mehr: »Ich werde dies und jenes tun – ist das in Ordnung?«, sondern erklärt: »Schon erledigt.« Der Betreuer ist zwar immer noch dabei, aber das Verhältnis zu ihm ändert sich. Er ist nicht länger der Ausbilder, der einem sagt, was man erledigen soll. Er wird zum Coach, der Feedback gibt und die Entwicklung fördert. Verantwortungsbewusstsein bedeutet nicht, dass man unabhängig ist, sondern dass man eben Verantwortung übernimmt. Und zu verantwortungsbewusstem Handeln gehört auch zu wissen, wann man um Hilfe bitten muss.

Veronica hat mir eine Lektion erteilt: Beim Wechsel von der (Hoch-) Schule ins Berufsleben ändert sich weit mehr, als dass man fortan Geld

verdient und einen Chef hat. Es gilt, die Einstellung »Ich warte auf Anweisungen« durch die Einstellung »Ich finde selbst eine Lösung« zu
ersetzen. Abbildung 8-4 zeigt, wie dieser Wechsel aussieht.

Abbildung 8-4

*Wie sich die Denkweise beim Übergang von der (Hoch-) Schule
ins Arbeitsleben ändern muss*

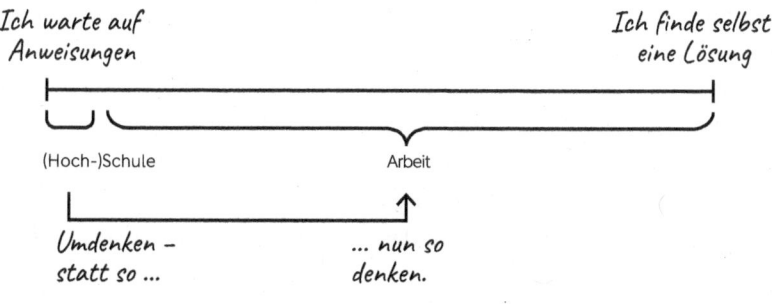

Aber das ist eine Entwicklung. Bekanntlich dauert es eine Weile, Neues
zu lernen – je nach Komplexität der Aufgabe zwischen einigen Tagen
und mehreren Monaten. Die Erwartungen an Sie werden nie geringer
sein als beim Antritt einer neuen Stelle. Aber schon bald werden Sie
eine Art unsichtbare Schwelle überschreiten – und das oft ohne Vor-
warnung, wie bei Veronica. Natürlich haben verschiedene Vorgesetzte
unterschiedliche Arbeitsstile. Manche führen ihre Mitarbeiter schneller
über diese Schwelle als andere. Manche schätzen Ihre Eigeninitiative
mehr. Manche achten Ihre Ansichten mehr. Aber irgendwann müssen
Sie Verantwortung übernehmen, und die Menschen, die einst auf Sie
warteten, werden sich dann auf Ihre Meinung und vor allem auf Ihre
Führungsstärke verlassen. Je souveräner Sie sich auf einen solchen Sin-
neswandel einlassen können, desto eher lassen sich andere von Ihrer
Kompetenz überzeugen – und desto eher sind Sie in der Lage, etwas
zu bewirken.

Ausprobieren!

- Vor der Aufnahme eines neuen Auftrags sollten Sie sich vergewissern, dass Sie genau wissen, was Sie wie und bis wann tun müssen.
- Bündeln Sie Ihre Fragen, klären Sie sie auf einer Ebene nach der anderen, und zeigen Sie den jeweiligen Ansprechpartnern, dass Sie Ihre Hausaufgaben gemacht haben.
- Entlasten Sie andere, wenn Sie um Hilfe bitten.
- Falls Ihnen Probleme oder Verbesserungsmöglichkeiten auffallen, weisen Sie von sich aus darauf hin (oder lösen Sie sie sogar).
- Bevor Sie Ihren Vorgesetzten um die Überprüfung Ihrer Arbeit bitten, fragen Sie sich selbst: Habe ich alle erhaltenen Anweisungen befolgt? Habe ich mich auf die wichtigsten Aspekte konzentriert? Habe ich eine klare Handlungsaufforderung formuliert? Habe ich meine Arbeit so vorbereitet, dass mein Vorgesetzter sie leicht überprüfen kann? Habe ich Antworten auf mögliche Fragen meiner Vorgesetzten parat? Habe ich mir überlegt (und mitgeteilt), was ich als Nächstes vorhabe?

Das Arbeitspensum regulieren

An einem normalen Arbeitstag wird man mit einer schier endlosen Liste von Aufgaben konfrontiert. Als Berufsanfängerin oder Berufsanfänger weiß man mitunter kaum, wie man alles korrekt erledigen *und* gleichzeitig alle zufrieden stellen soll. Sich über seine Aufgaben klar zu werden ist schon schwierig genug. Der erste Schritt besteht darin, herauszufinden, welche Aufgaben dringend und wichtig sind, damit man die richtigen Prioritäten setzt – und die Kompetenz in jeder Hinsicht erhalten bleibt.

Wie man Dringendes definiert

Dringlichkeit kennen wir alle aus der Schule: Die Aufgabe mit dem frühesten Abgabetermin ist am dringendsten; die Aufgabe mit dem spätesten Abgabetermin ist die am wenigsten dringend. Das gilt zwar auch für den Arbeitsplatz, aber hier ist die Dringlichkeit nicht nur auf Fristen beschränkt. Am Arbeitsplatz wird die Dringlichkeit durch vier Faktoren bestimmt (Abb. 9-1).

- **Zeitliche Nähe.** Beschreibt, wie viel Zeit bis zum Stichtag bleibt oder, wenn es keinen Stichtag gibt, seit wann schon auf Ihre Arbeit gewartet wird. Im Allgemeinen gilt: Je näher die Deadline oder je länger jemand anderes bereits wartet, desto dringender ist die Aufgabe.

- **Abwägen.** Beschreibt, wer an einem Projekt oder einer Initiative beteiligt ist. Im Allgemeinen gilt: Je mehr Einfluss (Macht) jemand auf Sie hat, umso dringender die Antwort. Je höher jemand in der Befehlskette steht, desto schneller sollten seine Anfragen geprüft werden, denn diese Person kann über Ihre Zukunft in der Organisation entscheiden. Und je mehr Sie sich darauf verlassen, dass jemand Ihnen einen Gefallen tut, desto dringender sollten Sie antworten, schließlich könnte die Person ihre Meinung ändern und beschließen, Ihnen nicht mehr zu helfen.

- **Ungeduld.** Beschreibt, wie schnell die anderen vorankommen wollen. Erinnern Sie sich an die unausgesprochene Regel des *Spiegelns*: Wahrscheinlich wird von Ihnen erwartet, dass Sie einer Situation dieselbe Dringlichkeit beimessen wie Ihre Kollegen.

- **Zeitsensibilität.** Beschreibt, dass eine Aufgabe mit der Zeit schwieriger oder Handlungsmöglichkeiten weniger werden, z.B. bei einer Terminvereinbarung. Je länger Sie warten und je weniger Möglichkeiten Ihnen bleiben, desto dringender die Aufgabe. Und wenn Sie eine Aufgabe haben, die erledigt werden muss, bevor anderes geschehen kann, ist diese Aufgabe umso dringlicher.

Das sollten Sie wissen

- Die Zeit reicht nie, um wirklich alles zu schaffen.
- Um seine Kompetenz zu wahren und gleichzeitig nicht den Verstand zu verlieren, gilt es, sich auf das Wichtige und Dringende zu konzentrieren.

Abbildung 9-1

Wie man entscheidet, was dringend ist

$$\text{Dringlichkeit} = \text{zeitliche Nähe} \times \text{Abwägen} \times \text{Ungeduld} \times \text{Zeitsensibilität}$$

Verbleibende Zeit bis zum Stichtag	Wer ist beteiligt	Wie schnell die anderen vorankommen wollen	Ob es mit der Zeit schwieriger wird

---

Abbildung 9-2

Wie man entscheidet, was wichtig ist

$$\text{Wichtigkeit} = \text{Bedeutung} \times \text{Abwägen} \times \text{Relevanz}$$

Die Bedeutung der Aufgabe für Ihre Funktion/Arbeitsstelle	Wer ist betroffen oder achtet darauf	Wie wichtig die Aufgabe anderen ist

---

Wie man Wichtiges definiert

Auch die Wichtigkeit ist uns allen aus der Schule bekannt: Die Aufgaben, die am meisten in die Endnote einfließen, sind am wichtigsten; die Aufgaben, die am wenigsten zählen, am unwichtigsten. Bei der Arbeit hingegen ist die Anzahl der »Punkte« für jede Aufgabe unklar, sodass es mitunter kniffliger ist, die Wichtigkeit festzustellen. Bei der Arbeit wird die Wichtigkeit durch drei Faktoren definiert (Abb. 9-2).

- **Bedeutung.** Beschreibt den Stellenwert, den eine bestimmte Aufgabe für Ihre Arbeitsstelle/Funktion hat. Jede Aufgabe bewegt sich auf einer Skala zwischen »Pflicht« und »Kür«. Je näher eine Aufgabe am »Pflicht«-Ende der Skala liegt, desto wichtiger ist es, dass Sie sie erledigen – und zwar gut.
- **Abwägen.** Beschreibt, wer dadurch betroffen ist beziehungsweise darauf achtet. Je mehr sich eine Aufgabe über Sie persönlich hinaus

auf andere Personen auswirkt und je mehr Einfluss diese Personen auf Sie haben, desto wichtiger ist sie.

- **Relevanz.** Beschreibt, wie sehr etwas für andere von Bedeutung ist. Ist eine Aufgabe von entscheidender Bedeutung für ein Projekt, das dem Team oder dem Unternehmen besonders am Herzen liegt, ist sie als wichtig einzustufen. Ein Indiz für die Relevanz eines Projekts ist die Aufmerksamkeit, die ihm von den Vorgesetzten zuteilwird. Wenn der Chef Ihres Chefs regelmäßig um Informationen bittet, gilt das Projekt wahrscheinlich als äußerst wichtig – und relevant.

Abbildung 9-3

Wie man seine Arbeit priorisiert

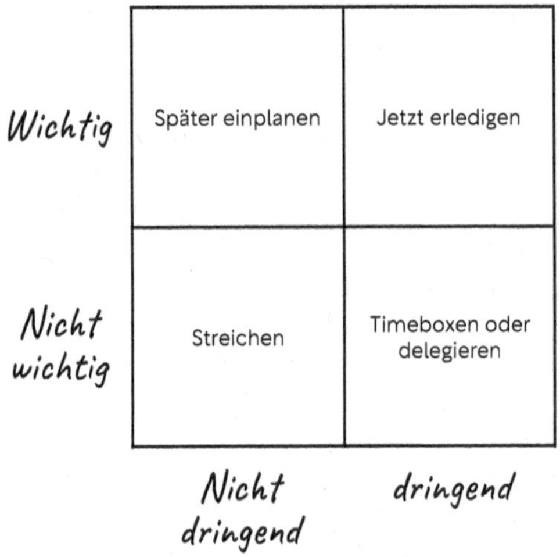

	Nicht dringend	dringend
Wichtig	Später einplanen	Jetzt erledigen
Nicht wichtig	Streichen	Timeboxen oder delegieren

Wie man Dringendes und Wichtiges priorisiert

Kombiniert man Dringlichkeit und Wichtigkeit, erhält man meine Abwandlung der sogenannten Eisenhower-Matrix (Abb. 9-3).[6]

- Wenn etwas wichtig und dringend ist, erledigen Sie es sofort.
- Wenn etwas wichtig, aber nicht dringend ist, planen Sie es für einen späteren Zeitpunkt ein.
- Wenn etwas dringend, aber nicht wichtig ist, packen Sie es in eine »Timebox« – planen Sie eine bestimmte Zeit für die Umsetzung ein und erledigen Sie es. Sollten Sie Vorgesetzter sein, delegieren Sie die Aufgabe an jemand anderen.
- Wenn etwas weder dringend noch wichtig ist, streichen Sie es aus Ihrem Leben.
- Wenn Sie mehrere Aufgaben haben, die Ihnen alle dringend und wichtig erscheinen, zwingen Sie sich, Ihre Aufgaben nach dem Grad der Wichtigkeit und Dringlichkeit zu ordnen.

Abbildung 9-4

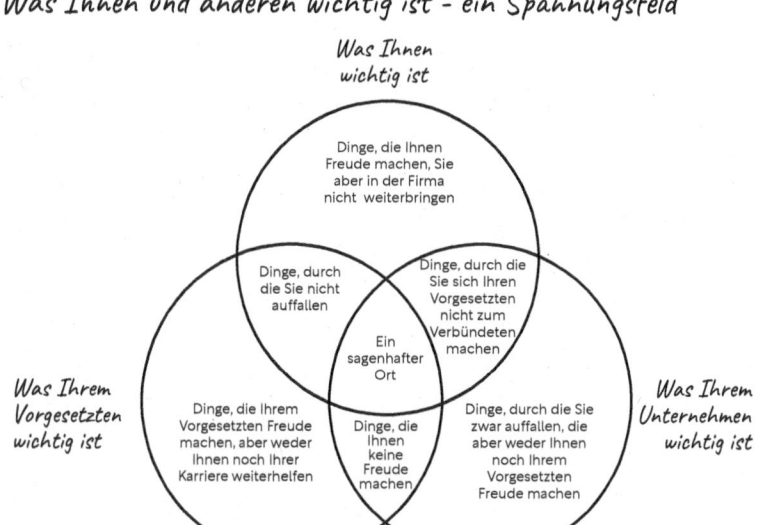

Was Ihnen und anderen wichtig ist - ein Spannungsfeld

Selbstverständlich wird in diesem Rahmen nur berücksichtigt, was aus der Sicht anderer Personen (insbesondere der Vorgesetzten) wichtig ist. Denn auch wenn dies nützlich sein kann, wenn man neu im Team und bemüht ist, seinen »KEKs« unter Beweis zu stellen, ist es auf Dauer doch nicht immer langfristig tragbar oder sogar wünschenswert für die berufliche Laufbahn. Was Ihnen wichtig ist, entspricht nicht unbedingt dem, was Ihr Vorgesetzter für wichtig hält. Was Ihrem Vorgesetzten wichtig ist, entspricht nicht unbedingt dem, was Ihr Unternehmen für wichtig hält. Was Ihrem Unternehmen wichtig ist, entspricht nicht unbedingt dem, was Sie für wichtig halten. Abbildung 9-4 zeigt das Spannungsfeld zwischen dem, was Sie für wichtig halten, und dem, was andere für wichtig halten.

Ein Bereich, in dem es zu Spannungen zwischen den verschiedenen Prioritäten kommen kann, ist die Verteilung von Aufgaben, die zu Beförderungen verhelfen, und solchen, die nicht dazu beitragen.[7] Beförderungswürdige Aufgaben unterstützen Ihr berufliches Weiterkommen, weil sie den Vorgesetzten wichtig sind, zum Beispiel die Entwicklung neuer Funktionen in einem Produkt oder die Erwirtschaftung von Unternehmensgewinn.[8] Zu den Aufgaben, die für Beförderungen nicht ins Gewicht fallen und auch als »Bürohausarbeit«[9] bezeichnet werden, gehören etwa das Protokollführen, die Bestellung des Mittagessens für eine Besprechung und die Organisation geselliger Veranstaltungen. Diese Aufgaben mögen zwar zum Allgemeinwohl beitragen, sind aber nicht unbedingt karrierefördernd, es sei denn, sie sind Teil der Stellenbeschreibung.

Die Fähigkeit, zwischen beförderungsrelevanten und anderen Aufgaben zu unterscheiden, ist insbesondere dann wichtig, wenn Sie eine Frau oder eine Person of Color sind. Studien haben gezeigt, dass PoC-Ingenieure bei ihrer Arbeit häufiger weniger erstrebenswerte Aufgaben erhalten.[10] Frauen übernehmen tendenziell häufiger freiwillig derartige »Bürohausarbeit« und werden auch öfter darum gebeten als Männer.[11] Zudem wird es ihnen negativer ausgelegt, wenn sie solche Aufgaben ablehnen – und für ein »Ja« erhalten sie weniger Anerkennung, als das bei Männern der Fall ist.[12]

Wie viele Gedanken Sie an derartige Aufgaben verschwenden sollten, hängt natürlich immer von den Umständen ab. Wenn Sie eine Aufgabe von einem einflussreichen Vorgesetzten erhalten, ist das etwas anderes, als wenn ein Kollege Sie um etwas bittet. Die Organisation von Teamveranstaltungen ist für einen Verwaltungsassistenten etwas anderes als für einen Ingenieur. Wird man als Neuling, der noch seinen »KEKs« unter Beweis zu stellen versucht, zum Protokollieren aufgefordert, ist das etwas anderes, als wenn man nicht mehr die unerfahrenste Person im Team ist.

Was tun? Analysieren Sie die Vor- und Nachteile: Ist der Nutzen einer solchen freiwilligen Tätigkeit größer als die Kosten? Können Sie dabei sich und Ihre Einsatzbereitschaft beweisen, etwas Neues lernen, mehr Kontakte knüpfen oder jemandem helfen? Was könnten Sie sonst noch mit Ihrer Zeit anfangen? Melden Sie sich, wenn es sich rentiert. Wenn nicht, lassen Sie anderen den Vortritt. Die Gelegenheit könnte schließlich für jemand anderen wertvoll sein, auch wenn es sich für Sie nicht lohnt. Wenn Sie feststellen, dass Ihnen im Büro dauernd derartige Fleißarbeiten zugewiesen werden, schlagen Sie vor, was mir ein Berater für Vielfalt und Integration riet: Empfehlen Sie Ihrem Vorgesetzten die Einrichtung eines Rotationssystems im Team, bei dem sich beispielsweise alle beim Mitschreiben in Besprechungen abwechseln. Und halten Sie sich an den vereinbarten Plan, auch wenn andere das nicht tun. Wie mir eine weibliche Führungskraft aus dem Versicherungswesen sagte: »Stützen Sie sich auf andere. Springen Sie nicht für andere ein, wenn diese eigentlich an der Reihe wären. Wenn etwas nicht erledigt wird, ist das in Ordnung. Andernfalls gehen manche Männer einfach davon aus, dass das Mädchen sich schon darum kümmern wird, wenn sie die Arbeit schleifen lassen. Das darf man nicht durchgehen lassen.« Und wenn die Aufgaben trotzdem wieder bei Ihnen landen, versuchen Sie, einen dringenderen und wichtigeren Auftrag zu finden. So können Sie sagen: »Ich würde ja gerne, aber ich helfe Brian gerade bei einem wichtigen Kundenseminar. Für Caleb oder Rob könnte das aber eine tolle Gelegenheit sein, da sie sich für ... interessieren. Haben Sie sie gefragt?« Anstatt die Antwort also wie ein »Ich will das nicht« wirken zu lassen (was so aussehen könnte, als wären Sie nicht engagiert und nicht teamfähig), ist es dadurch möglich, die Antwort anders zu framen: »Ich würde gerne helfen, aber die Umstände lassen es leider nicht zu.« Halten Sie vorsichtig, aber beharrlich dagegen.

Auch wenn es hier darum geht, was *Sie* tun können, wenn Sie mit einer unangemessenen Aufgabenverteilung im Büro konfrontiert sind, sollten Sie sich darüber im Klaren sein, dass die Verantwortung für eine gerechtere Verteilung der Arbeit nicht nur bei Ihnen liegen sollte. Die Verantwortung, für Chancengleichheit zu sorgen liegt, bei allen – auch bei Ihrem Vorgesetzten und Ihren Teamkollegen (insbesondere bei den Männern). Es reicht nicht aus, von Frauen oder People of Color zu erwarten, dass sie vermehrt »Nein« sagen. Auch die Männer müssen mit anpacken und Verantwortung übernehmen.

Wie man mit Prioritäten jongliert

Obgleich das Fokussieren auf die dringendsten und wichtigsten Prioritäten hilfreich ist, reicht dies selten aus. Man kann zwar beispielsweise zehn Aufgaben auf vier reduzieren, aber wenn alle vier gleich dringend und wichtig sind, hat man immer noch nicht genug Zeit, um alles zu erledigen – und das auch noch gut. Solche Situationen sind völlig normal, damit müssen Sie immer rechnen. Im Folgenden gehen wir einige Strategien durch, die sich für mich und andere als hilfreich erwiesen haben.

Vermeiden Sie Überraschungen

Crystel, die im Rahmen einer politischen Kampagne im Außendienst tätig war, war für ungefähr alles zuständig. Und alles kam ihr sowohl dringend als auch wichtig vor: Anwerbung und Betreuung von Freiwilligen, Vorbereitung und Analyse von Wählerdaten und manchmal sogar politische Beratung.

Als sie eines Abends ihr Essen zum Mitnehmen abholte, erhielt Crystel einen Anruf von ihrem Chef, dem Leiter des Wahlkampfbereichs. 50 Freiwillige sollten von Haus zu Haus gehen, und dafür wurde eine Karte mit den zu besuchenden Adressen benötigt. Die ganze Woche über hatte Crystel die Karten vorbereitet und auch einige Tablets bestellt, um die üblichen gedruckten Exemplare zu ersetzen. Aber ihr Chef fand die Tablets nicht.

Als Crystel ihre E-Mails durchging, fand sie eine Versandaktualisierung für die bestellten Tablets: Die Lieferung hatte sich bis zum nächsten Abend verzögert. Ihr Herz raste. Sie war so mit der Organisation der Wählerdaten beschäftigt gewesen, dass sie vergessen hatte, die Sendung im Auge zu behalten.

Sie erklärte ihrem Chef die Situation, während sie zum Wahlkampfbüro zurücklief. Als sie dort ankam, waren bereits einige der freiwilligen Helfer eingetroffen.

Da Crystel und ihre Kollegen davon ausgegangen waren, dass alle mit Tablets arbeiten würden, hatten sie keine Karten ausgedruckt. In der folgenden halben Stunde trafen noch mehr Ehrenamtliche ein, während Crystel und ihr Chef sich verzweifelt bemühten, die Karten zu exportieren, die Klemmbretter zu finden, zur örtlichen Druckerei zu fahren, um die Listen zu drucken, und die Helfer einzuteilen. Am Ende schaffte Crystel, das Problem zu lösen, aber die 50 Freiwilligen mussten weiter warten.

Crystels Problem war nicht, dass die Tablets nicht rechtzeitig geliefert wurden. Das Problem war vielmehr, dass sie ihren Chef nicht so schnell wie möglich vorgewarnt und einen Plan zur Lösung des Problems präsentiert hatte, und zwar bevor es sich auf andere auswirkte. Angenommen, Crystel hätte ihrem Vorgesetzten stattdessen Folgendes mitgeteilt:

Hallo, ich habe gerade die Sendungsverfolgung für die Tablets überprüft. Die Lieferung verzögert sich, möglicherweise trifft die Bestellung erst am Tag nach der Kampagne am Donnerstag ein. Es gibt drei Möglichkeiten: (1) Ich kann versuchen, bei einem anderen Geschäft zu bestellen, das die Tablets rechtzeitig liefern kann, und die verspätete Lieferung dann später zurückschicken, (2) ich bestelle vor Ort und hole sie mit dem Auto ab, oder (3) wir greifen am Donnerstag auf Stift und Papier zurück. Alle drei Möglichkeiten sind machbar, aber nach den Informationen, die ich in den nahe gelegenen Elektronikmärkten eingeholt habe, könnte uns Option 2 insgesamt 300 Dollar teurer kommen. Ich denke, uns bleibt genug Zeit, um zuerst Option 1 auszuprobieren. Was halten Sie davon?

Hätte Crystel ihren Vorgesetzten so schnell wie möglich informiert, hätte sich dieser für eine vorgeschlagene Möglichkeit entschieden und beide hätten sich um anderes kümmern können. Crystel ließ einen Sachzwang zum Problem werden, weil sie ihren Vorgesetzten mit einer überraschenden Situation konfrontierte. Entscheidend ist, dass man tut, was man zugesagt hat.

Letztendlich läuft alles auf die Erwartungen hinaus – und darauf, ob man sie über- oder unterschreitet. Abbildung 9-5 zeigt, wie sich der Unterschied zwischen der tatsächlichen und der erwarteten Leistung auf die Wahrnehmung der anderen auswirkt.

Es gibt keine Übermenschen. Jeder weiß, dass es in jeder Situation Zielkonflikte gibt. Wenn ein Vorgesetzter anderen Managern oder Kunden Versprechungen macht, behauptet er vielleicht, dass die Arbeit kostengünstig, schnell oder qualitativ hochwertig erledigt werden kann. Zwei dieser Zusagen kann man vielleicht erreichen, aber nur sehr selten alle drei. So ist es auch bei Ihrer Arbeitsstelle. Wenn Ihr Vorgesetzter eine Tätigkeit, die einen Tag in Anspruch nimmt, in einer Stunde erledigt haben möchte, werden Sie Kompromisse machen müssen. Im Allgemeinen stößt man auf Verständnis, solange man nicht wirkt, als würde das Zu-kurz-Kommen auf mangelnder Einsatzbereitschaft beruhen, sondern offensiv vorgeht, die nötigen Kompromisse anspricht und vernünftige Erklärungen abgibt. Dadurch stellt man die Sachlage so dar, dass bei den anderen ankommt: »Ich bin engagiert, aber mir sind die Hände gebunden, deshalb bleiben die folgenden Optionen«.

Abbildung 9-5

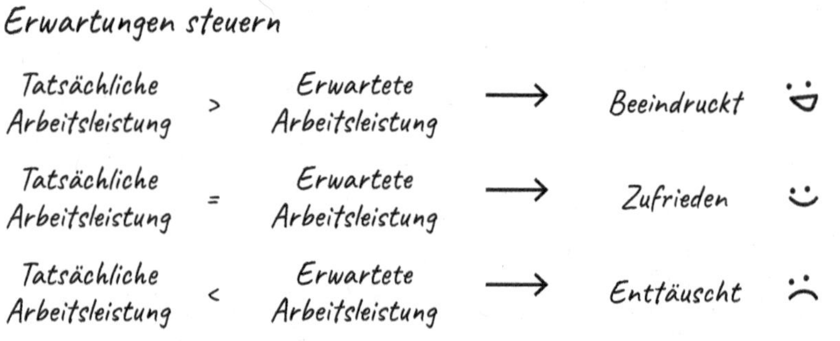

Erwartungen steuern

Tatsächliche Arbeitsleistung	>	Erwartete Arbeitsleistung	⟶	Beeindruckt	☻
Tatsächliche Arbeitsleistung	=	Erwartete Arbeitsleistung	⟶	Zufrieden	☺
Tatsächliche Arbeitsleistung	<	Erwartete Arbeitsleistung	⟶	Enttäuscht	☹

Eine Warnung: Es ist zwar vorteilhaft, mehr zu leisten als man ver-spricht, aber die ausgesendeten Signale müssen auch überzeugend sein. Wie bereits erwähnt, vermittelt alles, was Sie tun oder nicht tun, ein Signal – und jedes Signal trägt dazu bei, dass andere einen Eindruck davon bekommen, wie kompetent, einsatzbereit und kompatibel Sie sind. Doch Ihre Handlungen senden nicht nur Signale aus. Mit der Zeit entwickeln sich aus diesen Signalen *Verhaltensmuster*. Wenn andere Ihr Verhalten mit dem Satz »Wenn … immer …« beschreiben können, haben Sie ein Verhaltensmuster etabliert (zum Beispiel wurde mir ein-mal von einem Jugendbetreuer in einem Krankenhaus ein Verhaltens-muster mit den Worten geschildert: »*Wenn* ein Patient Hilfe braucht, findet Saba *immer* eine Ausrede, um wegzugehen.«). Entwickeln Sie ein Verhaltensmuster, das sich dadurch auszeichnet, dass Sie die Per-son sind, die Ihre Teammitglieder nie überrascht. An einem Geburtstag sind Überraschungen zwar ganz witzig, nicht aber, wenn es um gebro-chene Versprechen und verpasste Fristen geht.

Verhaltensmuster wahrnehmen und steuern

Schon in der Grundschule haben wir gelernt: Wenn man uns drei Krei-se zeigt, auf die ein Quadrat folgt, und wir dann wieder drei Kreise sehen, sollte als Nächstes ein weiteres Quadrat folgen. Dabei handelt es sich um die Fähigkeit, Muster zu erkennen. Das Erkennen von Mus-tern ist allerdings keineswegs Kinderkram. Es ist eine Kompetenz fürs Leben, die einem nicht nur das Arbeiten erleichtert, sondern auch dabei hilft, seine Arbeit – und das Leben! – besser zu strukturieren.

Schauen wir uns einige Strategien an.

Erwartungen steuern

Eine Überraschung steht ins Haus? Mit folgenden Formulierungen steuert man die Erwartungen anderer.

Wenn Sie etwas nicht versprechen können, versuchen Sie es mit: »Ich helfe gerne, aber ich habe _____, und das kollidiert mit _____, weil _____. Ginge vielleicht auch _____?«

Wenn Sie sich möglicherweise verspäten, bietet sich folgende Formulierung an: »In meinem Kalender habe ich _____ genau vor _____, deshalb verspäte ich mich wahrscheinlich um _____ Minuten. Wäre das noch in Ordnung?«

Wenn Sie eine Abgabefrist nicht einhalten können, versuchen Sie es mit: »Aufgrund von _____ und _____ schaffe ich es wahrscheinlich leider erst ___, ___ fertigzustellen. Könnten wir ____?«

Falls Sie unsicher sind, ob Sie eine bestimmte Erwartung erfüllen können, klären Sie das im Vorhinein ab, etwa so: »Aufgrund von _____ kann ich ___ bis ___ erledigen oder aber ___ bis ___ Was wäre Ihnen lieber?«

Falls sich Ihre Pläne geändert haben, bietet sich folgende Formulierung an: »Ich wollte Sie darüber informieren, dass _____. Dies könnte sich auf _____ auswirken und _____ erforderlich machen. Ich halte Sie auf dem Laufenden, wollte aber jetzt schon einmal Bescheid sagen.«

Problemen auf den Grund gehen. Wenn Sie sich mit einem Problem befassen, sorgen Sie dafür, dass Sie es nicht lösen, nur um dann später mit einer ähnlichen Variante desselben Problems konfrontiert zu werden. Finden Sie heraus, warum das Problem überhaupt aufgetreten ist, um zu verhindern, dass es wieder ähnliche Schwierigkeiten verursacht.

Bei seinem täglichen Rundgang durch die Tomatenreihen fiel dem landwirtschaftlichen Betriebsleiter Isaiah auf, dass sich an einer der Pflanzen einige Blätter gelb verfärbt hatten. Da die Vegetationsperiode sehr trocken war, bewässerte Isaiah die Pflanze, war dann aber so mit seinen anderen Aufgaben beschäftigt, dass er die Sache vergaß. Einige Tage später bemerkte Isaiah, dass auch noch andere Pflanzen gelb geworden waren. Wieder bewässerte Isaiah die Pflanzen. Eine Woche später tauchte Isaiahs Chefin auf, um den Betrieb zu inspizieren. Der fielen die gelben Flecken sofort auf.

»Isaiah, warum sind Blätter an diesen Tomaten gelb?«

»Das weiß ich nicht genau.«

»Haben Sie sie gegossen?«

»Ja.«

»Haben Sie NPK-Dünger ausgebracht?«

»Ja.«

»Haben Sie den Nährstoffgehalt überprüft?«

»Nein.«

»Haben Sie den pH-Wert getestet?«

»Nein.«

»Haben Sie nach Schädlingen gesucht?«

»Nein.«

»Haben Sie die betroffenen Pflanzen denn isoliert?«

»Nein.«

»Haben Sie sich bei Landwirten in der Gegend erkundigt, ob bei ihnen ein ähnliches Problem aufgetreten ist?«

»Nein.«

»Wann haben Sie das Problem bemerkt?«

»Vor einer Woche.«

»Isaiah! Worauf warten Sie denn?!«

Isaiah erklärte, er sei damit beschäftigt gewesen, den Traktor zu reparieren, die Landarbeiter anzuweisen und die Bewässerungsfirma anzurufen. Er ergänzte, dass er beobachten wollte, wie sich die gelb verfärbten Pflanzen entwickeln würden. Das gefiel seine Chefin gar nicht. Sie berichtete mir:

Hinter Verfärbungen können zahlreiche Ursachen stecken, angefangen bei einem kleinen Bewässerungsproblem bis hin zu einer schweren Infektion. Der Lebenszyklus einer Pflanze beträgt nur etwa sechs Wochen. Eine Woche Untätigkeit ist also eine lange Zeit. Man muss die betroffenen Pflanzen sofort aussortieren, bevor sich das Problem auf den gesamten Betrieb ausbreitet. Da kann man nicht einfach

»Weiß nicht genau« sagen und abwarten. Man muss die Lage in den Griff bekommen.

Viele andere Führungskräfte haben mir etwas Ähnliches gesagt: Wenn man ein negatives Muster erkennt, sei es eine sich wiederholende Fehlermeldung, mehrere Kundenbeschwerden oder eine regelmäßige Fehlfunktion der Geräte, ist es wichtig, das Problem nicht nur einfach zu beobachten oder auszubessern, sondern *die zugrunde liegende Ursache zu beheben.*

Andernfalls tritt das negative Muster möglicherweise erneut auf, und man verschwendet wertvolle Zeit damit, nur noch weitere Symptome zu beheben. Wenn Sie feststellen, dass ein Problem zweimal auftritt, lassen Sie es nicht ein drittes Mal zu. Um die eigentliche Ursache zu ermitteln, fragen Sie: »Warum passiert das?« Fragen Sie dann so lange »Warum?«, bis Sie die Grundursache herausgefunden haben. Sobald Sie eine Vermutung haben, was los ist, berichten Sie Ihrem Vorgesetzten, was Sie herausgefunden haben.

Zum Beispiel:

> Hallo _____,
>
> ich habe mich genauer mit _____ beschäftigt und vermute
> _____ Wäre es angebracht, wenn ich _____? Das wäre
> mein Vorschlag, weil _____.
>
> Vielen Dank,
>
> _____

Und dann beschäftigen Sie sich so lange mit dem Problem, bis Sie nicht nur der Ursache auf den Grund gegangen sind, sondern Ihrem Vorgesetzten auch noch einige Lösungsvorschläge unterbreiten können.

Etwa so:

> Hallo _____,
>
> ich wollte Sie gerne in Sachen _____ auf den neuesten Stand bringen. Ich habe mich ausführlicher damit befasst und herausgefunden, dass _____ Die Lösungsmöglichkeiten wären _____ oder _____. Aufgrund von _____, schlage ich _____ vor, wollte mich aber gerne mit Ihnen darüber austauschen. Halten Sie diese Maßnahme für sinnvoll? Falls ich bis _____ nicht von Ihnen höre, werde ich so vorgehen. [Eine Rückmeldefrist sollten Sie nur dann setzen, wenn Ihr Vorgesetzter nicht immer schnell antwortet und Sie sich bereits genügend Spielraum erarbeitet haben.]
>
> Mit freundlichen Grüßen,
>
> _____

Als Neuling verfügt man vielleicht nicht über das nötige Hintergrundwissen, um die Ursache selbst zu finden. Das ist völlig in Ordnung. Und wenn man in einem Team arbeitet, ist man eventuell auch nicht in der Lage, die Ursache allein zu beheben. Auch das ist in Ordnung. Wichtig ist, dass Sie das Problem so weit wie nur möglich in den Griff bekommen – und das beginnt damit, dass Sie verstehen, was wirklich vor sich geht.

Mustern vorgreifen. Die Gewohnheiten der Menschen, mit denen Sie zusammenarbeiten, sind mehr als nur Gewohnheiten; sie sind Verhaltensmuster und bieten damit verborgene Möglichkeiten, die Kontrolle über die Situation zu ergreifen, bevor die Situation die Kontrolle über Sie übernimmt. Wenn der Vorgesetzte Ihres Vorgesetzten die Angewohnheit hat, am Tag nach einem Feiertag Alarm zu schlagen (also kurzfristige, dringende und wichtige Anfragen zu bringen, die Ihre ungeteilte Aufmerksamkeit erfordern), ist es gegebenenfalls sinnvoll, sich den Tag mehr oder weniger freizuhalten, um auf die erwartbare Hektik reagieren zu können. Wenn Ihr Vorgesetzter sich gewohnheitsmäßig jeden Freitag nach dem aktuellen Stand des Projekts erkundigt, überlegen Sie, ob es sinnvoll sein könnte, ihm vor dem nächsten Freitag ein Update anzubieten. Wenn ein Kollege die Angewohnheit hat, morgens zwischen 7 und 8 Uhr auf E-Mails zu antworten, planen Sie den Versand Ihrer nächsten E-Mail doch so, dass er sie bekommt, wenn er am ehesten antwortet.

Die Strategie, immer einen Schritt voraus zu sein, funktioniert nicht nur bei Vorgesetzten. Ein freiberuflicher Projektmanager erzählte mir, dass er immer, wenn mehrere Kunden nach etwas Ähnlichem fragen (z.B. nach einem Arbeitsplan für das Management eines bestimmten Designprojekts), eine Vorlage anfertigt. Das funktioniert auch bei E-Mails. Wenn Sie merken, dass Sie immer wieder die gleichen Nachrichten verschicken, machen Sie es sich so einfach wie möglich, indem Sie auf Copy/Paste klicken. Auf diese Weise gewinnen Sie Zeit für wichtigere und dringendere Angelegenheiten und müssen nicht jede Aufgabe von vorne beginnen.

Sich klar ausdrücken

Bei der Arbeit in einem Team kann man nicht immer selbst bestimmen, wie man eine dringende und wichtige Aufgabe in Angriff nimmt. Man muss mit anderen Menschen kommunizieren und sich auf sie verlassen. Dabei gibt es jedoch ein Problem: Nur weil Sie kommunizieren, heißt das noch lange nicht, dass Sie Ihr Anliegen Ihrem Gegenüber auch wirklich verständlich machen. Um Ihre Botschaft möglichst gut zu vermitteln und letztendlich das Gewünschte zu bekommen, ist es hilfreich, die folgenden Annahmen im Hinterkopf zu behalten:

- Andere wissen nicht, was Sie wissen.
- Man hat Ihre Mitteilungen nicht gelesen.
- Wenn Sie sprechen, schenkt man Ihnen nicht die ungeteilte Aufmerksamkeit.
- Man erinnert sich nicht an das, was Sie gesagt haben, oder worauf man sich geeinigt hat.
- Nicht jeder verfügt über dasselbe Maß an Zeit oder Aufmerksamkeitsspanne wie Sie.

Schützen, was einem heilig ist

Arbeit und Leben ins Gleichgewicht zu bringen, ist nicht einfach – vor allem, wenn man unterschiedliche Prioritäten unter einen Hut bringen muss oder von zu Hause aus arbeitet.

Bobby, ein Vertriebsmitarbeiter, den ich interviewt habe, erzählte mir, wie schnell seine persönliche Routine aus den Fugen geriet, als er von zu Hause aus zu arbeiten begann und nebenbei noch ein Start-up auf die Beine stellte. Zunächst ließ er seine morgendliche Joggingrunde ausfallen, um sich seinen E-Mails zu widmen. Dann arbeitete er abends immer länger, um seinen Posteingang für den nächsten Tag zu leeren. Anschließend wurden seine selbstgekochten Mahlzeiten durch Pizza, Limonade und Bier verdrängt. Schon bald fühlte er sich wie der letzte Dreck.

Bobbys Partnerin, eine überzeugte Verfechterin der Achtsamkeit, ermutigte ihn zu Meditation und Atemübungen. Wenige Wochen später suchte Bobby einen Therapeuten auf. Wiederum einige Wochen später aß er mehr Gemüse statt Pizza, trank mehr Wasser und trieb wieder Sport. Irgendwann war Bobby wieder ganz der Alte, nur dass er diesmal neue, produktivere Verhaltensmuster an den Tag legte, indem er beispielsweise Aufgaben dann erledigte, wenn er die meiste Energie hatte, jeden Tag um 17:30 Uhr Feierabend machte und sich an einen festen Schlafrhythmus hielt. Bobby erkannte, dass er sich immer dann schlecht fühlte, wenn er ungesund aß und nicht ausreichend schlief, und dass er immer dann am leistungsfähigsten war, wenn er gut schlief und Sport trieb. Schnell erkannte er, welche Gewohnheiten seinem Geist und seinem Körper gut taten – und welche nicht. Letztlich ging es also um das Erkennen von Mustern – und um den Schutz dessen, was heilig ist: Bobby nannte es sein emotionales Immunsystem.

Nisha, eine Verwaltungsfachangestellte an einer Universität und Mutter eines kleinen Kindes, kommunizierte über ihre Verhaltensmuster bereits, bevor sie ihren Job antrat:

> Mir ist mein Muttersein sehr wichtig, deshalb habe ich meinen Vorgesetzten gesagt, dass meine Familie an erster Stelle steht. Wenn die Universität mich haben wollte, bekämen sie damit auch meine ganze Familie – und wenn es nicht ginge, dass ich freitags von zu Hause aus arbeitete und früh käme und früh ginge, würde es mit diesem Arbeitsplatz auch nicht klappen. Als ich anfing, erinnerte ich die anderen daran, damit es keine Überraschungen gab.

Ich habe deutlich gemacht, dass ich meine Arbeit nach wie vor gut mache, nur eben nach einem anderen Zeitplan.

Von Nisha habe ich eine weitere Lektion gelernt: Man braucht es nicht allein zu schaffen. Wenn Nisha den Vorgesetzten, die Abteilung oder den Arbeitsplatz wechselte, suchte sie immer sofort nach Kolleginnen und Kollegen in einer ähnlichen Situation, mit denen sie sich verbünden konnte, um das zu schützen, was ihr heilig war. Oft genügte eine Frage wie: »Hallo, habe ich das richtig mitbekommen, dass Sie auch Arbeit und _____ unter einen Hut bringen müssen? Ich hätte gerne Ihren Rat, wie Sie das hinbekommen haben.« Und bald schon hatte sie zahlreiche Verbündete.

Machen Sie sich keine Sorgen, wenn Sie keine Mitstreiter finden und Ihre Erwartungen nicht im Voraus geklärt haben. Es ist nie zu spät. Denken Sie daran, was mir ein Experte für Vielfalt und Integration gesagt hat: Warten Sie, bis Sie zwei handfeste positive Rückmeldungen von Ihrem Vorgesetzten erhalten haben. Dann sprechen Sie ihn (oder sie) an, erläutern Sie die Umstände, auf die Sie keinen Einfluss haben, teilen Sie mit, was Sie bereits zur Lösung des Problems unternommen haben, und erklären Sie, dass Sie bereit sind, dasselbe Engagement an den Tag zu legen wie die anderen auch – aber eben zu Ihren eigenen Bedingungen:

> Übrigens hatte ich gehofft, dass Sie mir einen Tipp zu einem Problem geben könnten: Mir war nicht bewusst, dass der Straßenverkehr derartig schlimm ist, dass man volle zwei Stunden (statt einer) im Stau steht, wenn man eine halbe Stunde später losfährt (um 17:00 Uhr statt um 16:30 Uhr). Mit anderen Strecken und mit Fahrgemeinschaften habe ich es schon versucht. Ich würde gerne mit Ihnen eine Lösung finden, damit ich schon um 16:30 Uhr losfahren und meine Arbeit trotzdem erledigen kann. Ob es möglich wäre, dass ich früher anfange oder später am Abend noch einmal Arbeitszeit anhänge?

Glücklicherweise haben immer mehr Unternehmen erkannt, dass es nicht auf den *Input* ankommt (wie intensiv man zu arbeiten scheint), sondern auf den *Output* (die Ergebnisse der Arbeit). Wenn Ihr Unternehmen noch in der Vergangenheit feststeckt, sollten Sie behutsam und mit Nachdruck auf die Erfüllung Ihrer Forderungen drängen.

Was können Sie also tun? Versuchen Sie es mit den folgenden Strategien:

- Beginnen Sie die Darstellung eines Sachverhalts mit den Hintergrundinformationen und verwenden Sie einen erläuternden Einleitungssatz, etwa: »Der Hintergrund ist …«, »Der Zusammenhang ist …«, oder »Ziel des Ganzen ist …«
- Beim Erörtern eines komplizierteren Sachverhalts beginnen Sie mit dem Hauptargument und beschränken Sie sich auf drei stützende Nebenargumente.
- Beim Austausch von E-Mails oder Dokumenten fassen Sie Ihre Nachricht so kurz wie möglich.
- Wenn Sie mehrere Punkte ansprechen oder lange reden, machen Sie gelegentlich eine Pause und lassen Sie andere zu Wort kommen oder Fragen stellen, ehe Sie fortfahren.

Abgesehen von dem, *was* Sie sagen, ist es genauso wichtig, *wie* Sie es ausdrücken. In Tabelle 9-1 sind einige Vorschläge aufgeführt, wie Sie Ihre Botschaft vermitteln können.

Da haben Sie also einen Fehler gemacht. Was nun?

Wir alle machen Fehler; dadurch lernen und wachsen wir. Wer keine Fehler macht, strengt sich womöglich nicht genug an. Und am Arbeitsplatz braucht man sich in der Regel nicht so sehr darüber den Kopf zerbrechen, *ob* man einen Fehler macht, die Frage lautet vielmehr, *welchen.* In Abbildung 9-6 werden verschiedene Fehlertypen aufgeführt und miteinander verglichen.

Selbstverständlich sind einige Fehler schlimmer als andere. Aber solange Sie nicht versehentlich ein Katzenvideo in die Präsentation Ihres Vorstandsvorsitzenden einblenden, brauchen Sie sich wohl nicht allzu viele Sorgen machen – Ihre Kollegen haben wahrscheinlich schon Schlimmeres gesehen. Fakt ist: Manche Fehler sind einfach unumkehrbar. So schlimm die Situation auch sein mag, man kann sie nicht mehr ändern. Bleibt nur, sich zu entschuldigen, zu erklären, was passiert ist, und mitzuteilen, was man künftig anders machen wird, um den Fehler zu vermeiden. Wenn man seine Kompetenz und Einsatzbereitschaft unter Beweis stellen will, geht es nicht darum, keine Fehler zu machen. Es geht darum, zu den Fehlern zu stehen, sie mit Anstand wiedergutzumachen und denselben Fehler nicht noch einmal zu machen. In Abbildung 9-7 finden Sie Vorschläge, wie Sie auf verschiedene Arten von Fehlern angemessen reagieren können.

Tabelle 9-1

Effektive Kommunikation, um das Gewünschte zu erreichen

Haben Sie ...	Versuchen Sie ...
... viele Daten oder Einzelheiten miteinander zu vergleichen	... ein Diagramm, Schaubild oder eine Tabelle anzufertigen
... einen schwer nachvollziehbaren Gedanken	... ein Bild, eine Skizze, ein Modell oder ein Beispiel vorzustellen
... eine bearbeitete Version eines Dokuments	... mit der Funktion »Änderungen nachverfolgen« zu arbeiten und mithilfe von Kommentaren Ihren Gedankengang zu erläutern
... bestimmte Details in einem anderen Dokument, auf die Sie sich beziehen wollen	... einen Screenshot oder die Originaldatei mitzuschicken, wo die relevanten Abschnitte hervorgehoben sind
... Informationen aus einer bestimmten Quelle, auf die andere womöglich zurückgreifen wollen	... den Link zu der Internetseite zu teilen
... eine Datei, die so formatiert ist, dass sie auf verschiedenen Endgeräten unter Umständen unterschiedlich dargestellt wird	... die Datei als PDF abzuspeichern und zu verschicken
... eine Datei, die von anderen bearbeitet werden können muss	... die Datei als editierbare Datei abzuspeichern und zu verschicken
... eine Entscheidung, die Sie dokumentieren wollen, um Missverständnisse auszuschließen	... mit einer E-Mail die Entscheidung zu dokumentieren
... viele Einzelheiten, die andere durchgehen, überdenken oder kommentieren sollen	... eine Datei zu verschicken, die die anderen in ihrem Tempo durchgehen können (und vereinbaren Sie gegebenenfalls einen Gesprächstermin zum Nachfassen)
... ein kompliziertes, kontroverses oder diskussionsbedürftiges Thema	... einen Telefontermin oder ein Treffen zu vereinbaren
... ein Meeting zu planen	... eine Terminanfrage zu verschicken, in der Zeit, Datum und die Art des Treffens deutlich formuliert sind
... eine Entscheidung zu treffen, der mehrere Personen zustimmen müssen	... mit den jeweiligen Personen einzeln Rücksprache zu halten und dann die Idee der Gruppe als Ganzes vorzustellen

Abbildung 9-6

Verschiedene Fehlertypen

Keine Fehler	sind besser als	Fehler.
Sichere Fehler	sind besser als	gefährliche Fehler.
Kleine Fehler	sind besser als	große Fehler.
Unauffällige Fehler	sind besser als	auffällige Fehler.
Fehler, die man zum ersten Mal macht	sind besser als	Fehler, die einem wiederholt unterlaufen.

Abbildung 9-7

Über den Umgang mit unterschiedlichen Fehlertypen

	Umkehrbar	Unumkehrbar
Auffällig	(1) Sich entschuldigen, (2) erklären, was passiert ist, (3) erläutern, wie man denselben Fehler künftig vermeiden will, (4) einen Plan zur Behebung des Fehlers vorlegen, (5) denselben Fehler in Zukunft unbedingt vermeiden.	(1) Sich entschuldigen, (2) erklären, was passiert ist, (3) erläutern, wie man denselben Fehler künftig vermeiden will, (4) einen Plan zur Schadensbegrenzung vorschlagen, (5) denselben Fehler in Zukunft unbedingt vermeiden.
Unauffällig	(1) Problem beheben, (2) bereit sein, sich zu entschuldigen und auf Nachfrage zu erklären, was passiert ist, (3) denselben Fehler in Zukunft unbedingt vermeiden.	(1) Den Schaden soweit als möglich begrenzen, (2) bereit sein, sich zu entschuldigen und auf Nachfrage zu erklären, was passiert ist, (3) denselben Fehler in Zukunft unbedingt vermeiden.

Auch wenn wir in diesem Kapitel verschiedene Denkweisen und Strategien aufzeigen, wie man als Einzelner sein Arbeitspensum bewältigen kann, darf man nicht vergessen, dass man nicht alles selbst in der Hand hat. Es ist zwar Ihre Aufgabe, sich um Ihre seelische Gesundheit zu kümmern, aber die Ihrer Vorgesetzten (und deren Vorgesetzten), für Arbeitsbedingungen zu sorgen, die für das geistige Wohlbefinden aller förderlich sind.

In der Wirtschaft wird oft gesagt, dass die Arbeitskultur von oben her bestimmt wird. Das stimmt auch. Wenn die Führungskräfte eines Unternehmens regelmäßig Panikmache betreiben, wird es für ihre Untergebenen (und *deren* Untergebene) schwierig, sich dagegen zu wehren. Und wenn diese Unternehmenskultur dann nach und nach zu denjenigen durchsickert, die am wenigsten Einfluss haben, führt das irgendwann zu der Einstellung: »Na ja, so haben wir das hier eben immer schon gemacht.«

Kurzfristig ist diese Beobachtung vielleicht entmutigend (vor allem, wenn man sich selbst in einem solchen Umfeld befindet), aber ich hoffe, dass sie sich auf lange Sicht als Ermutigung erweisen kann. Denn heute hat vielleicht jemand anderes das Sagen, aber in absehbarer Zeit werden Sie das sein. Und wenn es so weit ist, sind Sie für die seelische Gesundheit Ihres Teams verantwortlich. Denken Sie daran, was für Sie persönlich funktioniert hat – und was nicht. Wenn bei Ihnen alles gut gelaufen ist, lernen Sie von denen, bei denen das nicht der Fall war. Irgendwann ist es an Ihnen, eine Unternehmenskultur zu prägen. Schaffen Sie eine, auf die Sie stolz sein können!

Ausprobieren!

- Priorisieren Sie Dringendes und Wichtiges. Überlegen Sie im Vorfeld, wie dringend und wichtig eine Aufgabe im Vergleich zu den anderen anstehenden Angelegenheiten ist.
- Vermeiden Sie Überraschungen. Steuern Sie die Erwartungen anderer, indem Sie offen und vorausschauend darlegen, was Sie angesichts der gegebenen Sachzwänge leisten können und was nicht.
- Bringen Sie Ihren Standpunkt klar zum Ausdruck. Überlegen Sie genau, wann und wie Sie etwas mitteilen, damit Ihre Botschaft möglichst gut ankommt und verstanden wird.
- Behalten Sie Muster im Blick. Identifizieren Sie sich wiederholende Elemente in Ihrem Umfeld und finden Sie heraus, was Sie tun können, damit diese Muster für – und nicht gegen – Sie arbeiten.

REGELN

Wie man mit allen gut auskommt

Zwischenmenschliche Beziehungen verstehen

»Was machen Sie denn da? Finger weg!«, schnauzte Sue, die Abteilungsleiterin.

Alison erstarrte. Sie war gerade dabei, in ihrer Pause den Materialschrank aufzuräumen, als Sue in der Tür erschien. »Ach so, also...«, stammelte sie. *Ich wollte doch bloß die leeren Kartons wegwerfen*, dachte sie, nachdem Sue davongestürmt war. *Was ist schon groß dabei?*

Als Alison am nächsten Morgen mit ihrem Vorgesetzten Michael sprach, tauchte Sue wieder auf. »Das hättest du nicht tun sollen«, knurrte sie.

Alison war verwirrt. »Es tut mir leid. Warum?« Sie sah Michael an, der schwieg.

»Hattest du nichts zu tun? Warum hast du den Schrank aufgeräumt?«

»Ähm, ich habe nur nach etwas gesucht und dabei gesehen, dass es ziemlich unordentlich war, da dachte ich mir, ich räume ihn auf.«

»Das ist meine Aufgabe. Nicht deine.«

»Entschuldigung«, sagte Alison. »Nächstes Mal frage ich vorher.«

»Ja, das mach mal besser.«

Als Sue weg war, wies Michael auf einen nahe gelegenen Besprechungsraum. »Lass uns reden«, flüsterte er Alison zu. Sie gingen hinein und schlossen die Tür. »Was hat das alles zu bedeuten?«, fragte Michael.

»Keine Ahnung«, sagte Alison. »Ich hab gerade den Materialschrank aufgeräumt, als Sue auftauchte und mir sagte, ich solle aufhören.«

»Ach so. Ja, im Materialschrank herrscht schon seit Jahren das reinste Chaos. Aber Sue bewahrt dort viele persönliche Dinge auf. Einmal hat jemand einen Haufen ihrer Sachen weggeworfen, ohne es ihr zu sagen. Seitdem hat sie eine ziemliche Paranoia, was den Schrank angeht.«

Was war da passiert? Alison hatte die versteckten Beziehungen und unsichtbaren Grenzen ihres Teams nicht wahrgenommen. In der Folge übertrieb sie es versehentlich mit ihrem Engagement und wurde dadurch von Sue als bedrohlich und inkompatibel wahrgenommen. Wenn wir eine Organisation von außen betrachten, sehen wir lediglich eine Ansammlung von Menschen. Allerdings verrät dieses Bild nur einen Teil der Geschichte. Das wirklich Faszinierende sind die verborgenen Beziehungen zwischen den Menschen und die unsichtbaren Grenzen, die sie umgeben – und die es als Neuling zu entschlüsseln gilt. Damit Sie nicht in Alisons Situation geraten und um Ihre Kompatibilität zu steigern, sollten Sie sich die Zeit nehmen, die verborgenen Beziehungen in Ihrer Organisation zu ermitteln.

Das sollten Sie wissen

- Die wichtigsten Leute befinden sich nicht unbedingt an der Spitze.
- Je besser Sie die verborgenen Beziehungen zwischen Ihren Kollegen und die unsichtbaren Grenzen, die sie umgeben, kennenlernen, desto besser werden Sie miteinander auskommen und desto effizienter können Sie Ihre Arbeit erledigen.

Die Befehlskette erkennen

Zu den wichtigsten Informationen für einen Neuling im Team gehört
die Befehlskette – wer untersteht wem? Das wichtigste Hilfsmittel ist
ein Organigramm, ein Schaubild, in dem jede Person in der Organisation und ihre Berichtslinien dargestellt sind. Durchgehende Linien
zeigen an, wer der direkte Vorgesetzte einer Person ist (oder wer wem
unterstellt ist), gepunktete Linien weisen auf den zweitverantwortlichen Vorgesetzten hin.

Abbildung 10-1

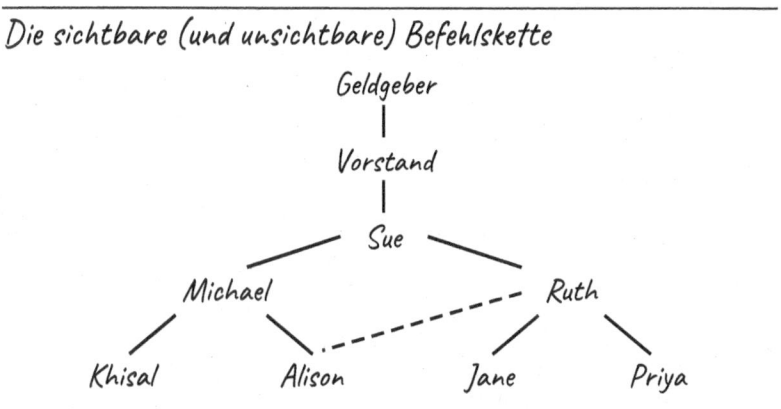

Die sichtbare (und unsichtbare) Befehlskette

Nun hat nicht jeder einen zweitverantwortlichen Vorgesetzten. Wenn
es aber einen gibt, bestehen zwei Möglichkeiten: Entweder bewerten
der erste und der zweite Vorgesetzter die Arbeitsleistung gemeinsam
(in diesem Fall ist es wichtig, beide zufriedenzustellen), oder nur der
erste Vorgesetzter bewertet Sie. In diesem Fall ist die Zufriedenheit Ihres ersten Vorgesetzten Ihr wichtigstes Ziel. Abbildung 10-1 zeigt, wie
Alisons Firma organisiert ist.

Wenn es in Ihrem Unternehmen kein Organigramm gibt, können
Sie auf andere Weise herausfinden, wer wem unterstellt ist.

Auf die Ausdrucksweise achten

Wenn Sie hören, dass Alison Michael »unterstellt« oder »Michaels direkte Untergebene« ist, bedeutet das, dass Michael Alisons Chef ist. Manchmal hört man auch: »Sue ist Alisons ›Skip Manager‹«, was auf Deutsch so viel bedeutet wie »Sue ist die Chefin von Alisons Chef«. Wenn Sie von anderen hören, dass Projekte als »abteilungsübergreifend« oder »fachbereichsübergreifend« bezeichnet werden, bedeutet dies, dass die Teams häufig mit Personen aus anderen Abteilungen zusammenarbeiten – also sollten Sie auch herausfinden, wer wer ist in diesen Abteilungen.

Auf das Verhalten der Mitarbeiter achten

Ändert sich Michaels Verhalten, wenn Sue sich an einer Unterhaltung beteiligt oder den Raum betritt? Unterbricht Michael das Gespräch und richtet seine Aufmerksamkeit ganz auf Sue? Wenn der Chef im Raum ist, steht oder sitzt jeder ein wenig aufrechter. Manche Beziehungen zwischen Vorgesetzten und Untergebenen sind freundschaftlicher als andere. Wie sich jemand verhält, wenn sein Vorgesetzter anwesend ist, verrät Ihnen also oft viel darüber, ob sie gut miteinander auskommen (und mit wem Sie unbefangener umgehen können und bei wem Sie eher vorsichtig sein sollten). Achten Sie auch darauf, wann die Besprechungen beginnen: Üblicherweise geschieht dies erst, wenn der Chef erscheint.

Jeder hat einen Chef – auch die Chefs. Man sieht sie manchmal bloß nicht. Letztendlich hat derjenige das Sagen, der die Rechnungen bezahlt. Geschäftsführer haben ihre Vorstände. Auch Unternehmer haben Vorgesetzte. Wenn ein Unternehmer Geld von Investoren erhalten hat, sind diese Investoren seine »Vorgesetzten«. Bei einer gemeinnützigen Organisation sind die Spender die Vorgesetzten. Auch als Unternehmer, der sein Unternehmen selbst finanziert hat, hat man einen Chef: Ihre »Vorgesetzten« sind in diesem Falle Ihre Auftraggeber und Kunden.

Das Entschlüsseln der Befehlskette ist wertvoll, weil Sie nicht nur verstehen, wie jeder zum übergeordneten Ziel des Teams beiträgt, sondern auch, wer wen beeinflusst. Dank dieses Wissens können Sie vermeiden, dass Sie über das Ziel hinausschießen und als bedrohlich wahrgenommen werden, wie es bei Alison der Fall war. Über das Ziel hinausschießen kann man auf dreierlei Art: Man wendet sich mit einem Problem an den Vorgesetzten, ohne vorher das Gespräch mit der betreffenden Person zu suchen, man lässt jemanden vor seinem Vorgesetzten schlecht aussehen, oder man missachtet bei der Zusammenarbeit von Personen unterschiedlichen Ranges die unsichtbare Hierarchie. Wenn Sie das nächste Mal eine E-Mail erhalten, achten Sie auf die Reihenfolge der Namen in der Kopfzeile. Wenn eine E-Mail an einen Senior Vice President mit dem Namen Michele, einen Vice President mit dem Namen Hasib und einen Analysten mit dem Namen Eugenio adressiert ist, schreibt man oft »Hallo Michele, Hasib und Eugenio« als subtile Anspielung auf die unterschiedlichen Positionen. Ist die Hierarchie nicht offensichtlich, empfiehlt es sich, die Empfänger alphabetisch aufzulisten oder einfach »Guten Tag« zu schreiben.

Meinungsmacher identifizieren

Wenn Sie die offiziellen Zuständigkeiten in Ihrem neuen Team geklärt haben, besteht der nächste Schritt darin, die *inoffiziell* Zuständigen – die Meinungsmacher – zu ermitteln. Dies sind die Personen, die Entscheidungen zwar nicht zu treffen befugt sind, sie aber durchaus beeinflussen. Es gibt fünf Arten von Meinungsmachern (einige Personen haben dabei mehr als eine Rolle inne).

1. **Türsteher.** Das sind Personen (oft Assistentinnen und Assistenten), die eng mit den leitenden Angestellten zusammenarbeiten und beeinflussen können, wer sich mit ihnen trifft und wie man von ihnen wahrgenommen wird.
2. **Altgediente.** Sie sind am längsten im Unternehmen tätig und können Ihnen dabei helfen, sich im System zurechtzufinden, weil sie wissen, was bisher funktioniert hat und was nicht.

3. **Experten.** Menschen, auf die andere oft hören oder die sich mit einem bestimmten Thema gut auskennen – und die Ihnen dabei helfen können, anderen Ihre Ideen schmackhaft zu machen.

4. **Gesellschaftliche Größen.** Im Unternehmen bekannte und geachtete Personen, die in der Lage sind, Sie mit den richtigen Leuten zusammenzubringen und das Bild zu prägen, das sich andere von Ihnen machen.

5. **Berater.** Menschen, denen Ihr Vorgesetzter und andere Führungskräfte vertrauen – auch wenn manchmal nicht ganz klar ist, warum – und die Ihnen helfen können, übergeordnete Stellen von Ihren Ideen zu überzeugen.

Selbstverständlich sieht man Menschen solche Bezeichnungen nicht an der Nasenspitze an. Man muss das Verhalten seiner Kollegen beobachten und Muster darin zu erkennen suchen. Müssen Besprechungen oder Entscheidungen immer über eine bestimmte Person laufen? Dann haben Sie eventuell einen Türsteher entdeckt. Wird eine bestimmte Person immer zu Besprechungen eingeladen, um Rat gebeten oder als Gesprächspartner genannt? Möglicherweise haben Sie einen Altgedienten, einen Experten oder eine gesellschaftliche Größe aufgespürt. Verweist Ihr Vorgesetzter immer auf die Meinung eines bestimmten Kollegen? Dann haben Sie vielleicht einen Berater gefunden. Wenn Sie einen Meinungsmacher gefunden haben, stellen Sie sich ihm vor. Lernen Sie denjenigen kennen. Und auch wenn man natürlich grundsätzlich zu jedem höflich sein sollte, sollten Sie zu diesen Personen besonders freundlich sein. Diese letzte Lektion lernte ich von der Leiterin eines Forschungslabors, Rebecca. Rebecca hatte einen leitenden Assistenten namens Christian. Christian stand nicht weit oben in der Befehlskette und verfügte offiziell über keinerlei Entscheidungsbefugnis, genoss aber Rebeccas Vertrauen. Rebecca vertraute Christian sogar so sehr, dass sie ihn bei Einstellungsverfahren regelmäßig nach seiner Meinung fragte. Einmal stürmte eine Bewerberin herein und verkündete: »Ich muss mit Rebecca sprechen!«, ohne auch nur ohne »Guten Morgen« oder »Bitte« zu sagen. Nachdem Christian die Person gebeten hatte, sich zu setzen, schickte er Rebecca eine Nachricht:

Die Bewerberin ist eingetroffen. Sie ist unhöflich.

Und schon war die Vorstellungsrunde vorbei, bevor sie überhaupt begonnen hatte – und das alles nur, weil Christian, Rebeccas Türsteher, entschieden hatte, die Tür geschlossen zu halten. Meinungsmacher können jedoch auch Türöffner sein, wie ich von Amira, einer Vertriebsmitarbeiterin eines Technologieunternehmens, erfuhr. Amira stand kurz davor, einen Großkunden zu gewinnen, der allerdings für das erste Jahr der Softwarelizenz einen ungewöhnlich hohen Rabatt verlangte. Amira versuchte, ihren Manager davon zu überzeugen, dass sich der einjährige Rabatt langfristig auszahlen würde, doch dieser war damit nicht einverstanden. Da Amira ein »Nein« nicht gelten lassen wollte, wandte sie sich an einen ihrer Mentoren, Jarron, der zufällig auch jemand war, auf den ihr Vorgesetzter hörte. In seinem nächsten Gespräch mit Amiras Vorgesetztem erwähnte Jarron beiläufig, dass Preisnachlässe den Absatz effektiv fördern, ohne Amira oder ihre Situation auch nur zu erwähnen. Amiras Vorschlag wurde noch am selben Nachmittag genehmigt.

Meinungsmacher wirken zwar wie ein Relikt großer Unternehmen, aber es gibt sie überall, sogar in Start-ups. Manchmal herrscht gerade in denjenigen Organisationen die strengste Rangordnung, die sich als »flache Hierarchie« bezeichnen, in denen sich also alle auf der gleichen Ebene befinden und niemand an der Spitze steht. Das liegt in der Natur der Sache: Je schwerer man anhand von Stellenbezeichnungen herausfinden kann, wer was macht, umso mehr sieht es so aus, als hätte jeder das Sagen, obwohl eigentlich niemand das Sagen hat – und umso mehr müssen sich die Mitarbeiter bei der Erledigung ihrer Aufgaben auf ihre inoffizielle Autorität verlassen. Unter Umständen hat die Leitung des Start-ups lediglich die Linien in der Befehlskette gestrichen, die Struktur an sich aber beibehalten. Aufgepasst!

Zuständigkeitsbereiche identifizieren

Nachdem Sie die Personen benannt haben, sollten Sie nun deren Zuständigkeitsbereiche (die sogenannten »Swimlanes«) bestimmen, also die Aufgaben, für die wer wann verantwortlich ist. Wenn Sie jemals jemanden sagen hören: »So-und-so muss in seiner Spur bleiben«, heißt das in Wirklichkeit: »So-und-so soll aufhören, meine Arbeit zu machen.« Zuständigkeitsbereiche dürfen nicht mit Stellenbeschreibungen verwechselt werden.

Bei Zuständigkeitsbereichen kommt es auf die Unternehmenskultur an. Im Allgemeinen bewegt sie sich irgendwo im Spektrum zwischen »um Erlaubnis fragen« und »um Entschuldigung bitten«. (Tabelle 10-1 zeigt die beiden Extreme.) Wenn sich jeder in Ihrem Team ausschließlich auf seine eigenen Aufgaben konzentriert, auf die höchstrangige Person mehr gehört wird als auf diejenige mit den besten Ideen und man Wert darauf legt, die Dinge auf die »richtige« beziehungsweise sichere Art und Weise zu erledigen, hat man es wahrscheinlich mit einem Team der Kategorie »um Erlaubnis bitten« zu tun. In diesem Fall sollten Sie sich angewöhnen, Ihren Vorgesetzten zu fragen, ob es jemanden gibt, mit dem Sie sprechen sollten, bevor Sie mit Ihrer Arbeit fortfahren.

Wenn in einem Team jeder ein bisschen von allem macht, gute Ideen einen höheren Stellenwert haben als Titel und es wichtig ist, Dinge auf die »innovative« oder schnelle Art zu erledigen, hat man es wahrscheinlich mit einem Team des Typs »um Entschuldigung bitten« zu tun. In diesem Fall müssen Sie sich daran gewöhnen, zu sagen: »Ich wollte nur Bescheid sagen, dass ich … gemacht habe«, weil Ihr Zuständigkeitsbereich nicht starr festgelegt ist.

Im Zweifelsfall bittet man um Erlaubnis. Um Erlaubnis zu bitten ist besonders für dezentral Arbeitende wichtig, da sie oft nicht erkennen können, wer woran arbeitet, bis sie eine unsichtbare Grenze überschritten haben. So wurde ein Finanzpraktikant einmal gebeten, eine große Tabelle zu aktualisieren, die von mehreren Teams verwendet werden sollte. Er aktualisierte das Dokument und teilte es anschließend mit den anderen Teams, nichtsahnend, dass sein Vorgesetzter es vorher genehmigen musste. Der Vorgesetzte bekam Ärger, weil er den Praktikanten nicht im Auge behalten hatte, und dem Praktikanten wurde kein Übernahmeangebot gemacht. Was lernen wir daraus? Selbst wenn in Ihrem Team das Prinzip »Um Entschuldigung bitten« gilt, empfiehlt es sich oft, um Erlaubnis zu fragen und die Vorgesetzten in Ihren E-Mails an externe Mitarbeiter auf CC zu setzen – zumindest so lange, bis sie Ihnen sagen, dass Sie sie nicht mehr damit behelligen sollen (was Sie als Kompliment für Ihre Kompetenz verstehen dürfen).

Tabelle 10-1

Normen, auf die man beim Entschlüsseln der Teamkultur achten muss

Kultur, in der man eher um Erlaubnis bittet	Kultur, in der man eher um Entschuldigung bittet
Jeder hat einen eigenen, konkreten Aufgabenbereich.	Jeder macht ein bisschen von allem.
Es kommt anscheinend vor allem darauf an, wer der Chef ist.	Es kommt anscheinend vor allem darauf an, wer die besten Ideen hat.
Es kommt anscheinend vor allem darauf an, auf die »richtige«/sichere Weise zu arbeiten.	Es kommt anscheinend vor allem darauf an, auf »innovative«/schnelle Weise zu arbeiten.

Loyalitäten erkennen

Auch wenn wir gerne glauben möchten, dass bei der Arbeit alle an einem Strang ziehen, ist doch jeder unterschiedlich loyal. Eine ehemalige Lehrerin, die ich interviewt habe, berichtete von einem Wechsel an eine neue Schule. Zu Beginn ihrer Tätigkeit hörte sie immer wieder, wie sich ihre Kollegen über die Schulleitung beschwerten. Auch sie kam mit dem Schulleiter nicht zurecht, und so kritisierte sie ihn eines Tages im Beisein einer stellvertretenden Schulleiterin. *Die stellvertretende Schulleiterin ist auf meiner Seite*, dachte sie. *Sie ist schließlich so nett zu mir.* Die Lehrerin ahnte nicht, dass die stellvertretende Schulleiterin mit dem Schulleiter gut befreundet war und ihm schließlich erzählte, was die Lehrerin gesagt hatte. Diese Lehrerin bezeichnete die gelernte Lektion als *die Lehre von der ersten Loyalität*: Auch wenn Menschen einem gegenüber freundlich (und sogar loyal) sind, gehört ihre *erste Loyalität* womöglich jemand anderem.

Mitunter ist es gerade bei der Arbeit auf Distanz schwierig, Loyalitäten zu erkennen, wichtig ist es aber trotzdem. Halten Sie Ausschau nach Cliquen. Redet José immer über Kweku und James? Antwortet Kweku immer, wenn James in einer Nachrichtengruppe schreibt? Erscheinen José, Kweku und James stets gemeinsam oder gar nicht zu den Veranstaltungen in der Ferne? In diesem Fall haben Sie möglicherweise eine Clique ausgemacht. Seien Sie sich bewusst, dass das, was Sie James mitteilen, wahrscheinlich auch José und Kweku zu Ohren kommen wird.

Grundsätzlich ist es zwar ratsam, Klatsch und Tratsch zu vermeiden und sich gut zu überlegen, mit wem man sich einlässt, aber lassen Sie sich nicht von der Furcht vor diplomatischen Verstrickungen vom Umgang mit Menschen abschrecken. Dieser Abschnitt soll Sie nicht lähmen, sondern Sie darin bestärken, sich in Ihrem neuen Umfeld strategisch zu orientieren. Jetzt wissen Sie, wen Sie ansprechen können (und wen nicht) und wer ein Verbündeter sein könnte (und wer nicht). Betrachten Sie dieses Wissen als ein Werkzeug in Ihrem Werkzeugkasten, um sich zu schützen und Ihre Ziele zu erreichen.

Komfortzonen identifizieren

Wenn man die Menschen und die versteckten Beziehungen zwischen ihnen kennt, besteht der letzte Schritt darin, die Komfortzonen einschätzen zu lernen – also welche Verhaltensweisen, Witze, Sprache und Gesprächsthemen das Team für angemessen hält und welche nicht. Natürlich ist jedes Team anders, aber bestimmte Themen sind in der Regel tabu. In Tabelle 10-2 geht es um Gesprächsstoffe: solche, die man besser vermeidet, und Empfehlungen für Alternativen.

Tabelle 10-2

Gesprächsthemen, die man bei der Arbeit versuchen und vermeiden sollte

Statt über diese Themen ...	... besser darüber sprechen
Liebesleben	Schulischer Werdegang
Partys und Trinken	Hobbys
Tratsch im Kollegium	Vergangene Reisen oder Reisepläne
Einkommen	Bisherige Berufserfahrung
Religion	Aktuelle Projekte
Politik	Haustiere und Kinder
Familien- oder Beziehungsprobleme	Pläne für das Wochenende

Außerdem stellen Sie vielleicht fest, dass es in Bezug auf den Grad von offener und direkter Kommunikation unterschiedliche Befindlichkeiten gibt. Ein Mitglied der Personalleitung eines Kosmetikunternehmen sagte mir: »Ich arbeite in einem sehr von Emotionen geprägten Unternehmen. Alles, was auch nur im Entferntesten als aggressiv empfunden werden könnte, ist tabu. Selbst ein ›Nein‹ wirkt hier manchmal befremdlich. Statt ›Nein‹ sagt man bei uns: ›Ach ja, ganz interessant. Wie wäre es stattdessen damit?‹«

Selbst die von mir befragten Personen taten sich schwer damit, die Komfortzonen ihres Teams zu erklären. Es kommt also im Wesentlichen darauf an, Muster zu erkennen und andere nachzuahmen. Was hat denn zuletzt jemand in Ihrem Team gesagt, woraufhin alle Anwesenden peinlich berührt verstummten und dann das Thema wechselten? Wie viel erzählen die Leute von ihren Wochenenden? Was ist das schlimmste Schimpfwort oder der derbste Witz, den Sie von einer Kollegin oder einem Kollegen bei der Arbeit gehört haben? Ermitteln Sie die Grenzen und halten Sie sie ein.

Wie sich in Texten hinter der direkten Ebene oft ein tieferer Sinn verbirgt, so gibt es auch bei den Begegnungen am Arbeitsplatz versteckte Zusammenhänge. Oft ist nicht allein die Originalität Ihrer Ideen ausschlaggebend für Ihre Wirkungskraft, sondern der Umgang mit Beziehungen. Je früher Sie sich einen Reim auf die Menschen in Ihrem

Umfeld machen, desto effektiver können Sie mit dem System arbeiten – und desto mehr Einfluss werden Sie haben. Beginnen Sie mit Ihren Beobachtungen!

Ausprobieren!

- Bestimmen Sie die Befehlskette: Finden Sie heraus, wer wem unterstellt ist und respektieren Sie im Zweifelsfall die unsichtbare Hierarchie.
- Erkennen Sie die Meinungsmacher: Achten Sie auf Türsteher, Altgediente, Experten, gesellschaftliche Größen und Berater – und pflegen Sie Beziehungen zu ihnen.
- Ermitteln Sie die Zuständigkeiten: Klären Sie, wer wofür zuständig ist, und bitten Sie im Zweifelsfall um Erlaubnis, bevor Sie mit neuen Aufgaben beginnen oder Informationen außerhalb Ihres Teams weitergeben.
- Identifizieren Sie die ersten Loyalitäten: Finden Sie heraus, wer wem gegenüber loyal ist und welche Cliquen es gibt.
- Verorten Sie die Komfortzonen: Finden Sie heraus, welches Verhalten, welche Witze, welche Sprache und welche Gesprächsthemen in Ihrem Team akzeptabel sind und welche nicht – und bemühen Sie sich, diese Grenzen nicht zu überschreiten.

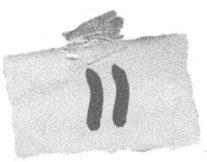

Beziehungen initiieren

Bestimmt haben Sie schon einmal den Spruch gehört: »Es zählt weniger, *was* man weiß, sondern *wen* man kennt.« Er stimmt. Immerhin sind es Menschen, die Entscheidungen über Einstellungen und Entlassungen treffen, die entscheiden, wer mit karrierefördernden Aufgaben betraut wird, wer zu wichtigen Sitzungen eingeladen wird.

Beispielsweise kamen in einem Wirtschaftsprüfungsunternehmen die leitenden Angestellten immer am Ende des Jahres zusammen, um die Nachwuchskräfte zu bewerten. Hatte ein bestimmter Vorgesetzter mit jemandem zusammengearbeitet, so gab auch er eine Bewertung ab. Ein kleiner Prozentsatz der Mitarbeiter wurde als »überdurchschnittlich« eingestuft, was bedeutete, dass sie für eine baldige Beförderung in Frage kamen und einen höheren Bonus erhielten.

Jahr für Jahr zeigte sich das gleiche Muster: Die Mitarbeiter, die die höchsten Prämien erhielten und am schnellsten befördert wurden, waren längst nicht immer die fleißigsten oder kompetentesten, sondern diejenigen, die von ihren Vorgesetzten hinter verschlossenen Türen am meisten gelobt wurden. Die Mitarbeiter, die als »unterdurchschnittlich« eingestuft wurden, waren nicht unbedingt am wenigsten kompetent. Sie kannte nur keiner.

Beim Erfolg geht es natürlich nicht nur um das berufliche Vorankommen. Man braucht auch ein Unterstützungsnetzwerk, auf das man sich verlassen und dem man sich anvertrauen kann, wenn es einmal schwierig wird. Ein wichtiger Faktor für die Zufriedenheit im Job sind die Beziehungen zu Kolleginnen und Kollegen. Würde man den ganzen Tag nur auf den Bildschirm starren, wäre der Arbeitsplatz ein trostloser Ort.

Das sollten Sie wissen

- Wenn man etwas zum ersten Mal tut, ist es immer unangenehm. Beim zweiten Mal ist es immer einfacher.
- Beim Aufbau beruflicher Beziehungen gilt es, Vorwände für die erste Interaktion zu finden und anschließend die Dynamik mit kleinen Gesten aufrechtzuerhalten.

Wenn Sie Ihr Studium gerade erst beendet haben, sehen Sie sich vielleicht schon bald mit dem gleichen Problem konfrontiert wie alle anderen Absolventen, die ich kennengelernt habe: Die Kontaktaufnahme in der realen Welt ist mitunter äußerst schwierig. Fangen Sie am besten mit den Menschen an, mit denen Sie arbeiten.

Wenn Sie bei diesem Satz Schweißausbrüche bekommen, verstehe ich das. Als introvertierter und noch dazu selbstkritischer Mensch weiß ich, wie schwer das sein kann. Vielleicht denken Sie: *Mit mir will keiner reden. Ich habe nichts Interessantes zu sagen. Ich habe nichts mit den anderen gemeinsam.* Wie Sie sich auch immer fühlen mögen, wahrscheinlich habe ich das Gleiche auch schon einmal empfunden. Und auch wenn ich gerne sagen würde, dass ich diese Angst überwunden habe, stimmt das leider nicht. Jedes Mal, wenn ich einen Raum voller Fremder betrete, rast mein Herz, und es klopft noch lange, nachdem ich ihn verlassen habe. In meinem Kopf schwirren eine Million Gedanken herum: *Hätte ich das nicht sagen sollen? Warum diese peinliche Pause? Warum haben sie die Stirn gerunzelt, als ich _____ sagte?*

Beim Aufbau von Beziehungen und der Überwindung der damit verbundenen Ängste hat sich eine Gliederung in drei Schritte als hilfreich erwiesen: die Verbindung initiieren, das Spiel spielen und den Schwung aufrechterhalten.

Die Verbindung initiieren

Stellen Sie sich vor, Sie gehen mit Ihrem Schläger an einem Tennisplatz vorbei. Plötzlich ruft Ihnen jemand etwas zu. Er hat einen Ball in der einen Hand und einen Schläger in der anderen. »Lust auf ein Spiel?« Sie haben soeben einen Tennispartner gefunden.

Ersetzen Sie nun den Tennisplatz durch den Flur Ihres Arbeitsplatzes oder das Chatprogramm bei der Arbeit. Tauschen Sie das »Lust auf ein Spiel?« gegen ein Nicken, ein Lächeln oder ein »Wie geht's?« oder »Und was machen Sie so am Wochenende?« aus. Der Rahmen und die Gesten unterscheiden sich zwar, die Idee dabei ist die gleiche. Laut dem Eheexperten John Gottman haben diese kleinen Gesten eine Bedeutung. Sie sind »Offerten« – Anfragen nach menschlicher Verbundenheit.[13] Es ist wichtig, die Angebote des anderen aufzugreifen und positiv darauf zu reagieren. Laut Gottman sind Ehepartner, die verheiratet bleiben, tendenziell besser in der Lage, die Angebote des anderen zu erkennen und entsprechend darauf zu reagieren. Eheleute, die sich scheiden lassen, neigen hingegen dazu, die Angebote des anderen zu übersehen oder abzulehnen. Bei der Stärkung von Beziehungen geht es darum, die Anwesenheit des anderen anzuerkennen und zu zeigen, dass er einem wichtig ist. Manchmal genügt schon ein »Danke«, wenn Ihnen jemand die Tür öffnet, oder eine Antwort auf eine Sofortnachricht.

Im Folgenden geht es um die Anbahnung von Beziehungen, ganz gleich, ob man den ersten Schritt macht oder sich einfach nur mit den Menschen in seiner Umgebung austauscht.

Wie man den ersten Schritt macht

Sie brauchen nicht darauf zu warten, dass andere auf Sie zukommen, sondern können selbst die Initiative ergreifen. Mehrere Personenkreise bieten sich Ihnen an. Werfen wir einen Blick auf die Möglichkeiten.

Bei Menschen, die Sie kennen oder die in Ihrem Umfeld arbeiten. Versuchen Sie, einen Vorwand für ein Gespräch zu finden. Ganz gleich, ob Sie persönlich oder aus der Ferne arbeiten: Nutzen Sie die wenigen Minuten vor Beginn eines Meetings, um ein bisschen mit denjenigen zu plaudern, die früher gekommen sind. Das Thema muss nichts Gravierendes sein. Hauptsache, Sie machen aus der Stille einen Dialog, ganz egal, ob es sich um das Wetter (»Mensch, ist das kalt draußen!«), eine Bemerkung über die Arbeit (»Heute haben wir ja einiges vor!«) oder auch nur den Wochentag (»Schönen Freitag!«) handelt. Sobald Sie und Ihr Gesprächspartner sich gegenseitig begrüßt haben, stellen Sie eine Frage, etwa »Na, wie war Ihre Woche bisher?« oder »Von wo aus sind Sie heute zugeschaltet?« oder »Schönes Hintergrundbild! Wo wurde das Foto denn geschossen?«

Auch Wartezeiten bieten sich an, um ein Gespräch zu beginnen. Wenn Sie auf den Aufzug warten oder in der Essensschlange stehen, ergreifen Sie die Gelegenheit, sich mit jemandem zu unterhalten. Wenn Sie geschäftlich unterwegs sind, könnten Sie vorschlagen, ob man sich zu einer Fahrgemeinschaft zusammenfindet.

Denken Sie daran, sich nach einer Besprechung, einer Präsentation oder einem anderen wichtigen Ereignis zu erkundigen: »Wie war die Besprechung?«, »Wie ist die Präsentation gelaufen?« oder »Wie war die Hochzeit?« Man weiß es zu schätzen, wenn Sie sich Gedanken machen, sich erinnern und vor allem, wenn Sie zuhören.

Bei Menschen, die Sie nicht kennen, denen Sie aber vorgestellt werden könnten. Überlegen Sie, ob Sie eine Ihnen bekannte Person um eine Vorstellung bitten sollten. Zeigen Sie bei der Bitte um die Herstellung des Kontakts, dass Sie Ihre Hausaufgaben gemacht haben, kommen Sie auf den Punkt und formulieren Sie eine klare Handlungsaufforderung.

Ein Beispiel:

> Hallo Nanako,
>
> schön, dass wir uns neulich gesehen haben! Wie ist denn Ihre Präsentation gelaufen?
>
> Ich frage mich, ob Sie Triston Francis gut genug kennen, dass Sie uns miteinander bekanntmachen könnten. Ich arbeite an einem Forschungsprojekt über _____ und habe gesehen, dass er bei _____ gearbeitet hat und dass Sie mit ihm auf LinkedIn verbunden sind. Mich interessiert seine Einschätzung zu _____. Falls Sie bereit wären, den Kontakt herzustellen, kann ich Ihnen gerne einen kurzen Text über mich zur Weiterleitung zukommen lassen.
>
> Falls ich Sie zu einem ungünstigen Zeitpunkt erwischt haben sollte, ist das natürlich auch kein Problem. Sagen Sie mir doch bitte in jedem Fall Bescheid.
>
> Herzliche Grüße,
>
> Shuo

Im Allgemeinen ist der Ablauf wie folgt: Zunächst leitet Ihre Kontaktperson Ihre Vorstellung an die Person weiter, mit der Sie sich treffen möchten. Wenn diese Person einem Treffen zustimmt, schickt Ihr Kontakt Ihnen beiden eine E-Mail mit einem persönlichen Text, in dem sich beide Seiten vorstellen.

> Hallo Shuo: Ich freue mich, Ihnen Triston Francis vorzustellen, ein Mentor und aktuell _____
>
> Lieber Triston: Darf ich Ihnen Shuo Chen vorstellen, einen Kollegen und aktuell _____, der sich gerne mit Ihnen über _____ unterhalten würde.
>
> Ich hoffe, es bietet sich Ihnen bald eine Gelegenheit zum persönlichen Kennenlernen!
>
> Mit freundlichen Grüßen,
>
> Nanako

Daraufhin antworten dann Sie oder die andere Person. Der Kontakt-vermittler wird dabei ins BCC gesetzt, um anzuzeigen, dass die Ver-bindung hergestellt wurde.

Liebe Nanako: Vielen Dank für die Vorstellung. Ich setze Sie jetzt ins BCC.

Lieber Triston: Schön, Sie auf dem elektronischen Wege kennen-zulernen. Danke für Ihre Bereitschaft, sich mit mir in Verbindung zu setzen. Was halten Sie von einem Telefon- oder Videoanruf in den nächsten Tagen? Ich habe folgendermaßen Zeit (alle Uhr-zeiten Pacific Time):

- Di 27.10.: vor 14:00 Uhr, nach 15:00 Uhr

- Mi 28.10.: jederzeit

- Do 29.10.: vor 14:00 Uhr, 15:00–16:00 Uhr

- Fr 30.10.: jederzeit

Sollten die oben genannten Zeiten nicht passen, können Sie auch gerne eine für Sie geeignete Alternative vorschlagen.

Ich freue mich auf einen Plausch,

Shuo

Sobald die Beteiligten einen für beide Seiten geeigneten Zeitpunkt und ein geeignetes Medium für ein Gespräch gefunden haben, versendet einer der beiden (häufig die Person, die das Treffen anberaumt) eine Terminanfrage:

An: Triston Francis

Betreff: Telefonat Triston und Shuo: Erfahrungen mit gemeinnüt-zigen Organisationen

Ort: Shuo ruft Triston unter 617-123-4567 an

Zeit: Mi 28.10., 14:00–15:00 Uhr

Nach dem Gespräch bedankt sich die Person, die um das Gespräch gebeten hat, mit einer E-Mail beim Gesprächspartner für dessen Zeit. Üblicherweise treten sie auch auf LinkedIn oder Xing in Kontakt.

Hallo Triston,

vielen Dank, dass Sie sich trotz Ihres vollen Terminkalenders Zeit für ein Gespräch genommen haben. Ich fand es toll, mehr über Ihre Erfahrungen mit _____ zu erfahren. Insbesondere schätze ich Ihre Ratschläge zu _____ und werde auf jeden Fall _____ besuchen. Danke auch für Ihre Bereitschaft, mir Ihre:n Kolleg:in _____ vorzustellen. Um Ihnen dabei behilflich zu sein, hier eine kurze Einführung:

Shuo Chen ist _____, arbeitet derzeit an _____ und ist daran interessiert, mit Ihnen über _____ zu sprechen.

Ich freue mich darauf, mit Ihnen in Kontakt zu bleiben,

Shuo

Solche Interaktionen muten zwar irgendwie wie Tauschgeschäfte an, sind aber in der Berufswelt gang und gäbe. Sie werden als »Double-Opt-In«-Vorstellung bezeichnet (was bedeutet, dass beide Seiten der Vorstellung zustimmen). Viele Menschen kommen auf diese Weise an Stellen, Aufträge oder auch neue Kunden, indem sie nämlich um eine Empfehlung an eine »Verbindung zweiten Grades« bitten, diese telefonisch oder per Video-Chat kennenlernen, bei LinkedIn hinzufügen und dann um eine Weiterempfehlung oder eine erneute Kontaktvermittlung bitten. Aus diesem Grund ist es so wichtig, Beziehungen aufzubauen: Je mehr Menschen Sie direkt kennen, desto mehr Menschen können Sie indirekt erreichen. Es geht nicht nur darum, wen man selbst kennt, sondern auch darum, wen die anderen kennen.

Bei Menschen, die Sie nicht kennen und denen Sie nicht vorgestellt werden können. In diesem Fall ist eine höfliche Kalt-Kontaktaufnahme per E-Mail einer Überlegung wert. Hier eine Formulierungshilfe:

Hallo _____,

ich heiße _____ und bin ebenfalls _____. Ich hoffe, es geht Ihnen gut.

Ich bin gerade dabei, von _____ auf _____ umzusteigen und bin auf Ihr Profil auf _____ gestoßen, was mich sehr angesprochen hat, da ich, wie Sie, auch _____

Ob Sie wohl in den nächsten Tagen/Wochen ein paar Minuten Zeit hätten, um mit mir am Telefon über Ihre Erfahrungen zu sprechen? Ich bin wie folgt erreichbar (alle Zeiten Pacific Time):

- Di 27.10.: vor 14.00 Uhr, nach 15.00 Uhr

- Mi 28.10.: jederzeit

- Do 29.10.: vor 14.00 Uhr, nach 15.00 Uhr

- Fr 30.10.: jederzeit

Ich hoffe, wir finden einen passenden Termin, aber falls es gerade nicht gehen sollte, ist das natürlich auch gar kein Problem.

Ich freue mich darauf, von Ihnen zu hören,

_____

Auch hier gilt: Die Kontaktaufnahme mit Fremden kommt einem anfangs unangenehm und aufdringlich vor, aber solche Nachrichten werden laufend ausgetauscht. Die meisten gehen dabei einfach nicht sehr geschickt vor, weil sie ihre Zielgruppe nicht kennen und die E-Mails nicht optimal anpassen. Dafür sind die Lücken in den Beispielen gedacht. Menschen mögen Menschen, die ihnen ähnlich sind. Je mehr Sie sich also als eine jüngere Version des potenziellen Gegenübers präsentieren können, und zwar mit einem konkreten Grund für die Kontaktaufnahme, desto wahrscheinlicher erhalten Sie eine Antwort. Die Frage *Würde meine E-Mail noch Sinn ergeben, wenn ich sie an die falsche Person schickte?* ist dabei eine nützliche Probe. Lautet die Antwort »Ja«, ist Ihre E-Mail nicht individuell genug – und der Empfänger wird sie wahrscheinlich ignorieren, weil er den Verdacht hat, dass Sie mit der gleichen Nachricht bereits unzählige andere angeschrieben haben. Achten Sie darauf, dass jedes Detail auf den Empfänger zugeschnitten ist, und dass die Nachricht kurz, übersichtlich und leicht zu überfliegen ist. Erleichtern Sie es anderen, Ihnen zu helfen!

Wie man präsent ist und gesehen wird

Dieses Geben und Nehmen von Kontaktangeboten ist kein Solostück. Man muss sich mit anderen Menschen umgeben. Es folgen einige Anregungen, wie Sie sowohl persönlich als auch virtuell für mehr Nähe zu anderen sorgen können.

Wenn Sie vor Ort arbeiten, suchen Sie die Nähe Ihres Teams. Unter Umständen haben Sie kein Mitspracherecht beim Standort Ihres Schreibtisches, aber falls dieser weit von den Arbeitsplätzen der anderen Teammitglieder entfernt ist, sollten Sie Ihren Vorgesetzten oder die Personalabteilung zur Steigerung Ihrer Produktivität um einen Arbeitsplatz in der Nähe bitten. Sollte das nicht möglich sein, versuchen Sie, beim Umhergehen am Arbeitsplatz an den Schreibtischen der Kollegen vorbeizugehen und sie zu begrüßen. Schlagen Sie doch einmal gemeinsame Aktivitäten vor, etwa: »Ich hole mir etwas zum Mittagessen. Kommt jemand mit?«, dann sind Sie nicht darauf angewiesen, dass andere daran denken, Sie einzuladen. Oder machen Sie spontane Ankündigungen im Gruppenchat wie »Ich gehe einen Kaffee trinken. Soll ich jemandem etwas mitbringen oder möchte jemand mitkommen?«

Wenn Sie dezentral arbeiten, während andere vor Ort sind, lassen Sie nicht nur von sich hören, sondern zeigen Sie sich auch. Versuchen Sie, sich mit mindestens einer vor Ort arbeitenden Person anzufreunden. Auf diese Weise bekommen Sie mit, was vor sich geht, und haben jemanden, der sich für Sie einsetzt, wenn Sie nicht anwesend sind. Sie könnten auch vorschlagen, statt eines Telefongesprächs eine Videokonferenz zu führen, damit man Sie nicht nur mit Ihrer Stimme in Verbindung bringt. Außerdem sollten Sie versuchen, an ausgewählten wichtigen Sitzungen, wie etwa Klausurtagungen der Belegschaft, persönlich teilzunehmen. Wenn Sie anwesend sind, sollten Sie sich zeigen, indem Sie so viele Leute wie möglich grüßen und sich zu den anderen setzen. Wenn Sie von zu Hause aus arbeiten, empfiehlt es sich, bei Besprechungen und bei der Kommunikation über Sofortnachrichten etwas aktiver und reaktionsfreudiger zu sein (dabei wie immer die anderen spiegeln) und häufiger über den aktuellen Stand der Dinge zu berichten, als wenn Sie persönlich vor Ort arbeiten würden.

Bietet sich die Möglichkeit zur Zusammenarbeit mit unterschiedlichen Menschen, nehmen Sie diese wahr. Vor allem, wer sich in Sachen »Kompatibilität« schwertut, sollte seine Kompetenz als Türöffner einsetzen. Besonders empfiehlt sich die Mitwirkung an Projekten, an denen Menschen beteiligt sind, die Sie noch nicht kennen oder mit denen Sie noch nicht ins Gespräch kommen konnten. Große, teamübergreifende (oder sogar abteilungsübergreifende) Projekte und Initiativen eignen sich ausgezeichnet für den Ausbau Ihres Netzwerks. Beginnen Sie mit Gesprächen über die Arbeit und streuen Sie dann ein paar Themen ein, die nichts mit der Arbeit zu tun haben, wie beispielsweise »Wie verbringen Sie die Feiertage?«, und schon sind Sie auf dem richtigen Weg.

Man kann sich auch an weniger aufwändigen Aktivitäten beteiligen, bei denen man mit Menschen in Kontakt kommt, die man sonst nicht treffen würde. So meldete sich beispielsweise eine Analystin eines Pharmaunternehmens freiwillig für die Leitung des Hochschul-Anwerbeprogramms ihres Unternehmens. Innerhalb weniger Wochen war sie mit mehreren leitenden Angestellten des Unternehmens per Du. Wie in Kapitel 9 besprochen, stellt ehrenamtliches Engagement eine wirkungsvolle Strategie dar, man muss bloß darauf achten, wofür man sich meldet. Sie erhalten nur dann Anerkennung für Ihren ehrenamtlichen Einsatz, wenn Ihre Pflichtaufgaben nicht darunter leiden. Und besonders für Frauen und PoC gilt: Vorsicht vor der Falle der »Bürohausarbeit«, denn derartige Aufgaben landen leider allzu leicht bei Ihnen.

Wenn Sie sich nicht sicher sind, ob Sie sich für eine Aufgabe zur Verfügung stellen sollen, wenden Sie sich an einen erfahrenen Kollegen, dem Sie vertrauen. Eventuell gibt es einen Grund, warum sich niemand meldet: Könnte ja sein, dass alle erfahrenen Mitarbeiter wissen, dass man um dieses Projekt besser einen Bogen macht. Es könnte sich aber auch um eine versteckte Chance handeln, die die anderen noch nicht erkannt haben oder nicht benötigen.

Veranstalten Ihre Kolleginnen und Kollegen ein geselliges Beisammensein, sollten Sie hingehen, vor allem als Neuling. Ein Informatiker erzählte mir, dass jemand, der zur gleichen Zeit anfing wie er, am Ende mehr Mentoren und interessantere Aufgaben vorweisen konnte. Das lag nicht daran, dass die Person gründlicher arbeitete, sondern vielmehr daran, dass sie bei Veranstaltungen am Arbeitsplatz die richtigen Leute kennenlernte.

Das funktioniert natürlich nicht überall so. Manche Teams verfügen über eine ausgeprägtere Sozialkultur als andere. Hier spielt unter anderem die Lebensphase der Kolleginnen und Kollegen mit hinein: Handelt es sich bei Team und Führungskräften überwiegend um Hochschulabsolventen, sollten Sie sich auf mehr After-Work-Partys einstellen (und auf die unausgesprochene Erwartung, dass Sie sich dort blicken lassen). Besteht Ihr Team überwiegend aus Eltern, ist mit weniger geselligen Abenden zu rechnen und davon auszugehen, dass die Mitarbeiter sich nach Feierabend eher ausklinken.

Auf jeden Fall sollten Sie zumindest für ein kurzes Weilchen an einem gesellschaftlichen Ereignis teilnehmen, vor allem als Neuzugang. Je häufiger Sie fehlen, desto mehr gehen Ihre Kolleginnen und Kollegen davon aus, dass Sie nicht daran interessiert sind, und desto geringer wird die Bereitschaft sein, Sie auch weiterhin einzuladen. Wenn Sie allerdings hingehen, denken Sie daran, dass Sie während dieser Veranstaltungen immer noch »bei der Arbeit« sind, verhalten Sie sich also professionell und kennen Sie Ihre Grenzen, was den Alkoholkonsum angeht. Wenn Sie grundsätzlich nicht trinken oder bei der Gelegenheit keinen Alkohol trinken wollen, bestellen Sie stattdessen eine Limonade, einen alkoholfreien Cocktail oder Sprudelwasser. Eigentlich sollte niemand eine große Sache daraus machen, dass Sie keinen Alkohol trinken, aber falls doch, versuchen Sie es mit einer Antwort wie: »Ich muss morgen früh raus, da sollte ich zusehen, dass ich fit bin« oder einfach: »Ich trinke nicht.« Auf diese Weise erklären Sie die Absage an einen geselligen Umtrunk mit Ihren Lebensumständen und nicht damit, dass Sie sich nicht mit Ihren Kolleginnen und Kollegen abgeben wollen.

Das Spiel spielen

Nun haben wir gelernt, wie man ein Gespräch anregt und die Augen nach Gelegenheiten und Offerten offenhält. Jetzt gilt es, dieses imaginäre Tennismatch in Gang zu halten. Das bedeutet, den Ball schön geschmeidig über das Netz zu schlagen, damit die andere Seite ihn zurückspielen kann. Im Folgenden einige Tipps, mithilfe derer Sie zu einem Gesprächsexperten werden.

Schauen wir uns dazu ein Beispiel an:

Joyce: »Na, wie war Ihr Wochenende?«

Anand: »Ach, ganz gut.«

Joyce: »Was haben Sie so unternommen?«

Anand: »Ich war mit ein paar Freunden unterwegs.«

Joyce: »Cool! Was denn für Freunde?«

Anand: »Ein paar Freunde aus meiner Heimatstadt.«

Schweigen

Aus Joyce' Sicht könnte sie statt mit Anand auch genauso gut mit einer Wand reden. Wären die beiden auf einem Tennisplatz, würde Anand den Ball nicht zurückspielen. Hier ein Beispiel, wie man es besser macht:

Joyce: »Na, wie war Ihr Wochenende?«

Anand: »Gut war's, danke! Ein paar Freunde waren zu Besuch. Sie waren noch nie in Boston, und es hat Spaß gemacht, sie herumzuführen. Und Sie? Was haben Sie so gemacht?«

Joyce: »Ich war krank, darum bin ich zu Hause geblieben. Klingt, als hätten Sie sich gut amüsiert?«

Anand: »Ja, es war schön, miteinander zu quatschen. Aber Menschenskind, das ist ja schade. Zurzeit geht wirklich wieder ein Virus herum. Ich war das ganze letzte Wochenende im Bett. Konnten Sie sich wenigstens etwas ausruhen?«

Joyce: »Ja, zum Glück. Gut, dass es Wochenende war. Diese Woche will ich auf keinen Fall krank sein.«

Anand: »Stimmt! Sie haben doch eine große Präsentation, nicht wahr? Wie geht's Ihnen dabei?«

Joyce: »Stimmt, gut aufgepasst! Ich fühle mich sehr gut, aber das verdanke ich nur Ihrer Hilfe letzte Woche, ohne Sie hätte ich es nicht geschafft.«

Diese Version des Dialogs zwischen Anand und Joyce beweist, dass man auch ohne viel Substanz ein ganzes Gespräch führen und damit den Grundstein für eine fruchtbare berufliche Beziehung legen kann. Es genügt, wenn man sich bemüht, den Ball zurückzuspielen. Die folgenden Methoden haben Joyce und Anand angewandt:

Zusätzliche Details beisteuern. Joyce hätte nicht zu erwähnen brauchen, dass sie sich Sorgen machte, weil sie diese Woche krank war, und Anand nicht, dass er seine Freunde in Boston herumführte, aber indem sie dies taten, boten beide ihrem Gegenüber eine Möglichkeit nachzuhaken.

Gemeinsamkeiten betonen. Gemeinsamkeiten sind ein wirksames Mittel zur Förderung der Kompatibilität, und wenn es nur um ein so unbedeutendes Thema wie Krankheit geht. Spricht man über ein Thema, mit dem alle vertraut sind, erleichtert dies die Beteiligung am Gespräch ungemein. Informieren Sie sich vor Telefonaten mit Personen, die Sie zuvor per E-Mail kontaktiert haben oder denen Sie vorgestellt wurden, online über gemeinsame Erfahrungen, zum Beispiel in Hinblick auf die gleiche Heimatstadt, Schule, außerschulische Aktivitäten, Hobbys oder den beruflichen Werdegang. Wenn Sie jemanden darum bitten, sich Zeit für Sie zu nehmen, besteht die versteckte Erwartung, dass Sie bereits ein wenig über ihn wissen und eine Fragenliste parat haben, die zeigt, dass Sie Ihre Hausaufgaben gemacht haben.

Lieber annehmen als ablehnen. Auf den Aussagen anderer aufzubauen ist einfacher, als ihnen zu widersprechen oder das Thema zu wechseln. Im Zweifel versuchen Sie es mit der Methode, die im Improvisationstheater »Ja, und…« genannt wird: Nehmen Sie das Gesagte an und bauen Sie es weiter aus.

Fragen stellen. Das zeugt nicht nur von Ihrer Neugier gegenüber Ihrem Gesprächspartner, sondern gibt ihm auch die Möglichkeit, ausführlicher zu werden, worauf Sie sich dann wiederum in Ihrer Antwort beziehen können. Diese Vorgehensweise eignet sich vor allem dann, wenn Sie keinen Bezug zu den Erfahrungen Ihres Gesprächspartners haben und daher nichts über sich selbst zu berichten wissen. »Oh ja! Ich auch!« ist nicht immer die einzig wahre Reaktion. Mindestens genauso effektiv ist die Rückfrage: »Ach ja? Klingt interessant! Wie war das denn?«

Zuhören. Je mehr andere Sie als Zuhörer und nicht als Zwischenrufer wahrnehmen, desto mehr werden sie sich mitteilen – und desto leichter fällt ein Gespräch mit ihnen.

Für ausgewogene Redezeiten sorgen. Kein Mensch hat Lust, einen Monolog über sich ergehen zu lassen, und keiner spricht gerne mit einer Wand. Wenn Sie viel geredet haben, sollten Sie eine Frage stellen. Wenn Sie hauptsächlich Fragen gestellt haben, versuchen Sie, Ihre nächste Frage mit mehr Hintergrundinformationen zu unterfüttern, auf die Antwort Ihres Gesprächspartners einzugehen oder etwas über sich selbst zu erzählen.

Sich an Einzelheiten erinnern. Jeder fühlt sich gern wichtig – und wenn sich andere an Kleinigkeiten über uns erinnern, weckt das gewiss gute Gefühle. Einige Vorschläge dazu sind: »Wenn ich mich richtig erinnere, erwähnten Sie …?« oder »Sagten Sie nicht neulich, dass …?« oder »Zu Ihrer Bemerkung von vorhin über …«

Aufmuntern. Eine Führungskraft aus der Technologiebranche sagte mir: »Es gibt zwei Menschentypen: Energiespender und Energievampire. Kein Mensch mag Nörgler – sie saugen einem einfach die Energie ab. Seien Sie positiv!« Gemeinsame negative Erfahrungen fördern zwar manchmal die Kompatibilität, doch beim Sprechen darüber sollten Sie anderen den Vortritt lassen.

Alle Ablenkungen abstellen. Wenn Sie notgedrungen mehrere Aufgaben gleichzeitig erledigen müssen, erläutern Sie zunächst, was Sie vorhaben. Oft genügt schon ein Satz wie: »Ich will nicht unhöflich sein, Entschuldigung, aber ich erwarte eine E-Mail von meinem Chef und mein Handy hat gerade vibriert. Reden Sie bitte weiter, ich höre immer noch zu.«

Ein gleichmäßiges Tempo beibehalten. Legt man vor dem Sprechen eine zu lange Pause ein, wird die Unterhaltung schnell unangenehm. Nimmt man sich dagegen zu wenig Zeit, unterbricht man die anderen womöglich und signalisiert damit, dass man nur darauf wartet, endlich selbst loszulegen. Lassen Sie also andere ausreden und warten Sie lieber noch einen Moment, bevor Sie selbst das Wort ergreifen.

Die anderen spiegeln. Achten Sie auf die Redeweise und die Körpersprache Ihres Gesprächspartners. Vielleicht übernehmen Sie einen ähnlichen Stil. Dadurch wird man von anderen als kompatibler empfunden.

Das Gespräch harmonisch ausklingen lassen. Um das Gespräch angemessen zu beenden, versuchen Sie, sich zurückzulehnen, aufzustehen oder zu sagen: »Ich will Sie nicht aufhalten« oder »Wollen wir dann mal wieder?« Achten Sie auch auf das Verhalten der anderen: Wenn diese plötzlich langsamer antworten, abschweifen, das Gespräch zusammenfassen, über die nächsten Schritte sprechen oder knappe Antworten geben, ist das ein Hinweis darauf, dass Sie sie gehen lassen sollen.

Verstehen Sie mich bitte nicht falsch: Mit einer fremden Person ein flüssiges Gespräch zu führen, ist keine leichte Übung, vor allem, wenn man nicht über die gleiche Vorbildung, die gleichen Erfahrungen und Interessen verfügt. So berichtete mir ein Kundenbetreuer in einem Medienunternehmen: »Meine Kollegen sprachen darüber, dass sie die Sendung *Der Bachelor* schauten und am Wochenende in ihr Ferienhaus fuhren. Mein Chef sagte: ›Am Samstag schippere ich mit meinem Boot auf dem See herum.‹ Ich schwieg, weil ich das Gefühl hatte, nicht dazuzugehören. Wir kamen eben aus unterschiedlichen Verhältnissen. Als meine Managerin mich fragte: ›Und was haben Sie dieses Wochenende vor?‹

und ich sagte, dass ich zu einem Hip-Hop-Konzert ginge, wirkte sie desinteressiert. Später hielt ich einfach den Mund, wenn über das Wochenende geredet wurde.«

Aber als wir uns dann ein Jahr später wieder unterhielten, war ihm klar geworden, dass seine Managerin zwar integrativere Gesprächsthemen hätte finden können, er aber auch mehr für den Austausch mit den anderen hätte tun können: » Es geht nicht darum, die Arbeit zu erledigen, sondern auch darum, Beziehungen aufzubauen. Networking klingt oft ziemlich abgedroschen, ist aber letztlich nichts anderes als Beziehungspflege – und Beziehungspflege ist für den Erfolg im Beruf unfassbar wichtig. Ich hätte mein Interesse zeigen können, indem ich sage: ›Mit dem Leben auf dem Lande kenne ich mich nicht aus. Was machen Sie denn am liebsten?‹ oder ›Ach, das ist ja interessant, das erinnert mich an _____.‹«

Wenn Sie in einem Gespräch in Panik geraten und sich am allerwenigsten an eine lange Liste von Ratschlägen erinnern können, denken Sie an die Abkürzung, die mir ein Hauptmann der Armee beigebracht hat: Engage (sich einlassen), Ask (nachfragen), Repeat (wiederholen), oder EAR. Es geht also darum, »ganz Ohr zu sein«. *Engage* – lassen Sie sich also auf das ein, was andere zu sagen haben: hören Sie zu, lassen Sie das Gehörte sacken, denken Sie nach. Dann stellen Sie selbst eine Frage – a*sk*. Zum Schluss wiederholen Sie das Ganze, bis Ihnen der Gesprächsstoff ausgeht oder Sie sich wieder an die Arbeit machen müssen – r*epeat*. Wenn Sie nicht viel zu erzählen haben, stellen Sie einfach nur Fragen. Abbildung 11-1 zeigt den EAR-Zyklus.

Abbildung 11-1

Wie man eine Unterhaltung in Gang hält

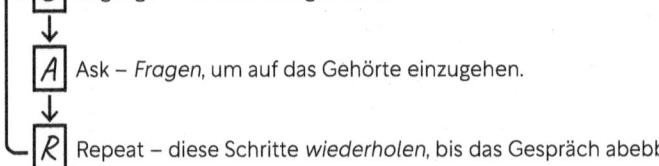

E Engange – Auf das Gesagte der anderen *einlassen*.

A Ask – *Fragen*, um auf das Gehörte einzugehen.

R Repeat – diese Schritte *wiederholen*, bis das Gespräch abebbt.

Von diesen Tipps zur Gesprächsführung einmal ganz abgesehen, sollten Sie nicht vergessen, dass es mit dem bloßen Erlernen und Anwenden von Regeln nicht getan ist. Echte Aufrichtigkeit ist bei der Aufnahme eines für beide Seiten interessanten Gespräches durch nichts zu ersetzen. Also legen Sie einfach los und halten Sie sich solange wie nötig an die Tipps, aber sobald Sie den Dreh raus haben, werfen Sie alle Regeln über Bord und widmen Sie sich dem Kennenlernen Ihres Gesprächspartners. Das Gesprächs-Tennis hat begonnen. Und jetzt sehen Sie zu, dass Sie den Ball schön im Spiel halten!

Die Dynamik aufrechterhalten

Beziehungen entstehen nicht durch einzelne Gespräche. Sie entwickeln sich über Wochen und Monate hinweg aus einer Vielzahl von Interaktionen. Nachdem nun eine positive Reaktion auf Offerten erfolgt ist und das eine oder andere Gespräch geführt wurde, liegt es an Ihnen, die Beziehung aufrecht zu erhalten. Die folgenden sieben Taktiken eignen sich dafür, von der am wenigsten intensiven bis zur stärksten Beteiligung.

Erneut begrüßen. Erstaunlich, wie viele Leute das nicht tun. Wenn man jemanden nicht grüßt, den man bereits kennt, wirkt das, als würde man sagen: »Ich erinnere mich nicht an dich.« Grüßen, nicken, lächeln Sie, oder sagen Sie »Schön, Sie wiederzusehen«. Falls Ihnen der Name nicht mehr einfällt, könnten Sie sagen: »Entschuldigung, als wir einander vorgestellt wurden, ging es irgendwie so schnell, dass ich gerade nicht auf Ihren Namen komme. Sagen Sie ihn mir bitte noch einmal?«

Nach dem Befinden erkundigen. Mit einer simplen Frage wie »Wie war Ihre Reise?« oder »Was wurde eigentlich aus …?« können Sie auf einfache Weise Ihre Aufmerksamkeit und Interesse bekunden.

Relevante Neuigkeiten weitergeben. Sind Sie auf einen Artikel, ein Video, eine Podcast-Episode, einen Newsletter oder eine Veranstaltung gestoßen, die für eine bestimmte Person von Belang ist? In diesem Fall leiten Sie den Link mit den Worten weiter: »Vielleicht haben Sie das schon gesehen, aber beim Lesen/Hören ist mir unser Gespräch neulich eingefallen.« Damit signalisieren Sie ganz unkompliziert, dass Sie immer noch an die Person denken.

Kontaktvermittlungen vorschlagen. Wenn Sie jemandem begegnen, der ähnliche Interessen hat wie die Person, mit der sie in Kontakt standen, fragen Sie, ob Sie ihn der Person vorstellen sollen. Erkundigen Sie sich dann bei Ihrem Kontakt, ob ebenfalls Interesse besteht. Ist dies der Fall, werden Sie zum Vermittler dieser bereits erwähnten »Vorstellung mit doppeltem Opt-in«. Auch Sie können zu einer gesellschaftlichen Größe werden – und zu einem Meinungsmacher.

Dankbarkeit zeigen. Wenn Ihnen jemand mit Rat und Tat zur Seite gestanden hat, sollten Sie sich kurz nach dem Treffen per E-Mail bedanken (idealerweise am nächsten Tag, spätestens jedoch innerhalb einer Woche). Ein Versäumnis wirkt schnell undankbar, vor allem wenn Sie um das Gespräch gebeten haben. Vergessen Sie nicht, auch die Person, die Ihnen den Kontakt vermittelt hat, auf dem Laufenden zu halten und ihr zu danken. Seien Sie großzügig mit Dank. Vermitteln Sie anderen ein gutes Gefühl. Eine bestätigende Rückmeldung weiß jeder zu schätzen: »Durch Sie habe ich _____ – Danke!«

Den Wunsch zur Zusammenarbeit äußern. Machen Sie auf sich aufmerksam, wenn sie mit jemandem sprechen, der in einem Team oder Projekt arbeitet, an dem Sie sich ebenfalls gerne beteiligen würden. Versuchen Sie es einmal mit: »Wenn Sie Unterstützung brauchen, denken Sie bitte an mich.« Was man nicht erbittet, bekommt man auch nicht. Denken Sie an die Einstellung: »Versuchen wir's doch einfach mal!«

Zu Mittagessen oder Kaffee einladen oder am Telefon nachfassen.
Diese Vorgehensweise eignet sich auch, wenn Sie ein längeres Gespräch wünschen, beispielsweise, wenn Sie mehr über die Erfahrungen Ihres Gesprächspartners (z.B. in Bezug auf sein Studium) oder seine Arbeit (z.B. ein früheres Projekt, das er geleitet hat) hören möchten. Treffen sind allerdings mitunter sehr anstrengend, daher sollten Sie sich vorher überlegen, worüber genau Sie reden möchten, und nur wenige Personen zur gleichen Zeit ansprechen, damit Sie nicht als aggressiver Netzwerker wahrgenommen werden.

Die hier vorgestellten Strategien sind nicht nur für eine neue Arbeitsstelle relevant. Sie greifen in jedem Lebensbereich, sowohl beruflich als auch privat. Dabei verschwimmen die Grenzen zwischen Privatem und Beruflichem bisweilen.

So erging es auch Donovan, einem Labortechniker in Toronto. Donovan erzählte mir, wie er einen großen Teil seines persönlichen Netzwerks in einer neuen Stadt aufbaute, indem er beim Spaziergang mit seinem Hund im nahegelegenen Park auf die Offerten anderer einging. Auch sein Hund half ihm dabei. Jedes Mal, wenn sein vierbeiniger Begleiter ihn zu einem anderen Hundebesitzer hinzog, nutzte Donovan dies als Vorwand für ein Gespräch: »Wie heißt Ihr Hund? Wie lange haben Sie ihn schon?« Wenn er dieselben Leute am nächsten Tag wiedersah, erkundigte er sich nach ihrer Woche und danach, wie lange sie schon in der Nachbarschaft wohnten. Schon bald gehörte er zu einer Chatgruppe mit anderen Hundeleuten, die morgens um 7 Uhr ihre Runde drehten. Viele von ihnen waren zwischen 30 und 50 Jahre alt.

Drei Jahre später wollte Donovan nach Houston ziehen und war auf der Suche nach einer neuen Arbeitsstelle. Er spielte mit dem Gedanken, in die Immobilienbranche oder in einen handfesteren Bereich als das Labor zu wechseln; er wollte das Produkt seiner Bemühungen sehen und anfassen. Auch mit seinen Hundebekanntschaften sprach er über seine Pläne. Jemand bot Donovan an, ihn mit einer Freundin der Familie bekannt zu machen, Karis, die in New York City im Immobiliengeschäft tätig war. Obwohl er eigentlich nicht nach einer Stelle in New York City suchte, nahm Donovan das Angebot an.

Am Telefon bot Karis an, Donovans Lebenslauf an eine Studienfreundin namens Vicky weiterzuleiten, die im Baugewerbe in Houston arbeitete. Nachdem er einmal mit Vicky telefoniert hatte, traf sich Donovan nach seiner Ankunft in Houston mit ihr und ein paar ihrer Kolleginnen und Kollegen zum Mittagessen. Als sie das Restaurant verlassen wollten, kam ein Freund von einem von Vickys Mitarbeitern vorbei und plauderte mit der Gruppe. Er war Leiter einer Baufirma. Donovan stellte sich ihm vor. Um das Ganze abzukürzen: In Vickys Unternehmen gab es zwar keine offenen Stellen, aber Vickys Kollege leitete Donovans Lebenslauf an den Leiter eines anderen Bauunternehmens weiter. Eine Woche später wurde Donovan als Projektleiter eingestellt.

Wenn ich aus Donovans Geschichte eines gelernt habe, dann, dass man nie weiß, was aus einer Beziehung entwickeln kann, vor allem, wenn man die Einstellung hat *Versuchen wir's doch einfach mal!* In Donovans Fall konnte man nicht ahnen, wohin eine Verbindung um fünf Ecken führen würde. Alles, was man zum ersten Mal tut, ist unbequem. Dazu gehört auch, einen Fremden zu begrüßen. Doch mit der Zeit wird es immer einfacher. Es dauert nicht lange, bis aus dem völlig Fremden ein vertrautes Gesicht, ein freundlicher Bekannter, ein hilfsbereiter Verbündeter oder in manchen Fällen sogar ein treuer Mitstreiter wird. Der Kollege, von dem Sie dachten, Sie hätten nichts mit ihm gemeinsam, wechselt zu einer besseren Stelle – und nimmt Sie mit. Der Vorgesetzte, von dem Sie nicht einmal erwartet hätten, dass er Sie grüßt, verfasst am Ende Ihr Referenzschreiben. Beginnen Sie jetzt! Je früher Sie den Erfolgskreislauf von Menschen und Gelegenheiten in Gang setzen, desto mehr Beziehungen knüpfen Sie und desto eher werden sich Gelegenheiten ergeben.

Ausprobieren!

- Stellen Sie die Verbindung her: Achten Sie auf »Offerten« (Bitten von anderen um menschliche Kontakte) und gehen Sie positiv darauf ein. Finden Sie Vorwände für Offerten; bitten Sie darum, anderen vorgestellt zu werden; schreiben Sie Menschen per E-Mail an; seien Sie präsent und zeigen Sie sich.
- Spielen Sie das Spiel: Lassen Sie sich auf das ein, was andere zu sagen haben, stellen Sie Fragen und wiederholen sie die Antworten.
- Halten Sie die Dynamik aufrecht: Wenn Sie andere wiedersehen, sollten Sie sie begrüßen und versuchen, das Gespräch in Gang und die Beziehung aufrecht zu erhalten.

REGELN

Wie man beruflich besser vorankommt

Meetings meistern

Ein Analyst bei einer Risikokapitalgesellschaft namens Peter hatte tagelang an einem Memo über ein Technologie-Start-up gearbeitet, in das das Unternehmen investieren wollte. Noch am selben Tag war eine Videokonferenz mit der CEO des Start-ups angesetzt; Peter sowie der Geschäftsführende Gesellschafter, der Vice President (VP) und der Senior Associate würden sich zuschalten. Nachdem Peter das Memo fertiggestellt hatte, schickte er das Dokument an seine Kolleginnen und Kollegen und atmete erleichtert auf. Aufgabe erledigt – glaubte er jedenfalls.

Während des Meetings bombardierten Peters Kolleginnen und Kollegen die CEO mit Fragen über den Zielmarkt des Start-ups, die Kooperationsstrategie und den Personalbedarfsplan. Peter hörte stummgeschaltet einfach nur zu.

»Auf Folie sechs ist ein von vielen etablierten Unternehmen überfüllter Markt zu sehen. Wodurch heben Sie sich ab?«, fragte der Geschäftsführende Gesellschafter.

»Auf Folie 26 geht es um Ihre Kooperationsstrategie, aber die Bedeutung der Pfeile ist mir nicht ganz klar. Würden Sie mir das bitte erklären?«, hakte der Vice President nach.

»Wie sieht Ihr Personalbedarfsplan für die nächsten 18 Monate aus?«, wollte der Senior Associate wissen.

Nach einer 25-minütigen ununterbrochenen Fragerunde wandte sich der Geschäftsführende Gesellschafter an Peter. »Von Ihnen haben wir noch gar nichts gehört. Haben Sie noch Fragen?«

»Äh«, stammelte Peter. »Nein!«

»Also dann, soweit erstmal«, sagte der Managing Partner zu der CEO des Start-ups. »Das war's von unserer Seite. Wir melden uns wieder.«

Das sollten Sie wissen

- Meetings sind Gelegenheiten, bei denen Sie Ihre Kompetenz, Ihr Engagement und Ihre Kompatibilität gezielt unter Beweis stellen können.
- Bei der Demonstration Ihres »KEKs« gilt es im Wesentlichen zu wissen, wann Sie gesehen und gehört werden sollten, wann Sie gesehen, aber nicht gehört werden sollten und wann Sie weder gesehen noch gehört werden sollten – und entsprechend zu handeln.
- Je besser die Vorbereitung, desto überzeugender Ihr Auftritt.

Nachdem die CEO die Verbindung beendet hatte, ergriff der Vice President das Wort. »Und, was halten Sie davon? Sollten wir in dieses Unternehmen investieren?«

»Eine Frage«, sagte der Senior Associate. »Sie sprach immer wieder von einer ›dritten Partei‹. Hat einer von Ihnen mitbekommen, worauf sie sich bezog?«

Peters Kollegen sprachen weiter darüber, was ihnen an dem Unternehmen gefiel und was nicht. Peter blieb stumm. Schließlich wandte sich der Vice President an ihn. »Was denken Sie? Sie sind so still.«

Peter hob die Stummschaltung auf. »Ähm, also ich finde, es sieht interessant aus. Sie haben zwar anscheinend eine Menge Konkurrenten, aber es klingt trotzdem … interessant.«

Nach dem Gespräch schickte der Geschäftsführende Gesellschafter dem VP eine Direktnachricht:

Wir müssen über Peter sprechen. Kann es sein, dass er nicht hier sein will?

Der VP antwortete: Schwer zu sagen. Sein Recherche-Memo war jedenfalls ganz anständig.

Der Geschäftsführende Gesellschafter erwiderte: War das wirklich sein Werk? Na egal, wenn er sich mit Memos auskennt, soll er sich um die Memos kümmern. Aber so wie heute geht's nicht.

Von diesem Zeitpunkt an wurde Peter nicht mehr zu Videokonferenzen eingeladen, sondern nur noch zu Telefonaten.

Was war passiert? Hier kommen wir wieder auf eine in Kapitel 4 eingeführte unausgesprochene Regel zurück: den Unterschied zwischen dem Lernmodus (bei dem man noch nicht viel weiß und deshalb erwartet wird, dass man Fragen stellt) im Gegensatz zum Führungsmodus (bei dem erwartet wird, dass man im Bilde ist und zu den Diskussionen beiträgt). Peter blieb in beiderlei Hinsicht hinter den Erwartungen seiner Kollegen zurück. Im Lernmodus stellte er keine Fragen, im Führungsmodus meldete er sich nicht zu Wort.

Was lernen wir daraus? Keiner kann Gedanken lesen, also weiß auch keiner, wie sehr Sie sich angestrengt beziehungsweise wie gründlich Sie Ihre Arbeit gemacht haben. Aber jeder achtet darauf, wie Sie in Besprechungen (und in anderen Situationen) wirken – und geht davon aus, dass dieser Eindruck exakt dem entspricht, wie Sie Ihre Aufgabe insgesamt erfüllen.

Bekanntlich sind diese Fremdbeurteilungen nicht immer fair. Vielleicht hielt Peter eine Wortmeldung nicht für angebracht, da er der Rangniedrigste in der Befehlskette war. Vielleicht hielt er seine Gedanken nicht für wichtig genug. Vielleicht beschäftigte ihn etwas anderes in seinem Leben, sodass er nicht in der Stimmung für einen Redebeitrag war. Oder vielleicht schalteten die anderen auch nur ihr

Mikrofon schneller wieder ein, was Peter aus dem Tritt brachte. So gut Peters Absichten auch gewesen sein mochten, seine Wirkung war leider negativ.

Der Vice President und der Geschäftsführende Gesellschafter hätten Peter zwar fragen können und sollen, warum er sich nicht zu Wort meldete, taten es aber nicht. Sie verließen sich stattdessen darauf, dass Peter ihren subtilen Hinweis schon entschlüsseln würde: »Von Ihnen haben wir noch gar nichts gehört. Haben Sie noch Fragen?« bedeutete eigentlich: »Sagen Sie endlich etwas.«

Aber auch Peter hätte mehr tun können, nämlich um eine Rückmeldung zu seiner Beteiligung bitten (ein Thema, das wir in Kapitel 13 behandeln werden). So hätte er seinen Vorgesetzten zumindest die Möglichkeit gegeben, ihm ihre Meinung mitzuteilen. Weil er das aber nicht tat, verschlechterten sich seine Karrierechancen.

Verhindern wir also, dass Sie sich in Peters Situation wiederfinden. Anhand von sieben Fragen können Sie herausfinden, was Sie vor, während und nach einer Besprechung tun müssen, um Ihren »KEKs« zu stärken. Abbildung 12-1 veranschaulicht diese Fragen.

Vor der Besprechung

Worum soll es in der Besprechung gehen und wer wird anwesend sein?

Im Laufe einer arbeitsreichen Woche erhalten Sie vielleicht aus heiterem Himmel ohne nähere Erläuterungen Einladungen zu Besprechungen und Anfragen wie »Hallo, können Sie bitte mal dazu kommen«. Möglicherweise hatte Ihr Vorgesetzter keine Zeit, Ihnen den Kontext zu erläutern. Oder er nimmt an, dass Sie über etwas Bescheid wissen, obwohl das gar nicht der Fall ist. Egal, was dahintersteckt: Die unausgesprochene Erwartung ist trotzdem, dass Sie wissen, worum es in der Besprechung geht, und darauf vorbereitet sind.

Abbildung 12-1

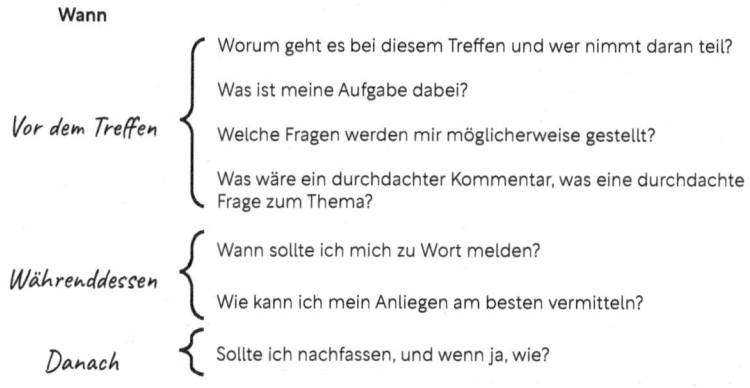

Sieben Fragen, die man sich zur Vorbereitung jeder Sitzung stellen sollte

Wann

Vor dem Treffen
- Worum geht es bei diesem Treffen und wer nimmt daran teil?
- Was ist meine Aufgabe dabei?
- Welche Fragen werden mir möglicherweise gestellt?
- Was wäre ein durchdachter Kommentar, was eine durchdachte Frage zum Thema?

Währenddessen
- Wann sollte ich mich zu Wort melden?
- Wie kann ich mein Anliegen am besten vermitteln?

Danach
- Sollte ich nachfassen, und wenn ja, wie?

Hier wird mitunter ein bisschen mit zweierlei Maß gemessen. Ein bei einem Technologieunternehmen angestellter Ingenieur erzählte mir, dass ein Mitglied der Unternehmensdirektion oft zu spät zu Besprechungen kam, um dann zu fragen: »Okay, worum geht es heute eigentlich?« Hier kommt wieder die Befehlskette ins Spiel: Schon möglich, dass ein ranghoher Direktor mit einem solchen Verhalten durchkommt, aber Sie können darauf wetten, dass auch er zu einem Meeting mit seinem Vorgesetzten gut vorbereitet erschienen wäre.

Daher empfiehlt es sich meistens, auf Nummer sicher zu gehen, um jederzeit mitreden zu können. Am besten überfliegen Sie die Tagesordnungen oder Terminanfragen, sobald Sie sie erhalten. Auf diese Weise wissen Sie, wie wichtig die Besprechung ist, wer noch teilnimmt (Personen außerhalb Ihres Teams, Vorgesetzte, Kunden?), ob Sie selbst im Mittelpunkt stehen werden, und ob und wie viel Sie vorbereiten müssen. Falls Sie nicht über diese Informationen verfügen, sollten Sie die Person, die Sie eingeladen hat, oder jemanden auf Ihrer Ebene fragen.

Im Allgemeinen ist der Zweck von Meetings entweder, die Teilnehmenden bezüglich aktueller Entwicklungen zu informieren oder ein Thema auszudiskutieren. Bei den Treffen zum aktuellen Stand der

Dinge berichten die Teilnehmer nacheinander, woran sie gerade arbeiten und wie es vorangeht. Bei Diskussionsrunden wird in der Regel ein freieres Gespräch geführt. Ungeachtet des zwanglosen Charakters gibt es jedoch immer ein übergeordnetes Ziel – eine Entscheidung zu treffen, Informationen auszutauschen oder eine Einigung zu erzielen. In Peters Beispiel wurden alle drei Ziele verfolgt. Das Meeting mit der CEO diente dem Austausch von Informationen über das Start-up. Bei der Nachbesprechung im Anschluss ging es darum, die Vor- und Nachteile des Start-ups zu verstehen. Die Unterhaltung per Direktnachricht, von der Peter nichts wusste, diente der Entscheidungsfindung, ob Peter zu weiteren Treffen eingeladen werden sollte. Abbildung 12-2 zeigt die verschiedenen Arten von Meetings.

Abbildung 12-2

Meeting-Typen in der Arbeitswelt

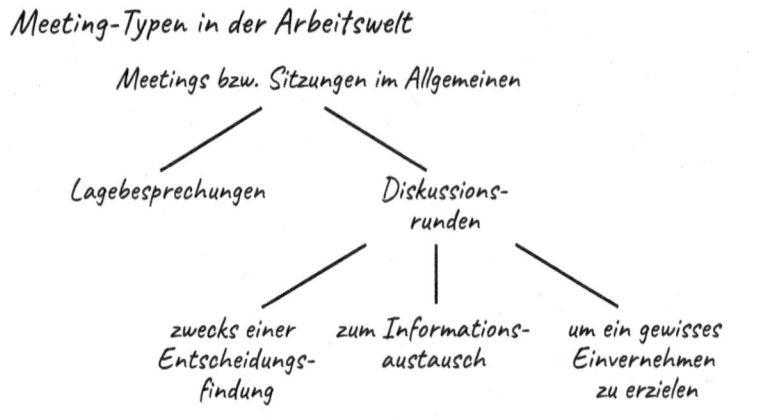

Je größer das Meeting, desto weniger Redezeit hat jeder – und desto leichter kann man sich unbemerkt »verstecken«, vor allem, wenn viele Vorgesetzte anwesend sind. Handelt es sich jedoch um eine kleine Runde (also weniger als sechs oder sieben Personen) im Kreise der unmittelbaren Kolleginnen und Kollegen oder geht es um ein Thema, an dem Sie mitgearbeitet haben, werden Sie wahrscheinlich irgendwann die Aufmerksamkeit auf sich ziehen. Sie sollten also wachsam sein und sich mit folgenden Fragen beschäftigen.

Welche Rolle spiele ich in dieser Besprechung?

Nachwuchskräfte können davon ausgehen, dass sie in Besprechungen eine von drei nicht ausdrücklich benannten Rollen spielen:

Sowohl gesehen als auch gehört werden. Besprechungen, in denen von Ihnen erwartet wird, dass man Sie sowohl sieht als auch hört, sind in der Regel kleiner, finden teamintern statt oder betreffen Themen, an denen Sie gearbeitet haben. Je mehr Berufserfahrung Sie haben, je besser Sie sich mit einem bestimmten Thema auskennen, je weniger hierarchisch das Team, in dem Sie arbeiten und je kleiner die Runde (sodass alle gleichermaßen im Vordergrund stehen), desto häufiger werden Sie diese Rolle in den Sitzungen einnehmen.

Dies war auch Peters unausgesprochene Rolle: Obwohl sein Unternehmen hierarchisch aufgebaut war, wurde er als die sachkundigste Person im Raum angesehen, weil er das Recherche-Memo erstellt hatte. Außerdem befand er sich in einer Besprechung, in der alle gleichermaßen im Blickpunkt standen – nicht nur die Person mit dem höchsten Titel. Wenn Sie zu einer kleinen Besprechung über ein Projekt eingeladen werden, an dem Sie gerade arbeiten, sollten Sie Ihren Vorgesetzten fragen, ob Sie dafür etwas Bestimmtes vorbereiten sollten. Gut möglich, dass Ihr Vorgesetzter sogar sagt: »Wissen Sie was? Präsentieren *Sie* das doch einfach. Sie kennen sich mit den Einzelheiten sowieso besser aus.« Und schon hat sich eine neue Gelegenheit aufgetan.

Gesehen, aber nicht gehört werden. Bei Besprechungen, in denen Sie zwar gesehen, aber nicht gehört werden sollen, handelt es sich in der Regel um größere persönliche Zusammenkünfte oder Videokonferenzen, an denen eine größere Zahl Vorgesetzter und externe Kunden beteiligt sind oder wo es um Themen geht, die nicht in Ihren Zuständigkeitsbereich fallen. Wenn Sie in einem hierarchischen Umfeld arbeiten, in dem nur die Vorgesetzten in Besprechungen das Wort ergreifen, werden Sie sich häufiger in dieser Rolle wiederfinden. In diesen Fällen schweigen die jüngeren Mitarbeiter in der Regel, hören zu, schreiben

mit und äußern sich nur auf Nachfrage. In eher hierarchischen Arbeits-
umgebungen sitzen die jüngeren Mitarbeiter oft an der Wand oder am
Tischende.

Weder gesehen noch gehört werden. Meetings, in denen Sie weder zu
hören noch zu sehen sein sollten, sind in der Regel Telefonkonferenzen, bei denen ein höherrangiger Mitarbeiter Ihres Unternehmens mit
einem höherrangigen Mitarbeiter eines anderen Unternehmens spricht.
Es kann vorkommen, dass zwei Personen sprechen, während eine größere Zahl Zuhörer sich stummgeschaltet im Hintergrund hält.

In diesem Fall wird möglicherweise von Ihnen erwartet, dass Sie ein
Protokoll führen, das Sie im Anschluss an die Besprechung aufbereiten
und allen Teilnehmern zukommen lassen. Ist nicht ganz klar, ob etwas
in der Art von Ihnen erwartet wird, wenden Sie sich an Ihren Vorgesetzten. Sollten Sie keine Gelegenheit zur Nachfrage haben, orientieren Sie sich an dem, was andere Mitarbeiter auf Ihrer Ebene tun, und
folgen Sie diesem Beispiel. Wenn Sie nur zuhören müssen, genießen
Sie die Vorstellung: Meetings bieten eine schöne Gelegenheit, zwischen-
menschliche Beziehungen zu lesen.

Abbildung 12-3 zeigt die drei verschiedenen Rollen, die man in Besprechungen einnehmen kann.

Abbildung 12-3

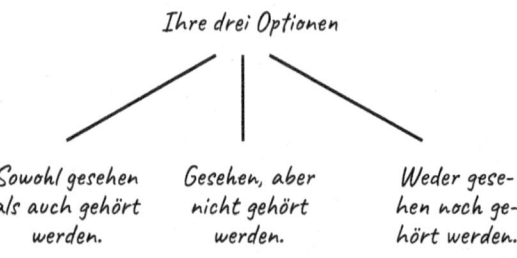

Worauf Sie sich in Meetings einstellen sollten

Ihre drei Optionen

Sowohl gesehen als auch gehört werden.   *Gesehen, aber nicht gehört werden.*   *Weder gesehen noch gehört werden.*

Ungeachtet der Art der Besprechung oder Ihrer ausdrücklichen Aufgaben besteht in der Regel die Erwartung, dass Sie mindestens zwei unausgesprochenen Pflichten nachkommen: lernen (vor allem als Neuling) und das Team vertreten (vor allem, wenn Sie die einzige Person aus Ihrem Team sind).

Das folgende Beispiel beschreibt, wie von jemandem erwartet wurde, dass er lernte, was er aber unterließ: Eine Merchandising-Managerin eines Möbelherstellers erzählte mir einmal, dass sie ihren Kollegen immer wieder zu Verhandlungsgesprächen mit Lieferanten einlud. Diese Managerin hatte einen bestimmten Verhandlungsstil und erwartete von ihrem Mitarbeiter, dass er genau aufpasste, mitschrieb und lernte. Doch als die Managerin dem Mitarbeiter die Leitung der nächsten Verhandlung übertragen wollte, fragte dieser: »Was soll ich sagen?« Um es mit den Worten der Managerin zu sagen: »Wenn Sie mit im Raum sind, erwarte ich, dass Sie lernen. Warum hätte ich Sie denn sonst mitgenommen?!«

Und hier ist ein Beispiel dafür, dass von jemandem erwartet wurde, sein Team zu repräsentieren: Eine Business Development Representative (BDR) in einem Technologieunternehmen bekam einmal zufällig mit, wie Manager aus anderen Teams über eine bevorstehende abteilungsübergreifende Besprechung redeten. Die BDR meldete die Nachricht an ihre Vorgesetzte: »Wahrscheinlich sind Sie schon informiert, aber ich habe von einem abteilungsübergreifenden Go-to-Market-Strategietreffen gehört, das, soweit ich weiß, in Ihre Urlaubszeit fällt. Ich dachte, das interessiert Sie vielleicht, falls Sie unser Team dabeihaben wollen.«

Es stellte sich heraus, dass die Managerin nichts von dem Meeting wusste und dass dies tatsächlich wichtig war. Schließlich schickte die Managerin eine Vertretung zum Meeting und lud die BDR ebenfalls ein. Man weiß nie, ob sich durch die Teilnahme an einer Besprechung nicht neue Möglichkeiten ergeben, also scheuen Sie sich nicht, etwas zu sagen, wenn Sie über potenziell wertvolle Informationen verfügen.

Mit welchen Fragen muss ich rechnen?

Unabhängig von der Art des Treffens sind diese drei Fragen in jedem Fall berechtigt.

- Woran arbeiten Sie gerade?
- Wie ist der aktuelle Stand in Sachen _____?
- Können Sie uns mehr über _____ erzählen?

Wer diese Fragen selbstbewusst und prägnant beantwortet, beweist Kompetenz und erweckt bei seinen Gesprächspartnern den Eindruck: *Oha, diese Person weiß wirklich, wovon sie spricht!* Um den bestmöglichen Eindruck zu hinterlassen, sollten Sie sich mental vorbereiten, indem Sie vergangene, aktuelle und zukünftige Projekte durchgehen. So kommen Ihnen die folgenden Sätze selbstbewusst über die Lippen:

- Ich beschäftige mich gerade mit _____, um zu _____
- Bis jetzt habe ich an _____ gearbeitet, und als Nächstes konzentriere ich mich _____
- Ich erwarte, dass ich bis _____ mit _____ fertig bin.
- Bei _____ könnte ich aufgrund von _____ Hilfe gebrauchen.
- Beim letzten Mal wurde nach _____ gefragt. Ich habe mich eingehender damit befasst und _____ herausgefunden.

Und wenn Sie auf Ihrem Computer Arbeitsergebnisse haben, die andere eventuell einsehen möchten, sollten Sie diese vor der Besprechung öffnen, damit Sie auf Nachfrage schnell und sicher Ihren Bildschirm freigeben können. Wer selbstbewusst sagen kann: »Ja, kann ich gerne teilen. Bitte schön!«, signalisiert unauffällig, aber effektiv, dass er die Situation unter Kontrolle hat. Tausend Mal besser, als herumzustottern, suchen zu müssen und dadurch den Eindruck zu erwecken, dass man seine Aufgaben nicht erledigt hat!

Wie lautet die eine durchdachte Bemerkung beziehungsweise Frage zum Thema?

Wenn Sie Zeit haben, sich vorzubereiten (und vor allem, wenn an der Besprechung Personen teilnehmen, die Sie beeindrucken möchten), sollten Sie mindestens eine durchdachte Bemerkung und eine durchdachte Frage parat haben. Besonders hilfreich ist dies, wenn es Ihnen schwerfällt, in Meetings gedanklich am Ball zu bleiben.

Das Wort »durchdacht« klingt zunächst etwas gruselig, bedeutet aber lediglich, dass Ihr Beitrag für die Diskussion relevant sein *und* auf Fehlendes, Problematisches, Verwirrendes, Falsches oder Unerwartetes hinweisen sollte. Ob ein Gedanke »wichtig« ist, hängt von der Zielsetzung des Treffens ab. Soll eine Entscheidung getroffen werden, kann sich möglicherweise schon eine Kleinigkeit auf den Entscheidungsprozess auswirken. Sollen Informationen ausgetauscht oder ein Einvernehmen hergestellt werden, könnte alles wichtig sein, was die anderen interessiert.

Manchmal erhalten Sie »Vorab-Lektüre« – Unterlagen zur Vorbereitung der Sitzung. Versuchen Sie, diese zu lesen (oder zumindest zu überfliegen), denn irgendwo darin befinden sich die nötigen Bestandteile für einen durchdachten Kommentar. Anhand der folgenden Fragen können Sie sich bewusst machen, wonach Sie Ausschau halten:

- Was fehlt?
- Was ist problematisch?
- Was ist missverständlich?
- Was ist falsch?
- Was überrascht?

Sobald Sie in den Besprechungsunterlagen etwas finden, auf das eines der oben genannten Kriterien zutrifft, notieren oder markieren Sie es. Bei wichtigen Meetings, wo es um Kunden und viele Details geht, nimmt die Vorbereitung unter Umständen mehrere Stunden in Anspruch. Oft beansprucht dieses Prozedere jedoch weniger als 30 Minuten. (Aus diesem Grund halten sich viele zwischen Besprechungen ein Zeitfenster von etwa einer halben Stunde frei: um eventuell vorhandene Unterlagen zu überfliegen und somit etwas Vernünftiges zu sagen zu haben.) Auch wenn von Ihnen als neuem Teammitglied (abhängig von der Unternehmenskultur) nicht unbedingt erwartet wird, dass Sie in Besprechungen das Wort ergreifen, sollten Sie sich »ein durchdachter Kommentar, eine durchdachte Frage« trotzdem als Faustregel zu eigen machen. Schaden kann es auf keinen Fall: Auch wenn Sie überhaupt nicht dazu kommen, Ihren Kommentar abzugeben oder Ihre Frage zu stellen, gilt: Je besser Sie informiert sind, desto besser können Sie der Diskussion folgen. Und je mehr Sie sich darin üben, Kommentare und Fragen zu formulieren, desto schneller werden Sie – und desto weniger Vorbereitungszeit müssen Sie in Zukunft einplanen.

Während der Besprechung

Bei Besprechungen, in denen Sie sowohl gesehen als auch gehört werden sollen, oder wenn Sie merken, dass es besser wäre, das Wort zu ergreifen, weil alle anderen auf Ihrer Ebene dies auch tun, müssen Sie wissen, wann und wie Sie sich am besten verständlich machen.

Wann sollte ich mich zu Wort melden?

Manchmal bekommt man in Meetings, vor allem in größeren, nur ein einziges Mal Redezeit zugestanden. Mitunter beschränkt sich diese Redezeit auf 15 Sekunden, in denen Sie aufgefordert werden, sich selbst vorzustellen (hier ist Ihr äußeres Narrativ gefragt). Achten Sie unbedingt darauf, dass Sie dies so deutlich und selbstbewusst wie möglich tun: »Hallo, ich heiße _____. Ich bin _____ und zuständig für _____.« Sorgen Sie dafür, dass dieser eine Eindruck überzeugt. Bei anderen Besprechungen wird vielleicht erwartet, dass jeder mehrmals etwas sagt, und in diesem Fall gilt die gleiche Erwartung wahrscheinlich auch Ihnen. Achten Sie auf das zugrundeliegende Muster.

Die Wahl des Zeitpunkts ist ebenfalls eine strategische Frage. Je früher Sie das Wort ergreifen, desto eher sind Sie präsent und desto mehr können Sie Ton und Richtung des Gesprächs beeinflussen – riskieren allerdings auch, dass Ihr Anliegen später in Vergessenheit gerät. Je später Sie das Wort ergreifen, desto mehr können Sie die endgültige Entscheidung beeinflussen, riskieren aber auch, dass die Diskussion einen Verlauf nimmt, der Ihnen vielleicht nicht gefällt.

Außerdem sollten Sie Ihren Kommentar innerhalb der Diskussion sorgfältig timen. Wenn Sie die Erstellung eines Werbevideos vorschlagen möchten, sollten Sie das Thema erst ansprechen, wenn die Gruppe sich bereits für die Durchführung einer Marketingkampagne empfänglich gezeigt hat. Wenn Sie es zu früh vorschlagen, fragen sich die Teilnehmer vielleicht, warum ein Video überhaupt notwendig sein soll. Schlagen Sie es zu spät vor und die Gruppe spricht bereits über das Budget für das nächste Jahr, haben Sie eventuell Ihre Chance verpasst.

Schrecken Sie nicht davor zurück, neue Informationen in die Runde einzubringen. Haben Sie einen Artikel gelesen, einen Podcast gehört, ein Video gesehen oder in anderer Form etwas (nicht Vertrauliches) erfahren, das die Entscheidungsfindung vereinfacht? Erwähnen Sie es. Die interessantesten Kommentare kommen oft von Personen, die relevante Neuigkeiten oder Beispiele aus der Arbeit anderer aufgreifen.

Wie kann ich mich am besten verständlich machen?

Es geht nicht nur darum, zu reden, sondern vor allem auch darum, gehört zu werden und in Erinnerung zu bleiben. Sie müssen also klar, prägnant und selbstbewusst sprechen. Überlegen Sie zunächst, ob die Tonlage und der Tonfall Ihrer Stimme auf eine Aussage oder eine Frage hindeuten. Ist man nervös, verkehren sich Aussagen wie »Die Backup-Analyse befindet sich auf Seite 16« (bei der man sicher klingt) schnell in eine Frage wie »Die Backup-Analyse befindet sich auf Seite 16?« (bei der man unsicher klingt). Ich versuche immer noch, mir das »Fragen stellen« abzugewöhnen, wenn ich eigentlich Aussagen machen sollte.

Als Nächstes sollten Sie sich überlegen, wie Sie in die Diskussion einsteigen wollen. Die folgenden Sätze helfen Ihnen dabei, Ihren Beitrag so zu formulieren, dass sich anderen der Zusammenhang zum bisher Gesagten (und damit die Relevanz des Kommentars) auch erschließt:

- Dem stimme ich zu. Außerdem _____
- Bezugnehmend auf die Ausführungen von _____
- Der Hinweis von _____ auf _____ gefällt mir. Dies wirft die Frage nach _____ auf.
- Um den Gedanken von _____ weiterzuführen _____

In einer Gruppe schnell sprechender extrovertierter Menschen oder erfahrener Mitarbeiter kann es einen schon mal überfordern, mit dem Tempo Schritt zu halten *und* gleichzeitig selbst einen klugen Gedanken zu formulieren. Wenn Ihnen nichts einfällt, bleiben unter anderem folgende Möglichkeiten:

- Bringen Sie eine relevante Erfahrung, einen Vergleich oder einen Referenzwert ein: »Das erinnert mich an _____, als wir _____«
- Weisen Sie auf eine Implikation, einen Widerspruch, eine Einschränkung, ein Gegenargument oder eine Ausnahme hin: »Die Idee gefällt mir, auch wenn sie die Frage nach _____ aufwirft.«
- Bieten Sie den Standpunkt eines Stakeholders an, der noch nicht in Betracht gezogen wurde: »Aus der Sicht von _____ ergibt das schon Sinn, aber aus der Sicht von _____«
- Schaffen Sie einen Rahmen, um die Ideen der anderen zu ordnen oder zusammenzufassen oder aber den fraglichen Punkt zu strukturieren: »Soweit ich das verstanden habe, gibt es drei Möglichkeiten: _____«
- Bringen Sie die Gruppe zurück zum Hauptthema, zu einer früheren Entscheidung oder zu einer Entscheidung über die nächsten Schritte: »Bevor wir uns zu weit vorwagen, möchte ich gerne sicherstellen, dass wir _____«

Was tun, wenn man kaum Gehör findet?

In Meetings herrschen zuweilen die unfairsten Bedingungen im Arbeitsleben. Unzählige Frauen haben mir von der Erfahrung berichtet, dass man sie nicht zu Wort kommen lässt. Und wenn sie doch zum Sprechen aufgefordert werden, werden sie oft unterbrochen oder übergangen, oder sie formulieren einen Gedanken, den ein Mann später in der Besprechung wiederholt, um die ganze Anerkennung dafür einzuheimsen.

Ähnliche Erfahrungen haben mir Fachleute berichtet, die einer ethnischen Minderheit angehören, die Arbeitssprache nicht als Muttersprache sprechen oder eher leise sind. Ich persönlich hatte auch schon Probleme mit Managern, die anscheinend mit einem selektiven Gehör ausgestattet waren, was meine Diskussionsbeiträge anging. Sie beschwerten sich sogar darüber, dass ich mich zu wenig zu Wort meldete, dabei waren sie es doch, die nicht zuhörten. Wenn Sie um Gehör kämpfen müssen, kann das ermüdend sein – aber seien Sie versichert: Ihre Perspektive ist wichtig. Versuchen Sie es weiter. Hier einige Anregungen:

- Wenn Ihre Besprechungen per Videochat stattfinden, schreiben Sie Ihre Idee in das Chatfenster. Selbst wenn nicht jeder darauf achtet, was geredet wird, wird das Geschriebene im Chat-Fenster in der Regel gelesen und beantwortet.
- Wenn Sie einen vertrauenswürdigen Kollegen haben, dessen Meinung oft wertgeschätzt wird, könnte er im Meeting Ihren Verbündeten oder Verstärker spielen. Er kann Ihnen das Wort erteilen, verstärkende Hinweise wie »Wie Ayane sagte« oder »Zu Ayanes Standpunkt« einstreuen oder die Gruppe behutsam daran erinnern, dass die von allen gelobte Idee eigentlich vor einer Viertelstunde von Ihnen eingebracht wurde.
- Wenn die Gefahr besteht, dass ein Kollege die Anerkennung für von Ihnen erstellte Besprechungsunterlagen kassiert, sollten Sie Ihren Namen auf das Dokument schreiben und es selbst per E-Mail an die Gruppe schicken. Dadurch ist auch dann deutlich, dass Sie für die Arbeit verantwortlich sind, wenn jemand anderes spricht.
- Wenn eine Führungskraft oder ein Mentor Sie zu häufigeren Äußerungen ermutigt, überlegen Sie, ob Sie nicht ein Thema vorschlagen möchten, über das Sie gerne referieren würden. Vielleicht ist es möglich, Ihnen bei einem bevorstehenden Treffen Zeit für einen Vortrag einzuräumen. Je mehr Menschen Sie sprechen hören

(und je beeindruckter sie von Ihnen sind), desto häufiger werden sie in Zukunft Ihre Meinung hören wollen.

- Wenn dieser Abschnitt nicht auf Sie zutrifft, ist die Ausgangslage für Sie vielleicht günstiger. Doch mit Privilegien geht auch Verantwortung einher.
- Wenn Sie den Eindruck haben, dass jemand in Ihrem Team nicht so problemlos Gehör findet wie Sie, sollten Sie sich selbst als Verbündeter oder Verstärker einbringen. Hier bietet sich Ihnen die Möglichkeit, etwas zu bewirken.

Warten Sie mit Ihrer Wortmeldung nicht, bis Ihnen der geistreichste Kommentar aller Zeiten einfällt. Ihr Beitrag braucht nicht nobelpreisverdächtig zu sein, er muss nur die Gruppe voranbringen. Darauf muss ich mich selbst auch immer wieder besinnen. Ich denke: *Das liegt doch so was von auf der Hand, ich sage besser nichts dazu.* Dann äußert jemand anderes genau das, was ich mir auch gedacht habe, und bekommt die ganze Anerkennung. Oder ich feile im Stillen viel zu lange an der optimalen Bemerkung, nur um dann von jemand anderem etwas Ungeschliffenes, aber Nützliches zu hören. Reduzieren Sie Ihre Ansprüche. Eine Frage ist oft genauso wirkungsvoll wie eine Aussage. Solange Ihre Frage zur Klärung eines Sachverhalts beiträgt und Sie Ihre Fragen nach dem Muster »Das ist meine Frage, und *deshalb* stelle ich sie« oder »Das weiß ich, aber jenes weiß ich noch nicht« formulieren, wird man Ihnen wahrscheinlich nicht vorwerfen, Sie würden eine dumme Frage stellen.

Sobald Sie Ihre Botschaft vortragen, sollten Sie darauf achten, wie Sie aussehen und klingen. Wer nervös ist, neigt dazu, schnell zu sprechen. Sollte dies bei Ihnen der Fall sein, sprechen … Sie … nur halb … so schnell, wie Sie es eigentlich wollen. Auf diese Weise klingen Sie klarer und selbstbewusster. Es passiert auch leicht, dass man nach unten oder oben schaut, im Stuhl versinkt, mit dem Stift herumfummelt, mit den Haaren oder dem Bart spielt oder zappelig wird. In diesem Fall sollten Sie versuchen, den Blickkontakt aufrechtzuerhalten, indem Sie entweder Ihren Gesprächspartner oder jemand anderes ansehen und den Blick eine Sekunde verweilen lassen, bevor Sie zur nächsten Person weiterwandern. Setzen Sie sich aufrecht auf Ihren Stuhl und gestikulieren Sie langsam und fließend. Falls Sie beim Telefonieren im Stehen selbstbewusster sprechen, empfiehlt es sich, das Gespräch im Stehen zu führen.

Nach der Besprechung

Was muss ich zur Nachbereitung tun (sofern erforderlich)?

Wenn alle Teilnehmer das Gespräch beendet oder den Raum verlassen haben, ist zwar die Besprechung vorbei, die Gelegenheit, Ihren »KEKs« zur Schau zu stellen, besteht jedoch weiter. Müssen Sie noch irgendetwas klären? Oder waren Sie in der Besprechung eher still und müssen Ihre Einsatzbereitschaft gegenüber Ihren Vorgesetzten untermauern? Wenn ja, versuchen Sie es mit einigen Folgefragen, entsprechend dem in Kapitel 3 vorgestellten Ansatz *Hausaufgaben machen – und vorzeigen.*

Wurde Ihnen indirekt oder ausdrücklich eine Aufgabe zugewiesen? Wie in Kapitel 8 besprochen, wiederholen Sie das Gehörte gegenüber der Person, mit der Sie arbeiten sollen, indem Sie fragen: »Habe ich Sie richtig verstanden: Als Nächstes mache ich also _____, oder?«

Erwartet die Gruppe Ihre Besprechungsnotizen oder eine Zusammenfassung der Besprechung? Wenn ja, überarbeiten Sie Ihre Notizen, überprüfen Sie Rechtschreibung, Grammatik und Formatierung, hängen Sie alle relevanten Dateien an und schicken Sie das Ganze ab. Listen Sie in Stichpunkten getroffene Entscheidungen, nächste Schritte, die Verantwortlichen für die einzelnen Aufgaben sowie einzuhaltende Termine auf.

Hat jemand an der Besprechung teilgenommen, mit dem Sie sich gerne austauschen, von dem Sie lernen oder mit dem Sie in Kontakt bleiben möchten? Schicken Sie der Person doch eine Nachricht mit den Worten »War nett, Sie vorhin bei der Diskussion über _____ kennenzulernen. Ich freue mich auf die Zusammenarbeit mit Ihnen« oder eine der in Kapitel 11 vorgestellten Varianten. Die Teilnahme an ein und demselben Meeting reicht als Vorwand, um mit jemandem in Kontakt zu bleiben. Überlegen Sie außerdem, ob Sie nicht auch die Beziehung zu Ihren Vorgesetzten und Teammitgliedern stärken müssen. Eine kurze Frage wie »Was halten Sie von der Besprechung?« genügt manchmal, um ein Gespräch in Gang zu bringen.

Nachfassaktionen sind freilich nicht in jedem Fall erforderlich, manchmal nicht einmal ratsam. Womöglich war dies ja ein Meeting von der Sorte, die besser E-Mails sein sollten.

Vielleicht wurde dieses Treffen nur abgehalten, um einen Vorgesetzten glücklich zu machen. Vielleicht warten alle Männer insgeheim darauf, dass sich eine Frau für die »Bürohausarbeit« meldet. Wenn Nichtstun das Beste für Sie ist, dann – tun Sie nichts.

Was tun, wenn Sie die Leitung innehaben?

Ähnlich wie Sie damit rechnen können, allmählich vom Lernmodus in den Führungsmodus zu wechseln, wenn Sie Ihren »KEKs« beweisen, sollten Sie auch davon ausgehen, dass Sie an Besprechungen nicht nur teilnehmen, sondern diese irgendwann auch organisieren werden. Manchmal handelt es sich dabei um lockere Besprechungen mit Vorgesetzten und Mitarbeitern. In anderen Fällen (vor allem, wenn Sie in einer kleinen Organisation wie einem Start-up arbeiten) wird von Ihnen vielleicht erwartet, dass Sie ganze Meetings mit anderen Abteilungen oder sogar Kunden leiten. Wenn Sie sich in der Rolle des Organisators wiederfinden, beherzigen Sie die folgenden sieben Schritte:

Zweck und Tagesordnung festlegen. Stellen Sie sich eine erfolgreiche Veranstaltung vor und entwickeln Sie sie dann in umgekehrter Reihenfolge: Welche Entscheidungen wollen Sie bis zum Ende der Sitzung getroffen haben? Welche Themen sollen besprochen worden sein? Erwägen Sie, eine Liste der Ziele, der Diskussionsfragen und der Tagesordnung auszuarbeiten und weiterzugeben, damit sich die Teilnehmenden nicht darüber beschweren, dass es sich wieder einmal um ein Treffen handelt, das genauso gut eine E-Mail hätte sein können.

Teilnehmer auswählen. Denken Sie an Ihre RACI-Liste. Wer muss anwesend sein, damit die Entscheidung getroffen werden kann? Wer sollte der Höflichkeit halber eingeladen werden, auch wenn er nicht teilnimmt? Welche hochrangigen Führungskräfte lassen die Termine lieber von ihren Assistenten planen? Im Zweifelsfall fragen Sie Ihre Vorgesetzten.

Zeit, Ort und Form des Treffens festlegen. Wann haben alle (bzw. die meisten) Zeit? (Denken Sie an die verschiedenen Zeitzonen!) Welches Medium eignet sich am besten (persönlich, per Video oder per Telefon)? Erstellen Sie eine Terminabfrage, schauen Sie in die Kalender oder entscheiden Sie selbst, und senden Sie dann eine Terminanfrage. Halten Sie das Treffen so kurz wie möglich.

Im Vorfeld Unterlagen und Vorarbeiten zur Verfügung stellen. Gibt es Dokumente, die die Teilnehmer im Vorfeld lesen oder Umfragen, die sie durchführen sollten? Sollen die Teilnehmer eigene Ideen mitbringen? Überlegen Sie, was die Teilnehmer von sich aus beitragen können, um das Meeting produktiver zu gestalten, und geben Sie die Anweisungen dann an die Gruppe weiter. Wenn Sie jemanden bitten möchten, das Wort zu ergreifen oder Protokoll zu führen, sprechen Sie das im Vorfeld an, damit die betreffenden Personen damit einverstanden und darauf vorbereitet sind.

Die Bühne bereiten. Was werden Sie zu Beginn sagen, damit die Anwesenden das übergeordnete Ziel der Sitzung verstehen? Welchen Ton möchten Sie anschlagen? Wenn Sie leicht nervös werden, sollten Sie einige Stichpunkte aufschreiben und Ihre Vorgesetzten um Feedback bitten.

Die Sitzungsteilnehmer bei der Stange halten. Als »Sitzungsleiter« müssen Sie in erster Linie dafür sorgen, dass alle Tagesordnungspunkte abgearbeitet werden. Behalten Sie also die Zeit im Auge, erinnern Sie die Teilnehmer an die Tagesordnung und übergeordnete

Ziele, und lotsen Sie die Gruppe bei Abschweifungen zum Hauptthema zurück.

Die nächsten Schritte klären. Gegen Ende der Sitzung sollten Sie
sich Zeit nehmen, um zu präzisieren, welche Entscheidungen getroffen wurden und wer für die nächsten Schritte verantwortlich ist.
Diese Vorgehensweise ähnelt der beim Wiederholen von Anweisungen, wenn Sie eine Aufgabe erhalten. Verschicken Sie bei Bedarf ein
Besprechungsprotokoll.

Bei der erfolgreichen Durchführung von Besprechungen geht es letztlich ebenso sehr darum, Kompetenz, Einsatzbereitschaft und Kompatibilität zu vermitteln, wie darum, sich seiner Position bewusst zu
werden. Ein Personalverantwortlicher sagte mir Folgendes: »Verstehen
und Wissen sind wertvoller, als die Sitzung durch Schauspielerei nur
irgendwie über die Bühne zu bringen. Vortäuschen funktioniert vielleicht kurzfristig, aber irgendwann wird man von denjenigen überflü-
gelt, die die richtigen Fragen stellen und tatsächlich dazulernen. Geben
Sie lieber ehrlich zu, wenn Sie etwas nicht wissen, als sich zu verstel-
len. Wissbegierig, gelehrig und selbstbewusst zu sein ist viel wichtiger
als perfekt zu sein.« Mit anderen Worten: Es geht nicht nur darum,
wahrgenommen zu werden, sondern auch darum, neugierig zu sein, zu
lernen und sich einzubringen. Allein, dass Sie in diesem Leitfaden so
weit gekommen sind, zeigt, dass Sie bereits über eine solche Denkweise
verfügen. Vergessen Sie diese Einstellung nur nicht bei Ihrem nächsten
Meeting.

Ein weiterer Hinweis: Denken Sie daran, dass die Strategien in diesem Kapitel (und in diesem Buch im Allgemeinen) nur ein erster An-
satzpunkt sind. Manchmal ist es vielleicht durchaus das Beste, in einer
Besprechung das Wort zu ergreifen, auch wenn Sie Ihre Rolle eigentlich so verstehen, dass Sie gesehen, aber nicht gehört werden sollen. Mitunter ist es angebracht, mehrmals das Wort zu ergreifen, auch wenn
andere nur einmal sprechen. Und unter Umständen sollten Sie sich sogar einen guten Vorwand einfallen lassen, um eine bestimmte Sitzung
zu schwänzen, weil Ihre Anwesenheit nicht erforderlich ist oder Sie

wichtigere Dinge zu erledigen haben. Halten Sie sich ruhig an die Regeln – aber vergessen Sie nicht, dass Sie sie nur befolgen, um sie später zu beugen oder gar zu verwerfen. Lassen Sie sich nicht von verstaubten alten Regeln davon abhalten, Ihr Bestes zu geben.

Ausprobieren!

- Machen Sie sich vor der Teilnahme an einem Meeting klar, worum es geht und wer anwesend sein wird.
- Werden Sie sich Ihrer nicht näher erläuterten Aufgabe in der jeweiligen Besprechung bewusst: Sollen Sie sowohl gesehen als auch gehört werden? Gesehen, aber nicht gehört? Oder weder gesehen noch gehört?
- Überlegen Sie, welche Fragen Ihnen gestellt werden könnten, sowie mögliche Antworten.
- Formulieren Sie auf der Grundlage von Zusatzmaterial oder von fehlenden, problematischen, missverständlichen, falschen oder überraschenden Informationen mindestens einen durchdachten Kommentar und eine durchdachte Frage.
- Wählen Sie den Zeitpunkt für Ihren Kommentar so, dass er am ehesten für Resonanz sorgt.
- Gestalten Sie Ihren Beitrag zur Diskussion ganz bewusst.
- Fassen Sie nach dem Meeting strategisch nach, um Ihren KEKs zu stärken.
- Wenn Sie Besprechungen planen, sollten Sie Ziele und Tagesordnung der Besprechung, Teilnehmer, Zeit, Ort und Art der Zusammenkunft, Vorabmaterial und Vorarbeiten, Einleitung, Sitzungsablauf und Maßnahmen zur Nachbereitung sehr sorgfältig überlegen.

Mit Kritik umgehen

Die besten Vorgesetzten geben in der Regel klar und häufig Feedback. Viele tun dies jedoch überhaupt nicht. Wenn Ihr Vorgesetzter nichts über Ihre Leistung sagt, heißt das allerdings noch lange nicht, dass er nichts zu sagen *hätte*. Er weiß, was Sie tun müssen, um Ihre Stelle zu behalten oder befördert zu werden beziehungsweise aus einem Praktikum oder einer befristeten Stelle eine Festanstellung zu machen.

Da Ihr Vorgesetzter derjenige ist, der zwischen Ihnen und Ihren Zielen steht, ist es wichtig zu wissen, wie er über Ihre Arbeit und Ihre Zukunft im Unternehmen denkt. Je früher Sie das herausfinden, desto länger haben Sie Zeit für Verbesserungen. Im Folgenden erfahren Sie, wie Sie die Gedanken Ihres Vorgesetzten entschlüsseln, um jederzeit die Kontrolle zu behalten.

Wie Sie Ihren Vorgesetzten entschlüsseln

Am Arbeitsplatz bekommt man Rückmeldungen häufig mittels beiläufiger Bemerkungen und der Körpersprache von Vorgesetzten und nicht in Form von klassischen Zeugnissen, wie man sie aus der Schule kennt. In der Anfangsphase erhalten Sie Feedback möglicherweise auch von jemandem, mit dem Sie bei der Arbeit zusammengewürfelt wurden (etwa dem Betreuer Ihres Sommerprojekts). Es gibt dabei zwei verschiedene Spielarten: verbale und nonverbale sowie direkte und indirekte Rückmeldungen.

Das sollten Sie wissen

- Im Berufsleben gibt es keine Noten und Zeugnisse wie in der Schule.
- Um herauszubekommen, wie Sie bei der Arbeit abschneiden, müssen Sie lernen, um Feedback zu bitten und es zu interpretieren.

Wie direkt oder indirekt das Feedback Ihres Vorgesetzten ausfällt, hängt davon ab, wie konfrontativ Ihr Vorgesetzter ist, wie die Arbeitskultur in Ihrem Team aussieht und in welchem Land Sie arbeiten (oder mit welcher Arbeitskultur Ihr Vorgesetzter am meisten vertraut ist), so Erin Meyer, Professorin an der Wirtschaftshochschule INSEAD.[14] Wenn Sie in »direkten« Ländern wie Russland, Israel oder Deutschland arbeiten oder Ihr Vorgesetzter an direkte Kulturen gewöhnt ist, werden Sie möglicherweise offen und unverblümt und sogar vor anderen kritisiert. Befinden Sie sich dagegen in »indirekten« Ländern wie Japan, China oder Indonesien oder ist Ihr Vorgesetzter die dort übliche Arbeitskultur gewöhnt, erhalten Sie möglicherweise ein – zumindest vordergründig – abgeschwächtes Feedback. Ein Projektmanager, der sowohl in Russland als auch in den Vereinigten Staaten gearbeitet hat, erklärte mir Folgendes:

Die Menschen in den Vereinigten Staaten sind im Umgang mit Kritik erheblich weniger direkt als die Menschen in Russland. In Russland kam es vor, dass mein Chef mich anbrüllte: »Was haben Sie sich dabei gedacht, als Sie diese Folien zusammenstellten? Verstehen Sie überhaupt, was Sie da tun? Kommen Sie in zwei Stunden mit einem klareren Entwurf [Präsentation] wieder!« In den Vereinigten Staaten dagegen würde mein Chef etwa sagen: »Das haben Sie wirklich gut zusammengestellt. Vielleicht sollten wir aber noch einmal überlegen, wie wir es noch knackiger machen können. Wir könnten versuchen, die Botschaft an dieser Stelle zu ändern. Was meinen Sie?« Beide Stile haben ihre Vor- und Nachteile. Die amerikanische Art des Feedbacks ist im ersten Moment vielleicht hilfreicher und produktiver, aber wenn man nicht aufpasst, glaubt man am Ende, man hätte seine Sache gut gemacht, obwohl man in Wirklichkeit mies war.

Wie die Aussagen anderer zu interpretieren sind, ist außerdem vom Arbeitsort abhängig. Einige Länder, wie die Vereinigten Staaten, Kanada, Australien, die Niederlande und Deutschland, gelten als »kontextarm«, andere, wie Japan, Korea, Indonesien, China und Kenia, als »kontextreich«.[15] In kontextarmen Kulturen können Sie die Worte anderer im Allgemeinen für bare Münze nehmen, da die Menschen sagen, was sie meinen. In kontextreichen Kulturen müssen Sie hingegen auch auf das Ungesagte achten und die Körpersprache, den Gesichtsausdruck, die Beziehung zu Ihnen und die Besonderheiten der Situation berücksichtigen. So erzählte mir ein ghanaischer Marketingmanager von seinen Erfahrungen in der Zusammenarbeit mit Deutschen (die eher kontextarm sind) und Ghanaern (die eher kontextreich sind):

Einmal fragten meine deutschen Kunden: »Dürfen wir allein auf den hiesigen Markt gehen?« Und ich sagte: »Sicher, Sie könnten ...«, und schon hatten sie auf dem Absatz kehrt und sich auf den Weg gemacht. Als sie »sicher« hörten, schlussfolgerten sie sofort, dass alles in Ordnung war. Meine nonverbalen Hinweise lasen sie nicht. Ein Einheimischer dagegen hätte das »Sie könnten« gehört, meine zusammengekniffenen Augen und geschürzten Lippen gesehen und sofort gewusst, dass ich eigentlich meinte: »Nein, würde ich wirklich nicht empfehlen.« Natürlich meinte ich »Nein«! Vor dem Sprechen schwieg ich kurz und beim »sicher« hob ich meine Stimme leicht an. Kein Kopfnicken. Und ihre Idee war sowieso von vornherein völlig lächerlich.

Das soll nun aber nicht heißen, dass alle Deutschen oder alle Ghanaer auf ähnliche Weise kommunizieren. Da die Geschäftswelt immer globaler wird, treffen Sie vielleicht auf Vorgesetzte und Mitarbeiter, die unwillkürlich zwischen verschiedenen Kommunikationsstilen hin und her wechseln. Wenn Sie also unachtsam sind und voreilige Schlüsse über die Art und Weise ziehen, wie jemand kommuniziert, könnte es passieren, dass Sie wie die Deutschen in dem zitierten Beispiel einfach davonlaufen, obwohl Ihr Vorgesetzter eigentlich wollte, dass Sie an Ort und Stelle bleiben (oder andersherum).

Da Feedback auf der indirekten und kontextreichen Seite schnell verwirrend und auf der direkten und kontextarmen Seite unangenehm werden kann, erörtern wir im Folgenden, wie sich diese verschiedenen Arten von Feedback anhören und wie sie aussehen – und was Sie unternehmen können, wenn Sie es mit dem jeweiligen Stil (oder eine Kombination daraus) zu tun bekommen. Abbildung 13-1 zeigt den Vergleich der beiden Arten.

Subtile Hinweise (indirekt und verbal)

Diese Art von Feedback kommt einem manchmal gar nicht wie eine Kritik vor. Oft klingt es wie halbherzige Zustimmung (»Ja, vielleicht ...«), freundliche Vorschläge (»Wie wäre es damit?«) oder besorgte Fragen (»Wie geht es mit Ihrer Arbeit voran?«). Es entspricht dem, was auch immer Ihr Vorgesetzter Ihnen sagen möchte, nur eben in etwas höflicherer und sanfterer Form. Aber auch wenn die Frage Ihres Vorgesetzten »Wie geht es mit dem Projekt voran?« höflich klingt, denkt er möglicherweise so etwas wie *Sie sind so langsam, kommen Sie schon, machen Sie schneller!* Hier ist unter Umständen Selbstzensur im Spiel, um freundlicher und verständnisvoller zu wirken.

Eine von mir befragte Programmiererin erfuhr genau diese Art von Feedback. Während ihres Sommerpraktikums sagte ihr Vorgesetzter immer wieder: »Wäre toll, wenn ...« und »Wie wäre es, wenn wir ...« und stellte Fragen wie »Geht es Ihnen gut?« und »Irgendetwas Neues?« Wenn sie ihre Arbeit mit ihrem Vorgesetzten besprach, antwortete er nur mit »Okay ...« und »Hmm ...« Erst an ihrem letzten Tag – nachdem sie erfahren hatte, dass Sie nicht übernommen werden würde – begriff sie, dass sich ihr Vorgesetzter hinter ihrem Rücken darüber beschwert hatte, dass sie zu langsam arbeitete. Die Programmiererin sagte: »Er hat mir nie seine Meinung gesagt – ich habe ihn aber auch nicht danach gefragt. Ich hatte wirklich keine Ahnung, bis es zu spät war.«

Abbildung 13-1

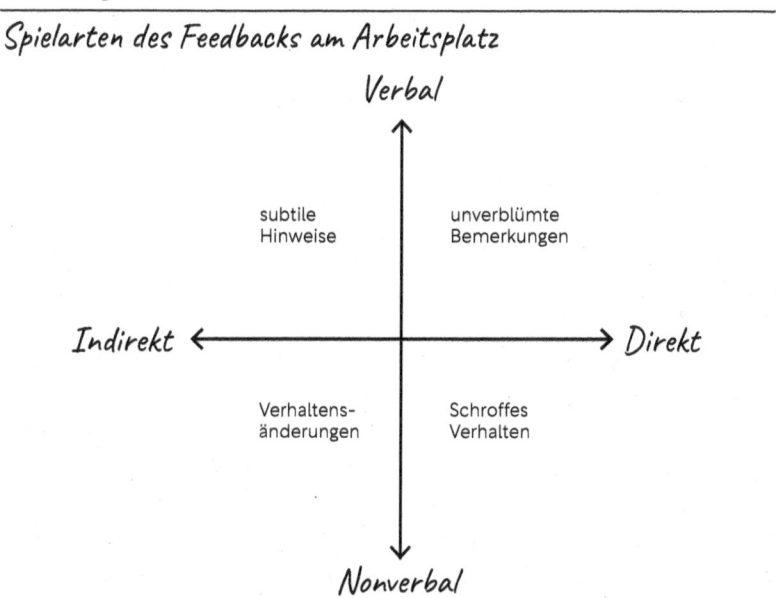

Spielarten des Feedbacks am Arbeitsplatz

Verbal

subtile
Hinweise

unverblümte
Bemerkungen

Indirekt ← → Direkt

Verhaltens-
änderungen

Schroffes
Verhalten

Nonverbal

Da es bisweilen schwierig sein kann, die Absicht hinter den Handlungen Ihres Vorgesetzten zu erkennen, empfiehlt es sich, subtile Hinweise in eine weniger subtile Form zu bringen. Eine Möglichkeit sind Rückfragen: »Wenn Sie _____ sagen, meinen Sie dann _____ oder etwas anderes?« Außerdem können Sie regelmäßig um Rückmeldung bitten, worauf wir gleich noch eingehen werden. Besteht keine Möglichkeit, den Sachverhalt zu klären oder um Rückmeldung zu bitten, können Sie auch auf Nummer sicher gehen und selbst geringfügige Vorschläge als Anweisungen auffassen und dann die Reaktion Ihres Vorgesetzten abwarten.

Unverblümte Bemerkungen (direkt und verbal)

Hierbei handelt es sich um die ungeschminkte Version subtiler Andeutungen. Dies ist die Art von Kritik, bei der Ihr Vorgesetzter nicht nur denkt *Sie sind so langsam, kommen Sie schon, machen Sie schneller*, sondern auch exakt das sagt. Im besten Fall sind unverblümte Bemerkungen genau die Art von Feedback, die Sie sich wünschen: klar und auf den Punkt. Im schlimmsten Fall sind sie jedoch alles andere als höflich.

Eine von mir befragte Investmentbanking-Analystin erhielt unverblümte Kommentare von einem ihrer Vorgesetzten, der ihr Sachen zubrüllte wie: »Sehen Sie sich das an: Auf dieser Seite steht 8,3 und dort 6,3. Wieso überprüfen Sie Ihre Zahlen nicht? Sind Sie inkompetent?!«

So wie subtile Andeutungen zuweilen heikel sind, weil ihre Bedeutung nicht eindeutig ist, so sind unverblümte Bemerkungen schwierig, weil sie verletzen können. Stellen Sie sich vor, man sagt Ihnen – möglicherweise vor allen anderen! – »Das ist doch dumm«, »Das ist Müll« oder »Hören Sie auf (zu reden)«. Wenn man direktes Feedback erhält, hilft es, die Ursache für das Verhalten des Vorgesetzten herauszufinden. Könnte es sein, dass die Äußerungen darauf zurückzuführen sind, dass die subtilen Andeutungen nicht zum Erfolg geführt haben? Könnte es sein, dass die Führungskraft Schwierigkeiten im Umgang mit Stress hat? Könnte es sein, dass sie sich nicht über die negativen Auswirkungen ihrer guten Absichten im Klaren ist? Oder wurde die Person vielleicht in einer »direkten« Arbeitskultur ausgebildet?

Ein amerikanischer Praktikant, der in Israel arbeitete, einem Land, also, das für seine Kultur des direkten Feedbacks bekannt ist, erzählte mir, wie verunsichert er war, als er einmal mitbekam, wie sich zwei Mitarbeiter in der Firmenküche anschrien. Er lauschte hinter der Tür und musste feststellen, dass sie sich darüber stritten, welche Kaffeesorte in die Kaffeemaschine gehört. Sie stritten und stritten, entschieden sich für den Kaffee und gingen dann wieder an die Arbeit, als wäre nichts geschehen. Keiner der einheimischen Kollegen hatte auch nur mit der Wimper gezuckt. Aus der Sicht des amerikanischen Praktikanten hätten sich seine Kollegen mäßigen sollen; aus der Sicht seiner Kollegen hingegen hätte sich der amerikanische Praktikant ein dickeres Fell zulegen müssen.

Achtung Vorurteile! (Ja, schon wieder)

Ein Kundenbetreuer fragte sich, ob seine Kündigung wirklich darauf zurückzuführen war, dass er einmal zu oft einem Kunden die falsche Akte geschickt hatte – oder ob er als einziger Schwarzer an einem überwiegend weißen Arbeitsplatz besonders kritisch beäugt wurde. Eine Analystin fragte sich, ob sie wirklich »aggressiv« war – oder ob die Bezeichnung lediglich darauf zurückzuführen war, dass sie als einzige Frau in einer Gruppe von Männern gegen Geschlechterstereotypen verstieß. Eine Mitarbeiterin im Private-Equity-Bereich fragte sich, ob sie nicht mit anspruchsvolleren Projekten betraut wurde, weil sie sich in Sachen Finanzanalyse verbessern musste – oder weil sie mit Akzent sprach.

Auch wenn Manager behaupten, sie würden ausschließlich die Kompetenz beurteilen, wissen wir, dass auch Engagement und vor allem Kompatibilität ins Gewicht fallen. Die Arbeitswelt ist bei Weitem keine perfekte Einrichtung. Und wie wir in diesem Kapitel gesehen haben, ist auch das Feedback am Arbeitsplatz alles andere als ideal. Suchen Sie sich Verbündete. Suchen Sie Menschen, die in Ihrer Situation waren, und bitten Sie sie um Rat. Kann sein, dass Sie den Senior Associate aus dem anderen Team noch nicht kennen, aber wenn er schon einmal mit Ihrem Vorgesetzten zusammengearbeitet hat, hat er mit Sicherheit herausgefunden, was gut funktioniert und was nicht, sodass Sie daraus lernen können.

Im Zweifelsfall sollten Sie eine Kollegin oder einen Kollegen um Rat fragen, der bereits mit Ihrem Vorgesetzten zusammengearbeitet hat. Die von mir befragte Investmentbanking-Analystin empfahl, sich auf den Inhalt dessen zu konzentrieren, was der Vorgesetzte zu sagen versucht, und nicht darauf, *wie* er es sagt: »Ich habe seine Wut abperlen lassen, um seinem Feedback auf den Grund zu gehen. Eigentlich ging es darum, dass ich mehr Wert auf Details legen sollte. Der eigentliche Inhalt der Rückmeldungen Ihres Vorgesetzten kann trotz des wenig ergiebigen Kommunikationsstils durchaus konstruktiv sein.«

Wenn Sie sich mit der Direktheit Ihres Vorgesetzten unwohl fühlen, lohnt sich ein Gespräch. Wie man ein solches Gespräch führt, wird im folgenden Kapitel ausführlicher beschrieben.

Verhaltensänderungen (indirekt und nonverbal)

Dies ist die Art von Feedback, bei der Vorgesetzte *Sie sind so langsam, kommen Sie schon, machen Sie schneller!* zwar denken, doch anstatt Ihnen das ins Gesicht zu sagen, fangen sie plötzlich an, häufigere Besprechungen anzuberaumen oder Sie im Detail zu überwachen (was auf Unzufriedenheit mit dem Tempo oder der Qualität Ihrer Arbeit hindeuten kann). Möglicherweise geht Ihr Vorgesetzter Ihnen aber auch einfach ohne Erklärung aus dem Weg (was, sofern er nicht gerade beschäftigt ist, ein Anzeichen dafür sein kann, dass er aufgegeben hat).

Ein früherer Kollege von mir produzierte ständig Tippfehler. Sein Vorgesetzter hatte ihm mehrmals gesagt, er solle »sorgfältiger« sein und »mehr auf die Feinheiten achten«. Dieser Mitarbeiter fragte nie nach, was damit gemeint war, machte also weiter wie bisher. Nachdem der Vorgesetzte über einen Zeitraum von mehreren Wochen keine Verbesserung feststellen konnte, gab er ihm einfach keine Aufgaben mehr und versuchte ihn in einem anderen Team unterzubringen. Wie subtile Hinweise sind auch Verhaltensänderungen oft tückisch, weil wir die Gedanken anderer nicht lesen können. Daher ist die Absicht hinter den Veränderungen oft nur schwer zu erkennen: *Schließt mich mein Vorgesetzter aus, weil ich es vermasselt habe – oder weil er meine Zeit nicht verschwenden will? Zieht mich mein Vorgesetzter von der Besprechung ab, weil ich unangemessen gekleidet war – oder weil er die Runde klein halten will? Gibt mir mein Vorgesetzter keine Arbeit, weil es nichts zu tun gibt – oder weil er mir nicht vertraut?*

Es wird einige Zeit dauern, bis Sie die Eigenheiten Ihres Vorgesetzten durchschaut haben. Ein Programmmanager, den ich interviewt habe, brauchte mehr als fünf Jahre, um zu erkennen, wann eine ausbleibende E-Mail-Antwort des Direktors »Nein« bedeutet und wann »Ich habe vergessen zu antworten, bitte erinnern Sie mich noch einmal daran.« Bis es jedoch soweit ist, sollten Sie auf plötzliche Veränderungen im Verhaltensmuster achten und überlegen, warum sie auftreten. Welche Ereignisse haben zu der plötzlichen Veränderung geführt? Verfolgen Sie Ihre Schritte zurück: Könnte irgendetwas, das Sie getan oder nicht getan haben, der Grund sein? Oder sprechen Sie es direkt an, zum Beispiel mit einer Bemerkung wie: »In letzter Zeit ist mir _____ aufgefallen, was mich beunruhigt, weil _____ Können wir uns unterhalten?«

Schroffes Verhalten (direkt und nonverbal)

Dies ist die Art von Feedback, bei der Manager *Sie sind so langsam, kommen Sie schon, machen Sie schneller!* zwar denken, aber nicht sagen, sondern dadurch zeigen, dass sie Aufgaben, die normalerweise von Ihnen erledigt werden, an jemand anderen vergeben. Im Extremfall werfen sie Ihre Arbeit vor Ihnen in den Papierkorb oder stürmen auf Sie zu und weigern sich, zu gehen, bis eine Aufgabe erledigt ist.

Ich hatte einmal einen solchen Vorgesetzten. Als ich vor einer Präsentation eine technische Panne beheben wollte, stürmte mein Vorgesetzter mit auf dem Parkettboden klackernden Schuhen auf mich zu. Zwischen seiner Nase und meiner ließ er nur etwa eine Handbreit Abstand. »Das muss repariert werden. Sofort!«, schnaubte er. Gott sei Dank ist das nur ein einziges Mal passiert.

Da Führungskräfte nur selten nonverbale Hinweise geben, ohne auch etwas Direktes zu sagen, gilt auch hier vieles von dem, was wir im Abschnitt »Unverblümte Bemerkungen« besprochen haben. Versuchen Sie, die Absicht hinter dem Auftreten zu entschlüsseln. Gleichzeitig sollten Sie darüber nachdenken, wie Sie sich bei diesem Verhalten fühlen und ob das Arbeiten in einer solchen Umgebung dauerhaft gesund ist. Nicht alle Rückmeldungen sind konstruktiv. Nicht alle Manager sind gute Vorgesetzte.

Warum ist Feedback so schwierig?

Wir Menschen legen großen Wert darauf, gemocht zu werden, und denken gerne positiv über uns selbst. Da unser strahlendes Selbstbild jedoch durch Kritik bedroht wird, macht man sich durch das Äußern derselben nicht unbedingt Freunde. Unser Gehirn ist mit einem Abwehrmechanismus ausgestattet, der auf negative Erfahrungen (wie Kritik) stärker reagiert als auf positive Erfahrungen (wie Lob).[a] Obwohl Manager zwar sagen, dass sie gute Mentoren sein wollen, und Mitarbeiter betonen, dass sie sich konstruktive Kritik wünschen, fürchten sich die meisten Manager deshalb davor, negatives Feedback zu geben, und die Mitarbeiter davor, es zu erhalten.[b] Das Resultat? Wir hören lieber, was wir hören wollen, als das, was wir eigentlich hören müssten. Und unsere Manager sagen uns immer wieder, was wir hören wollen, statt das, was wir hören müssten. Mit der Zeit fällt ihnen das Kritisieren immer schwerer, während es uns immer schwerer fällt, Kritik auch anzunehmen. Haben Sie Mitgefühl für Ihren Vorgesetzten. Er versucht genau wie Sie, sein Bestes zu geben.

a) Baumeister, Roy F. u. a.: »Bad Is Stronger Than Good«, *Review of General Psychology* 5, Nr. 4 (2001): 323–370.
b) Zenger, Jack und Folkman, Joseph: »Why Do So Many Managers Avoid Giving Praise?«, hbr.org, May 2, 2017, https://hbr.org/2017/05/why-do-so-many-managers-avoid-giving-praise; Green, Paul Jr. u. a.: »Shopping for Confirmation: How Disconfirming Feedback Shapes Social Networks«, Working Paper 18-028, Harvard Business School, Boston, 2017.

Wie man Feedback einholt

Das Entschlüsseln Ihres Vorgesetzten ist ein guter Anfang, ist und bleibt aber ein Ratespiel. Deshalb gibt es nichts Besseres, als Feedback einzuholen – und sich von Ihrem Vorgesetzten direkt sagen zu lassen, wo Sie sich verbessern können. Im Folgenden erfahren Sie, wie Sie um Rückmeldung bitten und anschließend darauf reagieren.

Wenn Sie sich bereits regelmäßig mit Ihrem Vorgesetzten treffen, sind Sie auf einem guten Weg. Der nächste Schritt besteht in diesem Fall darin, das Thema Feedback einfach in das Gespräch einfließen zu lassen. Sollten Sie sich aber noch nicht regelmäßig mit Ihrem Vorgesetzten treffen, empfiehlt sich die Frage: »Hätten Sie in den nächsten Tagen ein paar Minuten Zeit für ein Gespräch? Ich würde gerne hören, wie ich mich anstelle und ob ich meine Arbeit irgendwie verbessern kann.« Mit den folgenden Hinweisen holen Sie das Beste aus diesem Gespräch für sich heraus.

Vor der Besprechung

Feedbackgespräche sind immer noch Arbeitsgespräche, daher ist es wichtig, dass Sie Ihren »KEKs« im Auge behalten. Sie sollten also wissen, was Sie sagen und fragen wollen. Denken Sie einen Schritt voraus und spielen Sie in Gedanken die Antworten auf die folgenden Fragen durch, die vermutlich aufkommen werden. Ich habe ein paar beispielhafte Antworten beigefügt, um Ihnen den Einstieg zu erleichtern (Sie können aber natürlich auch kreativ werden und sie für sich selbst passend umformulieren).

»**Wie geht es Ihnen denn so?**« »Es geht _____ Ich bin dankbar für _____ und habe gerne an _____ gearbeitet. Trotzdem versuche ich, meine _____ zu verbessern und könnte Ihre Hilfe gebrauchen.«

»**Wie läuft es mit [einem bestimmten Projekt]?**« »Es läuft _____. Bis jetzt habe ich _____ gemacht, bin aber noch nicht fertig mit/bin mir allerdings unschlüssig wegen/könnte jedoch Ihre Hilfe gebrauchen bei/und habe Probleme mit/und freue mich auf die Arbeit an _____«

»**Möchten Sie mir auch eine Rückmeldung geben?**« »Es war toll, mit Ihnen zu arbeiten. Müsste ich mir etwas aussuchen, würde ich sagen, dass es hilfreich wäre, zu _____ Das ist vielleicht nur eine persönliche Vorliebe, aber ich habe es oft als hilfreich empfunden, wenn _____«

»Wo sehen Sie sich in der Zukunft?« »Ich kann mir auf jeden Fall vorstellen, langfristig hier zu arbeiten, und würde mich über Ihren Rat freuen, wie ich mich stärker bei _____ einbringen kann.« (Besonders nützlich, wenn Sie daran interessiert sind, innerhalb dieser Organisation voranzukommen.) Sie könnten auch sagen: »Ich bin noch unentschlossen, aber bisher hat mir die Arbeit mit _____ an _____ sehr gut gefallen. Mich würde interessieren, was Sie mir _____ raten würden.« (Dies ist dann hilfreich, wenn Sie sich nicht sicher sind, ob die Stelle das Richtige für Sie ist, aber vermeiden möchten, dass Ihr Vorgesetzter Ihre Einsatzbereitschaft in Frage stellt.)

Einige Vorgesetzte halten sich zwar an die unausgesprochene Tagesordnung und geben Ihnen in den Feedbackgesprächen tatsächlich auch Rückmeldung, aber nicht alle. Manche machen aus dem Gespräch eher eine Lagebesprechung. Wenn Ihnen das passiert, sollten Sie Ihren Vorgesetzten mit Hilfe der nachstehenden Aufforderungen wieder auf den richtigen Weg bringen. Um auf Nummer sicher zu gehen und Ihrem Vorgesetzten die gewünschten Informationen zu geben, sollten Sie Kapitel 12 noch einmal durchsehen, damit Sie darauf vorbereitet sind, darüber zu sprechen, woran Sie arbeiten, wie der Stand der Dinge ist und was Sie als Nächstes vorhaben.

Während des Gesprächs

Wie bei vielen Besprechungen in der Berufswelt sollten Sie damit rechnen, dass zu Beginn Fragen zum Smalltalk gestellt werden, zum Beispiel »Wie war Ihr Tag bisher?« oder »Was ist diese Woche so bei Ihnen los?« oder »Wie war Ihr Wochenende?«. Bedanken Sie sich bei Ihrem Gesprächspartner, dass er sich Zeit für Sie genommen hat, sagen Sie ihm, wie sehr Sie seine Meinung schätzen, und betonen Sie, dass Sie sich verbessern wollen. Sie könnten beispielsweise sagen: »Danke, dass Sie sich die Zeit für das Gespräch genommen haben. Ihre Meinung ist mir sehr wichtig, und ich würde gerne mit Ihnen darüber sprechen, wie ich mich verbessern und meine Arbeit optimieren kann.« Diese Fragen erleichtern Ihnen den Einstieg:

- »Womit sollte ich anfangen? Aufhören? Weitermachen?«
- »Bin ich mit [dem mir zugewiesenen Projekt] auf dem richtigen Weg?«
- »Befinde ich mich auf dem bestmöglichen Weg, um [ein Angebot für eine Festanstellung zu erhalten oder befördert zu werden]?«

Wenn Sie mit den Antworten nicht zufrieden sind, versuchen Sie, vorsichtig nachzuhaken:

Wenn Sie Kritik erhalten, die nicht spezifisch genug ist. »Interessant. Können Sie mir konkret sagen, wann ich _____?«

Wenn Sie sich nicht sicher sind, wie Sie eine bestimmte Kritik umsetzen sollen. »Gutes Argument. Ich würde gerne _____ Haben Sie Vorschläge, wie ich diese Rückmeldung zukünftig umsetzen kann?«

Wenn Sie schwer umsetzbares Feedback erhalten. »Da ist was dran. Wie sollte ich Ihrer Meinung nach _____ mit_____ unter einen Hut bringen?«

Wenn Sie Kritik erhalten, mit der Sie nicht einverstanden sind, und Sie sich rechtfertigen möchten. »Danke dafür. _____ könnte ich auf jeden Fall verbessern. In der Situation hatte ich mir überlegt, dass _____«

Wenn Sie beim Erreichen eines bestimmten Ziels Hilfe benötigen. »Ich würde gerne _____und wäre dankbar für Ihren Rat. Was würden Sie mir zum Umgang mit _____ raten?«

Wenn Sie nicht wissen, was Sie als Nächstes sagen sollen. »Danke, dass Sie das ansprechen.«/»Ein gutes Argument.«/»Das ist interessant.«/»Das ist hilfreich.«/»Danke dafür.«

Denken Sie an die unausgesprochene Regel, die richtigen Signale zu senden: Nicken Sie und schreiben Sie während der Besprechung mit. Bei persönlichen Besprechungen empfiehlt es sich, Notizen handschriftlich festzuhalten, um zu signalisieren, dass Sie aufmerksam und gewissenhaft sind.

Wenn Sie einen Fehler gemacht haben – oder wenn Ihr Vorgesetzter glaubt, dass Sie einen Fehler gemacht haben –, sollten Sie auf Nummer sicher gehen und ihn zugeben. Wenn Sie Frustration oder Angst in sich aufsteigen spüren, bemühen Sie sich, nicht zu seufzen, lauter zu werden oder die Augen zu verdrehen. Atmen Sie ruhig. Anstatt zu widersprechen, bitten Sie lieber um eine Klarstellung. Wiederholen Sie dann gegen Ende der Besprechung, was Sie Ihrer Meinung nach gehört haben, und klären Sie die nächsten Schritte. Sie könnten zum Beispiel sagen: »Vielen Dank für das Gespräch. Was das weitere Vorgehen angeht: Wäre es sinnvoll, wenn ich mit ＿＿＿ weitermache, oder haben Sie an etwas anderes gedacht?« Sie könnten auch hinzufügen: »Wenn Sie Zeit haben, würde ich dieses Gespräch gerne regelmäßiger führen. Wären Sie damit einverstanden, dass ich eine wiederkehrende Terminanfrage einrichte?«

Bei Feedbackgesprächen braucht es nicht nur um Ihre aktuelle Tätigkeit oder die Themen zu gehen, die Ihr Vorgesetzter besprechen möchte. In ihnen verbirgt sich auch nicht selten die Chance, Ihrem Vorgesetzten dabei zu helfen, Ihnen zu helfen. Hier ein paar mögliche Fragen:

Um in Neues einbezogen zu werden. »Mir ist aufgefallen, dass ＿＿＿ kürzlich eine neue Initiative angekündigt hat. Ich würde mich gerne stärker an ＿＿＿ beteiligen. Wissen Sie vielleicht, wie ich dabei meinen Hut in den Ring werfen könnte?«

Mehr mit dem arbeiten, was einem Spaß macht. »Je mehr ich über ＿＿＿ nachdenke/an ＿＿＿ arbeite, desto mehr interessiert mich ＿＿＿ Was muss ich tun, damit mir mehr Aufgaben wie diese übertragen werden?«

Um die Unterstützung Ihres Vorgesetzten zu gewinnen. »Ich bin auf _____ gestoßen, ein Programm, bei dem es um _____ geht, und das sich mit meinem Interesse an _____ deckt. Auf dem Formular wird nach Ansprechpartnern gefragt. Wären Sie bereit, meine Bewerbung zu unterstützen? Ich benötige _____, was ich durch _____ vereinfachen kann.«

Wenn Sie neu sind und noch versuchen, Ihren KEKs unter Beweis zu stellen, greifen diese Fragen nicht unbedingt, aber wenn Sie durchweg positives Feedback erhalten haben, sollten Sie sich nicht scheuen, Einzelgespräche zu Ihren Gunsten zu nutzen. Gute Vorgesetzte wünschen Ihnen Erfolg. Aber auch die besten Manager können keine Gedanken lesen und wissen daher nicht, wie sie Sie unterstützen können, wenn Sie ihnen nicht sagen, was Sie wollen.

Nach dem Gespräch

Versuchen Sie, das erhaltene Feedback so schnell wie möglich umzusetzen – vor allem, wenn Ihr Vorgesetzter zugegen ist. Je länger Sie warten, desto deutlicher zeigen Sie, dass Sie nicht aufgepasst haben. Selbst wenn Sie mit der erhaltenen Kritik nicht einverstanden sind, sollten Sie überlegen, ob Sie sie nicht trotzdem umsetzen – zumindest um Ihre Einsatzbereitschaft und Kompatibilität zu zeigen. Anschließend empfiehlt es sich, Ihren Vorgesetzten über Ihre Fortschritte zu informieren, um zu zeigen, dass Sie die Ratschläge ernst nehmen.

Wenn Sie versuchen, eine Rückmeldung umzusetzen, aber feststellen, dass das nicht praktikabel oder machbar ist, berichten Sie Ihrem Vorgesetzten: »Ich habe versucht, Ihre Ratschläge auf _____ anzuwenden, hatte aber Schwierigkeiten mit _____ Haben Sie einen Tipp, wie ich mit solchen Situationen besser umgehen kann?« Wenn sich das Feedback jedoch als hilfreich erweist, könnten Sie sich mit den Worten zurückmelden: »Vielen Dank für Ihren Vorschlag zu _____ Ich habe ihn bei _____ und _____ ausprobiert und _____ hat sich verbessert.«

Letztendlich geht es oft nicht darum, wie positiv oder negativ die Kritik ausfällt, sondern vielmehr darum, wie bereitwillig man sie annimmt und umsetzt. Diese Lehre hat mir Kayode, ein frischgebackener Highschoollehrer, vermittelt. Die stellvertretende Schulleiterin seiner Schule, Angela, hatte die Angewohnheit, alle Lehrerinnen und Lehrer aufzufordern, eine »Wörterwand« zu erstellen, eine Pinnwand im Klassenzimmer, auf der alle Wortschatzbegriffe des Kurses standen. Viele Lehrer an der Schule hielten diese Übung für Zeitverschwendung.

Eines Tages betrat Angela den Klassenraum von Carl, einem anderen neuen Lehrer. Innerhalb von Sekunden bemerkte Angela, dass hier eine Wörterwand fehlte. »Carl«, sagte sie, »haben Sie schon einmal über eine Wörterwand nachgedacht? «

»Ich werd's mir überlegen«, antwortete Carl abweisend.

Dann ging Angela in Kayodes Klassenzimmer und machte die gleiche Bemerkung: »Kayode, haben Sie schon einmal über eine Wörterwand nachgedacht? «

Eine Woche später hatte Kayode die Wörterwand erstellt. Er lud Angela sogar zu einem Besuch in seinem Klassenraum ein, damit sie sie begutachten konnte. Und als Angela in Kayodes Klassenzimmer war, bemühte er sich besonders, die Schülerinnen und Schüler auf die Wörterwand hinzuweisen, nur um zu zeigen, dass er sie einsetzte. Angela war sichtlich erfreut. Nach dem Unterricht ging sie an Carls Klassenzimmer vorbei. Carl hatte immer noch keine Wörterwand.

In der darauffolgenden Woche führte Angela eine weitere Unterrichtsaktivität ein, die sie »Schreibrunde« nannte, und die viele Lehrer wieder einmal als Zeitverschwendung ansahen. Doch dieses Mal hatte Angela den Blick fest auf Carl gerichtet, der mit verschränkten Armen zurückgelehnt dasaß. »Versuchen Sie es nun bitte mit einer Schreibrunde, Carl.«

Carl schnalzte mit der Zunge. »Ich habe schon mal eine Schreibrunde gemacht. Schreibrunden sind Murks.«

Angela lief hochrot an.

Auch Kayode hatte eine solche Übung schon einmal ausprobiert und hielt sie insgeheim für sinnlos, aber er wagte trotzdem einen Versuch. Und wie nicht anders zu erwarten, klappte es nicht. Aber als Kayode

Angela das nächste Mal sah, sagte er: »Ich habe die Übung ausprobiert, die Sie neulich vorgeschlagen haben. Die Idee gefällt mir sehr gut, aber meine Schüler sind dabei irgendwann ausgestiegen. Haben Sie einen Tipp, wie man besser damit umgehen kann?«

Angela lächelte. »Ach, macht doch nichts. Es klappt nicht immer. Schön, dass Sie es versucht haben!«

Später wurde Kayode zum Fachbereichsleiter befördert. Carl bestand seine Probezeit nicht, er wurde nach seinem ersten Jahr entlassen. Rückblickend sagte Kayode zu mir:

Ich kann Carls Beweggründe schon nachvollziehen. Als neuer Lehrer reißt man bereits Achtzig-Stunden-Wochen. Man ist erschöpft, und dann kommt der Chef daher und sagt, du sollst etwas tun, was du nicht für sinnvoll hältst. Aber es lohnt sich: Um zu zeigen, dass ich lernfähig und offen für Kritik bin, brauchte ich bloß eine dreiviertel Stunde lang bunte Zettel an die Wand zu kleben. Carl bekam mit der Zeit immer schärfere Kritik. Ich wurde mit der Zeit immer weniger kritisiert. Angela und ich mochten uns immer mehr, Angela und Carl einander dagegen immer weniger. Und das alles begann damit, dass ich Angelas Kritik annahm und Carl sich trotzig verhielt und ständig zu verstehen gab, dass er sie nicht respektierte.

Das erklärte Ziel eines Feedback-Gesprächs besteht zwar darin, Ihnen bei der Optimierung Ihrer Arbeit zu helfen, aber das unerklärte Ziel ist, dass sich Ihr Vorgesetzter bestätigt fühlt. Ob Sie glauben, dass Sie recht haben und ob es wirklich so ist, fällt dabei kaum ins Gewicht; es geht vielmehr darum, dass *Ihr Vorgesetzter glaubt, er habe recht*. Beim Thema Feedback geht es nicht darum, was »richtig« und was »falsch« ist; es geht darum, was mit dem Weltbild und dem Arbeitsstil Ihres Vorgesetzten übereinstimmt und was nicht. Jedes Feedback ist subjektiv. Akzeptieren Sie das, haken Sie es ab und kümmern Sie sich um andere Dinge.

Der Umgang mit Kritik ist eine Fähigkeit, die Ihnen für den Rest Ihrer beruflichen Laufbahn von Nutzen sein wird, und zwar ganz gleich, ob das erhaltene Feedback einen echten Verbesserungsbedarf oder die persönlichen Bedürfnisse und Wünsche Ihres Vorgesetzten widerspiegelt. Egal, ob gut oder schlecht, alle Rückmeldungen sind »gute« Rückmeldungen, zumindest in dem Sinne, dass sie Ihnen helfen, zu lernen und sich weiterzuentwickeln (und, wenn es gar nicht anders geht, auch zu verstehen, mit wem Sie zusammenarbeiten sollten und mit wem besser nicht). Wie bei allen Themen in diesem Buch gilt auch hier: Achten Sie darauf, wie Sie sich fühlen. Jetzt sind Sie vielleicht noch die Person, die Kritik empfängt, aber es ist nur eine Frage der Zeit, bis Sie mit dem Austeilen an der Reihe sind. Stellen Sie sich vor, welche Erfahrung Sie gerne gemacht hätten – und ermöglichen Sie diese auch Ihren Mitarbeiterinnen und Mitarbeitern. Wir können alle dazu beitragen, dass die Sache mit der Kritik nicht ganz so holprig abläuft.

Ausprobieren!

- Bitten Sie Ihren Vorgesetzten regelmäßig um Feedback, falls Sie noch keins erhalten.
- Achten Sie genau auf halbherzige Zustimmung, behutsame Vorschläge und besorgte Fragen Ihres Vorgesetzten – vielleicht versteckt sich darin eine Rückmeldung.
- Versuchen Sie, die Absicht hinter schroffen Äußerungen und Handlungen Ihres Vorgesetzten zu erkennen – was will er Ihnen eigentlich mitteilen?
- Verfolgen Sie die Ereignisse zurück, die zu einer plötzlichen Verhaltensänderung Ihres Vorgesetzten geführt haben, und bitten Sie einen vertrauenswürdigen Kollegen um Rat bei der Deutung.
- Denken Sie daran, dass es bei Feedback selten um richtig und falsch geht. Oft geht es eigentlich darum, was mit dem Weltbild und dem Arbeitsstil Ihres Vorgesetzten übereinstimmt.

Konflikte lösen

Auch wenn Sie sich nach Kräften bemühen, Ihren »KEKs« auszureizen, passt es manchmal trotzdem irgendwie nicht. Vielleicht sind Sie beunruhigt. Oder frustriert. Oder erschöpft. Wenn Sie dergleichen belastet, haben Sie drei Möglichkeiten: die Situation verbessern, mit der Situation leben oder die Situation verlassen. Abbildung 14-1 veranschaulicht diese Möglichkeiten.

Wie und wann man handelt ist wichtig. Manchmal gibt diese Wahl sogar den Ausschlag, ob man ein Problem angeht oder nicht.

Kathryn, eine Beraterin, lernte diese Lektion auf die harte Tour. Als ihr Lieblingsmanager zu einem anderen Unternehmen wechselte, wurde Kathryn einem Senior Director unterstellt, dessen Führungsstil sich von dem bisher gewohnten sehr unterschied. Ihr früherer Vorgesetzter hatte ihr stets die Leitung von Kundenbesprechungen und die Wahrnehmung neuer Aufgaben überlassen, wodurch sie lernen und sich weiterentwickeln konnte. Ihr neuer Vorgesetzter setzte sie hinter den Computer und hielt sie von den Kunden fern. Ihr früherer Vorgesetzter ordnete sie nur selten zu Dienstreisen ab (was sie sehr schätzte), und wenn dies doch der Fall war, durfte sie freitags nach Hause fahren. Ihr neuer Vorgesetzter schickte sie auf ganzwöchige Projekte, auch wenn nur selten Kunden anwesend waren. Ihr früherer Vorgesetzter führte regelmäßig persönliche Gespräche mit ihr und wurde eher zu einem Mentor als zu einem Vorgesetzten. Der neue Vorgesetzte sprach sie kein einziges Mal zwanglos an. Kathryn, die immer gerne zur Arbeit gegangen war, hatte schon nach wenigen Wochen morgens nicht einmal mehr Lust, überhaupt aufzustehen. Über einen Freund fand sie einen neuen Job bei einer Vermögensverwaltungsgesellschaft.

Das sollten Sie wissen

- Wenn es im Beruf nicht läuft wie gewünscht, hat man drei Möglichkeiten: mit der Situation leben, sie verbessern oder sich daraus zurückziehen.
- Um das Problem zu lösen, müssen Sie in der Lage sein, das Problem zu diagnostizieren.

Als Kathryn ihre neue Stelle antrat, bemerkte sie jedoch schnell, dass der Arbeitsplatz ihre Erwartungen nicht erfüllte. In ihrer alten Firma gab es Führungskräfte, die sie als Vorbilder betrachten konnte, in ihrer neuen Firma entsprach niemand diesem Anspruch. Kathryn war zwar schon in ihrem alten Unternehmen wegen des plötzlichen Mangels an Mentoren unglücklich gewesen, aber in ihrer neuen Firma war sie noch weniger zufrieden.

Abbildung 14-1

Ihre Reaktionsmöglichkeiten auf eine schwierige Situation am Arbeitsplatz

Was tun, wenn's hart auf hart kommt?

Mit der Situation leben   Die Situation verändern   Die Situation verlassen

Sie hielt es nur neun Monate aus. Danach nahm sie eine Stelle in einer kleineren Firma an, die jedoch auch nicht perfekt war. Weniger als ein Jahr später kündigte Kathryn und kehrte zu ihrem ursprünglichen Beratungsunternehmen zurück. Glücklicherweise war ihr Unternehmen offen für »Bumerang-Mitarbeiter«, also Menschen, die das Unternehmen verlassen, andernorts arbeiten und dann zurückkehren. Letztendlich war Kathryn zwar zufrieden, doch sie arbeitete wieder auf der gleichen Ebene und zu dem gleichen Gehalt wie zuvor, wohingegen viele Kolleginnen und Kollegen aus ihrer Anfangskohorte zwischenzeitlich zu Führungskräften befördert worden waren.

Weil Kathryn rigoros entschied, dass sie mit der Situation nicht mehr leben konnte, verließ sie das Unternehmen von jetzt auf gleich, ohne sich an einer Änderung zu versuchen. Sie glaubte zu wissen, wovor sie weglief, war sich aber nicht vollständig darüber im Klaren, was sie da zurückließ. Gleichzeitig wusste sie, dass sie auf ein Ziel zusteuerte, war aber nicht ganz darüber im Bilde, worauf sie sich eigentlich einließ. So verbrachte sie zwei Jahre auf der Suche nach immer grünerem Gras, nur um dann festzustellen, dass es dort am grünsten war, wo sie aufgebrochen war.

Wie kann man bei Herausforderungen im Beruf vermeiden, in Kathryns Situation zu geraten? Indem man nicht einfach die schnellste Abhilfe oder den Weg des geringsten Aufwands sucht, sondern den Weg beschreitet, der einen im Nachhinein am wenigsten bereuen lässt. Zwar ist jede Situation anders, aber eine hilfreiche Faustregel lautet: Das Problem diagnostizieren, die Optionen abwägen und das Übel taktvoll beheben – oder, wenn die Situation es rechtfertigt, würdevoll Abschied nehmen. Schauen wir uns an, was die einzelnen Schritte bedeuten.

Schritt 1: Das Problem diagnostizieren

Wenn Sie ein ungutes Gefühl haben, müssen Sie zunächst die Ursache herausfinden – den verborgenen Auslöser kreisender Gedanken, schlafloser Nächte oder mangelnder Motivation. Bei Herausforderungen am Arbeitsplatz lassen sich die Grundursachen oft in drei Kategorien einteilen. Abbildung 14-2 zeigt, um welche Arten es sich handelt.

Abbildung 14-2

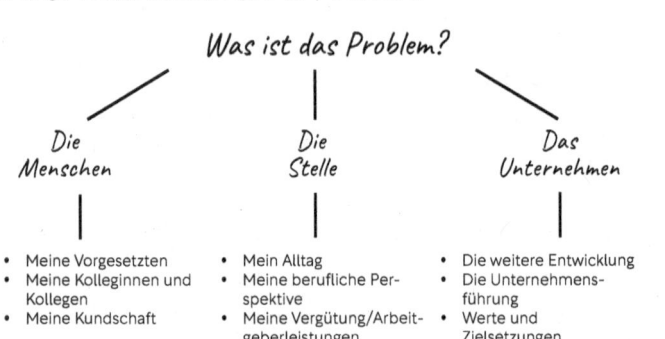

Mögliche Grundursachen Ihres Problems

Was ist das Problem?

Die Menschen	Die Stelle	Das Unternehmen
• Meine Vorgesetzten • Meine Kolleginnen und Kollegen • Meine Kundschaft	• Mein Alltag • Meine berufliche Perspektive • Meine Vergütung/Arbeitgeberleistungen	• Die weitere Entwicklung • Die Unternehmensführung • Werte und Zielsetzungen

Personenbezogene Probleme. Wenn Sie ein Problem mit einem bestimmten Vorgesetzten, Mitarbeiter oder Kunden haben, dann haben Sie ein personenbezogenes Problem. Eine Ingenieurin hatte eine Kollegin, die immer in der Schlussphase eines Projekts auftauchte und die Lorbeeren für ihre Arbeit einheimste. Diese Ingenieurin hatte ein *personenbezogenes Problem.*

Arbeitsplatzprobleme. Wenn Ihnen Ihre alltägliche Arbeit nicht gefällt, Sie sich um Ihre berufliche Zukunft sorgen oder wegen der niedrigen Bezahlung oder fehlender Sozialleistungen unzufrieden sind, dann haben Sie ein Arbeitsplatzproblem. Ein wissenschaftlicher Mitarbeiter in der Psychologie verlor das Interesse an seiner bisherigen Stelle, weil es für ihn im Forschungsinstitut keine klare berufliche Perspektive gab. Er hatte ein *Arbeitsplatzproblem.*

Standortprobleme. Wenn Sie mit der Entwicklung Ihrer Organisation, der Art und Weise, wie sie geführt wird, oder ihren Werten und Zielsetzungen unzufrieden sind oder sich deswegen Sorgen machen, dann haben Sie ein Standortproblem. Nachdem einige Kolleginnen und Kollegen gekündigt hatten, wurde einer politischen Analystin immer mehr Arbeit übertragen, ohne dass ihr mehr Gehalt oder Unterstützung oder auch nur eine Schulung angeboten wurde. Sie hatte ein *Standortproblem.*

So finden Sie die Ursache

Um die Ursache Ihres Problems zu finden, sollten Sie den in Kapitel 9 besprochenen Problemlösungsansatz anwenden: Fragen Sie sich immer wieder: »Warum passiert das?«

So hätte Kathryns »Warum?«-Übung ablaufen können:

Ich bin absolut nicht motiviert, zur Arbeit zu gehen.

Warum?

Weil ich nicht mehr so viel Spaß an meiner Arbeit habe wie früher.

Warum?

Weil die Menschen dort nicht mehr so toll sind.

Warum?

Weil ich mit einem anderen Manager zusammenarbeite, der einen anderen Arbeitsstil hat.

Aha!

Rückblickend betrachtet lag die Ursache für Kathryns Problem nicht an *allem*, sondern an ihrem neuen Vorgesetzten. Die langweiligen Aufgaben, die anstrengende Reisetätigkeit und die schlechte Betreuung kamen ihr vielleicht wie verschiedene Probleme vor, waren aber alle Symptome einer einzigen Ursache.

Nicht alle Grundursachen erschließen sich sofort. Mitunter dauert es Wochen und Monate, bis man dahinterkommt. Wenn Sie die Ursache Ihres Problems nur schwer identifizieren können, sollten Sie zum Abschluss eines jeden Tages über ein paar Fragen Tagebuch führen:

- Was haben Sie heute getan?
- Was haben Sie heute gelernt?
- Wie haben Sie sich zu verschiedenen Zeitpunkten des Tages gefühlt? Und warum?
- Was hat Ihnen heute Spaß gemacht? Und warum?
- Was hat Ihnen heute nicht gefallen? Und warum?

Gehen Sie Ihre Aufzeichnungen nach einem Monat durch. Gut möglich, dass dabei die eigentliche Ursache Ihres Problems zum Vorschein kommt – und Sie so herausfinden, in welche Richtung Sie Ihre Energie lenken sollten.

Schritt 2: Bewerten Sie Ihre Optionen

Sobald Sie die Ursache Ihres Problems erkannt haben, müssen Sie im nächsten Schritt die beste Lösung finden: die Situation beheben, mit der Situation leben oder die Situation verlassen? Um den richtigen Weg zu finden, sollten Sie sich die folgenden Fragen stellen.

Wurde durch das Erlebte eine Grenze überschritten?

Es ist wichtig, sich sicher zu fühlen, körperlich und geistig gesund zu bleiben und sich selbst treu bleiben zu können, auch wenn das nicht unbedingt in jedem Beruf oder Unternehmen möglich ist. Je mehr Sie das Gefühl haben, dass Ihre Situation am Arbeitsplatz Ihre Sicherheit, Ihre körperliche und geistige Gesundheit oder Ihr Selbstwertgefühl beeinträchtigt ist, desto ernster und dringlicher ist Ihre Situation – und desto mehr sollten Sie sich berechtigt fühlen, die Situation zu verändern oder sie zu verlassen. Und falls Sie Sexismus, Rassismus oder einem anderen »Ismus« ausgesetzt sind, sollten Sie wissen, dass es sich um ein echtes Problem handelt und Sie es verdienen, dass man sich damit befasst.

Wie begrenzt ist Ihr Problem?

Stellen Sie sich vor, Ihr Problem sei eine Pfütze. Nun könnten sie in einer kleinen Pfütze stehen, in der das Problem auf bestimmte Menschen beschränkt ist, in einer mittelgroßen Pfütze, in der das Problem auf Ihren Arbeitsplatz beschränkt ist, oder in einer großen Pfütze, in der das Problem alle in Ihrer Position betrifft. Sobald Sie wissen, wie groß Ihre Pfütze ist, wissen Sie, wie weit Sie gehen müssen, um herauszukommen (und ob der Schritt heraus einigermaßen machbar ist).

- Wenn Sie ein *Personenproblem* haben, fragen Sie sich: *Würde ein Teamwechsel mein Problem lösen? Wie praktikabel ist diese Option?*
- Wenn Sie ein *Standortproblem* haben, fragen Sie sich: Würde ein Wechsel des Arbeitgebers mein Problem lösen? *Wie praktikabel ist diese Option?*
- Wenn Sie ein *Arbeitsplatzproblem* haben, fragen Sie sich: *Würde ein Berufswechsel mein Problem lösen? Wie praktikabel ist diese Option?*

Aber eine Warnung: Stellen Sie sich auf Abstriche ein. Als ich als Unternehmensberater arbeitete, scherzten meine Kolleginnen und Kollegen oft, dass man bei Projekten entweder gute Leute, interessante Arbeit oder einen guten Lebensstandard geboten bekommt. Manche Projekte bringen vielleicht zwei der drei genannten Punkte mit, viele allerdings auch nur einen. Es lohnt sich nicht, auf ein Projekt zu warten, das alle drei bietet. Das gibt es nicht. Abbildung 14-3 veranschaulicht dieses Spannungsfeld.

Abbildung 14-3

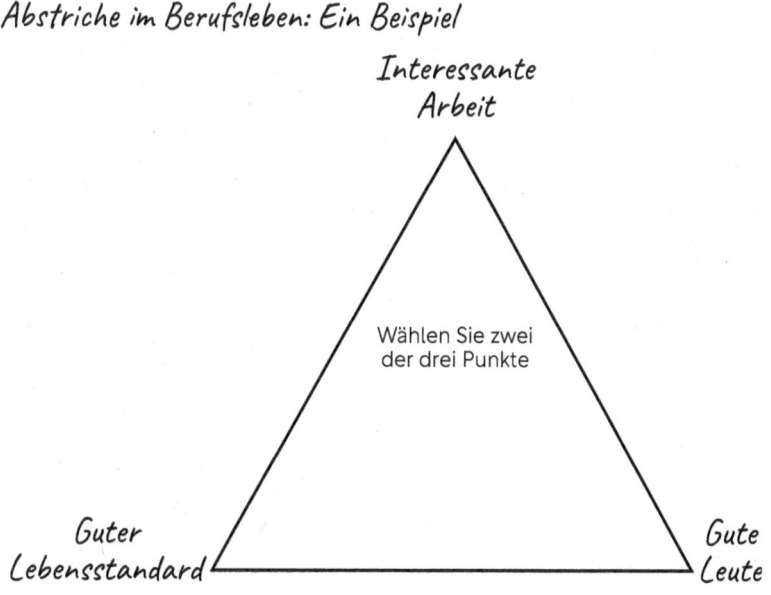

Abstriche im Berufsleben: Ein Beispiel

Interessante
Arbeit

Wählen Sie zwei
der drei Punkte

Guter
Lebensstandard

Gute
Leute

An den Ecken dieses Dreiecks könnten Sie entsprechend Ihren Umständen weitere Merkmale vermerken: hoher Wirkungsgrad, gute Bezahlung oder Sozialleistungen, wenig Stress, Sicherheit, guter Standort. Egal, was Sie in Ihr Dreieck hineinschreiben, die Schlussfolgerung ist dieselbe: Die optimale Kombination von Menschen, Position und Ort gibt es nicht. Entscheidend ist, worauf Sie Wert legen und worauf Sie verzichten können.

Sollten Sie sich nicht darüber im Klaren sein, auf welche Kompromisse Sie sich mit Ihrer derzeitigen Stelle eingelassen haben, halten Sie nach Mustern Ausschau: Suchen Sie auf Glassdoor, Kununu, Reddit, YouTube und in Blogs nach Ihrem Arbeitgeber und Ihrer Art der Tätigkeit, um zu sehen, ob andere über ähnliche Probleme wie Ihre berichtet haben. Wenn dies der Fall ist, sind Sie vielleicht gerade auf ein weit verbreitetes oder chronisches Problem bei Ihrem Arbeitgeber oder in Ihrem Beruf gestoßen. Dann gilt es zu entscheiden, ob Sie damit leben können. Sie könnten auch auf LinkedIn nach ehemaligen Mitarbeitern Ihres Unternehmens suchen: Wenn Menschen nach einem Jahr oder weniger die Stelle oder das Unternehmen wechseln, gibt es da vielleicht ein Muster. In diesem Fall ist das Muster vielleicht ein Hinweis darauf, dass die Mitarbeiter mit den Problemen nicht leben oder sie nicht lösen können. Vergessen Sie nicht, einen vertrauenswürdigen Mitarbeiter oder Mentor in der Organisation zu befragen, ob er Ihre Bedenken teilt und wenn ja, wie er die Situation gemeistert hat.

Ist Ihr Problem zeitlich begrenzt?

Schwierige Vorgesetzte oder Kollegen verursachen zwar Frustration, sind aber besser auszuhalten, wenn man mit ihnen in einem auf sechs Monate befristeten Projekt zusammenarbeitet oder die Möglichkeit besteht, nach einer gewissen Zeit das Team zu wechseln. Eine schlechte Work-Life-Balance oder eine niedrige Bezahlung sind zwar langfristig nicht tragbar, fallen aber weniger ins Gewicht, wenn Sie wissen, dass sich Ihr Lebensstandard mit der Dauer der Betriebszugehörigkeit verbessern wird. Hätte Kathryn einen Wechsel in ein anderes Team beantragen können? Wir werden es nie erfahren – schließlich hat sie das nie in Erwägung gezogen.

Die vorübergehende Natur eines Problems macht es nicht weniger schmerzhaft oder gültig. Sie beeinflusst jedoch die Entscheidung, ob es am sinnvoll ist, eine Situation zu verbessern, mit ihr zu leben oder sie zu verlassen. Wenn Sie der Meinung sind, dass die Vorteile den vorübergehenden Kummer auf lange Sicht aufwiegen, finden Sie es sicher erstrebenswerter, die Situation zu verbessern oder mit ihr zu leben. Wenn Sie hingegen der Meinung sind, dass die Aussicht auf eine Verbesserung der Situation gering ist, erscheint Ihnen der Weggang wahrscheinlich als die bessere Option. Wenn sich ohne Ihr Zutun nichts verändert, liegt die Verantwortung bei Ihnen – und nur bei Ihnen.

Wie würde eine bessere Situation aussehen?

Nehmen wir einmal an, eine Kündigung käme nicht in Frage und Sie könnten an Ihrer Situation ändern, was Sie wollen. Was würden Sie ändern? Wie würde die veränderte Situation aussehen? Wen müssten Sie von diesen Veränderungen überzeugen? Wie vernünftig wäre diese Forderung in den Augen der Entscheidungsträger?

Im Allgemeinen gilt: Je mehr Personen Sie überzeugen müssen, je höher deren Position und je weniger vernünftig das Anliegen in deren Augen ist, desto schwieriger wird es sein, es umzusetzen. Je weniger Personen Sie überzeugen müssen, je weiter unten diese angesiedelt sind und je vernünftiger sie Ihren Vorschlag finden, desto leichter dürfte Ihre Änderung durchzusetzen sein.

Handelt es sich bei Ihrem Problem um eines, das Sie mit Ihrem Vorgesetzten lösen können (und sollten Sie mit diesem noch nicht darüber gesprochen haben), dann empfiehlt es sich, die Option »Beheben« in Betracht zu ziehen, bevor Sie die Optionen »Damit leben« oder »Situation verlassen« wählen. Wenn Sie sich schwer damit tun, sich eine bessere Lösung vorzustellen, sollten Sie sich an Ihr Netzwerk wenden oder im Internet recherchieren, wie andere Teams oder Organisationen mit einem ähnlichen Problem umgegangen sind. Vermutlich wird derjenige, den Sie überzeugen müssen, fragen, was er Ihrer Meinung nach tun soll. Liefern Sie anderen eine Anregung, auf die sie reagieren können. Sie wirken viel glaubwürdiger und überzeugender, wenn Sie in der Lage sind zu sagen: »Das ist das Problem und das mein Vorschlag«, anstatt: »Ich weiß nicht, was ich will; ich weiß nur, dass es mir gerade nicht gefällt.«

Was sind die Vor- und Nachteile der einzelnen Optionen?

Entwerfen Sie eine Tabelle mit zwei Spalten (siehe Tabelle 14-1). Schreiben Sie in der linken Spalte alle Gründe für eine bestimmte Option auf, in die rechte alle, die dagegen sprechen.

Wenn Sie die Vor- und Nachteile auflisten, werden Sie feststellen, dass einige Gründe vernünftiger, akzeptabler und überzeugender sind als andere. Manchmal braucht es nur ein paar Pro- und Kontra-Argumente, um zu entscheiden, dass eine Option tatsächlich besser ist als die anderen. Diese Übung hat noch einen weiteren Vorteil: Sie wird Ihnen hoffentlich helfen, in einer ansonsten schwierigen Situation das Positive zu sehen.

Denken Sie daran, dass sich Ihre Liste der Vor- und Nachteile entsprechend Ihren Wertvorstellungen ändern kann. Deshalb sollten Sie sich regelmäßig selbst hinterfragen, ob nun einmal im Monat, alle drei Monate oder alle sechs Monate. Sieht es jetzt besser aus? Falls ja, machen Sie weiter. Wenn nicht, bewerten Sie Ihre Optionen neu.

Tabelle 14-1

Beispielhafte Pro- und Kontra-Argumente

Pro	Kontra
Mit der Situation leben	
Das Ende ist in ... absehbar.	Die nächsten ... könnte das Leben echt schwer sein.
Sieht aus, als würde ich gut in die Stelle passen, vor allem, weil sich sonst keiner beschwert.	Wenn ich nichts sage, bekommen die in den höheren Etagen vielleicht nicht einmal mit, dass es ein Problem gibt.
Ich habe noch einiges zu lernen. Vielleicht ist es ja doch nicht so schlimm, wenn ich mich erst einmal zurechtgefunden habe.	Meine körperliche/psychische Gesundheit könnte unter der Situation leiden.
Die Situation verändern	
Vielleicht betrachten mich die anderen als jemanden, der gute Lösungsvorschläge einbringt.	Ich bin nach wie vor neu hier, deshalb könnte ich anmaßend beziehungsweise fordernd wirken.
Wenn ich mit der Kündigung warte, weiß ich wenigstens, dass ich mein Bestes gegeben habe.	Ist das wirklich alles, was ich will? Was, wenn später noch etwas dazukommt?
Ich kann mir eine berufliche Zukunft in diesem Unternehmen vorstellen, also kann ich ebenso gut versuchen, etwas zum Positiven zu verändern.	Ich habe in letzter Zeit nicht gezeigt, was ich kann. Ob ich besser warte, bis ich besser dastehe?
Die Situation verlassen	
Langfristig gibt es hier für mich keine berufliche Perspektive.	Wenn ich zu früh kündige/zu häufig den Arbeitsplatz wechsle, wirke ich womöglich unbeständig.
Wenn ich mich in Würde verabschiede, kann ich meine beruflichen Beziehungen vielleicht aufrechterhalten.	Die Stellensuche wird ätzend.
Ich habe das Gefühl, dass ich hier nichts mehr lerne/mich nicht mehr weiterentwickeln kann.	Ich habe aus diesem Job noch nicht alles herausgeholt, was es zu holen gibt.

Mit welcher Variante werde ich mich in zehn Minuten, zehn Monaten und zehn Jahren am besten fühlen?

Sobald Sie Ihre verschiedenen Möglichkeiten dargelegt haben, besteht der letzte Schritt in einer kleinen Zeitreise. Die Kolumnistin Suzy Welch hat dafür die so genannte »10-10-10-Strategie« entwickelt.[16] Denken Sie mehrere Schritte voraus: Welche Alternative erscheint Ihnen in zehn Minuten am attraktivsten? Womit werden Sie in zehn Monaten zufriedener sein, wenn Sie die positiven und negativen Folgen Ihres Handelns (oder Nichthandelns) erfahren haben? Mit welcher Option werden Sie sich in zehn Jahren am wohlsten fühlen, wenn Sie in Ihrer beruflichen Laufbahn schon viele Schritte weiter sind und genügend Zeit hatten, alle Kompromisse zu verarbeiten? Der Weg der schnellsten Abhilfe oder des geringsten Aufwands ist nicht unbedingt der, der einen im Nachhinein am wenigsten bereuen lässt. Die Zeitreise bietet einen weiteren Vorteil: Sie trägt dazu bei, eine Entscheidung weniger emotional zu treffen. Wenn der Schmerz heftig und unmittelbar ist, erscheint ein Weggang oft wie die beste oder einzige Lösung – auch wenn es in Wirklichkeit nur eine schnelle, aber nicht nachhaltige Lösung ist: Das hat Kathryn auf die harte Tour gelernt.

Liegt Ihr Problem darin begründet, dass andere sich der Tragweite ihres Handelns nicht bewusst sind?

Wenn das Problem so frisch im Bewusstsein ist und die Emotionen hochkochen, kann es schwierig sein, sich auf diesen Gedanken einzulassen. Geben Sie ihm trotzdem eine Chance! Wenn beispielsweise Ihr Vorgesetzter oder Ihr Kollege die Ursache Ihres Problems ist, kann es sein, dass er sich der Konsequenzen seines Handelns überhaupt nicht bewusst ist. (Ob in Kathryns Fall die Möglichkeit bestand, dass ihr Vorgesetzter nicht mitbekam, dass sein Führungsstil nicht zu ihr passte?). Je größer die Wahrscheinlichkeit ist, dass andere »Was? Das wusste ich überhaupt nicht!« sagen, desto sinnvoller ist es, die Situation zu klären, bevor man mit dem Problem lebt oder aufgibt. Sollte die Ursache wirklich darin liegen, dass die andere Person sich ihrer negativen Wirkung nicht bewusst ist, ist die Lösung womöglich einfacher als gedacht. Manchmal genügt schon ein Gespräch.

Schritt 3: Das Problem taktvoll lösen

Entscheidend für die Lösung des Problems ist die richtige Herange-
hensweise. Sie ist das Zünglein an der Waage dabei, ob Sie bekommen,
was Sie wollen, oder ob die Lage noch schlimmer wird. Die an anderer
Stelle in diesem Leitfaden behandelten unausgesprochenen Regeln stellen ein hilfreiches Mittel zur Deeskalation von Konflikten dar: Denken
Sie mehrere Schritte voraus. Finden Sie den richtigen Zeitpunkt und
die richtige Person. Kritisieren Sie unter vier Augen. Üben Sie behutsam, aber energisch Druck aus. Achten Sie auf eine positive Wirkung.
Und verhalten Sie sich bei dem Gespräch so, als wollten Sie lernen und
helfen. Erwecken Sie den Eindruck, dass Sie mit dem Gesprächspartner
auf einer Linie sind und ein gemeinsames Ziel anstreben, anstatt etwas
zu fordern, das nur Ihnen selbst nützt. Die folgenden Strategien sollten
Sie beim Versuch, einen Konflikt zu lösen, ebenfalls in Betracht ziehen.

Versuchen Sie es nicht allein. Bitten Sie um Hilfe. Bevor Sie sich an
die Person wenden, mit der Sie eigentlich sprechen möchten, sollten
Sie einen vertrauenswürdigen Mitarbeiter fragen, ob andere schon
einmal ähnliche Probleme hatten. Gab es Gespräche, und wenn ja,
wie verliefen sie? Auf diese Weise können Sie ähnliche Fehler vermeiden.

Kritisieren Sie nicht. Zeigen Sie Wertschätzung. Benutzen Sie häufiger »Danke …«, »Ich schätze …« und »Ich bin dankbar für …«
Positivität kann ansteckend sein, und Anerkennung schafft eine
kollegiale Atmosphäre. Nutzen Sie beides, um den richtigen Ton zu
treffen. Außerdem kostet Dankbarkeit nichts, seien Sie also großzügig damit.

**Unterstellen Sie keine negativen Absichten. Gehen Sie vielmehr von
positiven Absichten aus.** Probieren Sie es mit »Ich weiß, dass Sie
[positive Absicht], also vermute ich, dass es keine Absicht von Ihnen
war, sondern [negative Auswirkung].« Selbst wenn Sie das eigent-

lich nicht glauben, trägt eine solche Aussage dazu bei, dass andere nicht in die Defensive geraten.

Reden Sie nicht über Verbesserungen in Ihrem Leben. Betonen Sie den Beitrag, den Sie für das Team leisten. Statt »Ich brauche …« sagen Sie lieber: »Ich würde gerne herausfinden, wie wir … verbessern können.« Wenn Ihr Vorschlag dem Team nützen könnte, weisen Sie darauf hin. Dadurch wirken Sie weniger fordernd.

Nicht auf Probleme hinweisen. Bitten Sie um Rat. Anstatt zu sagen: »_____ ist dumm«, »_____ ist sinnlos« oder »_____ ist unhaltbar«, könnten Sie es mit einer Formulierung wie »Ich hätte gerne Ihren Rat zu _____« oder »Wie würden Sie mit _____umgehen?« versuchen.

Schlagen Sie keine Änderungen vor. Bieten Sie Experimente an. Was wenig Aufwand bedeutet, wird eher positiv aufgenommen. Anstatt also zu sagen: »Wir sollten _____ändern«, versuchen Sie es lieber mit: »Ich frage mich, ob wir es nicht einmal mit _____ probieren könnten«, »Können wir nicht überlegen, ob _____« oder »Wir könnten mit _____ experimentieren.«

Halten Sie sich nicht mit der Arbeit auf. Berücksichtigen Sie vielmehr das Gesamtbild. Wenn Sie ein personenbezogenes Problem haben und diese Personen Teil Ihres Teams sind, ist es ratsam, Ihr Netzwerk zu erweitern. Versuchen Sie es einmal damit, sich an unternehmensweiten Veranstaltungen, Interessensgruppen und gemeinnützigen Aktionen zu beteiligen. Eine nicht ganz so optimale Situation lässt sich leichter wegstecken, wenn es sich dabei nur um einen kleinen Aspekt einer insgesamt positiven Arbeitserfahrung handelt.

Kathryn hätte diese Strategien folgendermaßen anwenden können, um ihre Situation zu verbessern:

Kathryn: »Hätten Sie vielleicht irgendwann einmal ein halbes Stündchen Zeit für ein Gespräch? Ich würde gerne Ihre Meinung zu ein paar Karrierefragen hören.«

Manager: »Aber sicher! Suchen Sie sich einen passenden Termin heraus. Mein Kalender ist auf dem neuesten Stand.«

[Zeitsprung zum Gespräch]

Kathryn: »Danke, dass Sie sich die Zeit für ein Treffen nehmen. Ich bekomme ja mit, wie beschäftigt Sie sind, daher weiß ich Ihre Großzügigkeit sehr zu schätzen.« *[Wertschätzung zeigen]*

Manager: »Sehr gerne! Danke für Ihre engagierte Arbeit. Ich weiß, dass es mit diesem Kunden nicht einfach ist.«

Kathryn: »Es war sehr schön, bei den Telefonkonferenzen mithören zu können. Genau danach wollte ich Sie nämlich fragen: Wie haben Sie Ihre Nische gefunden? Ich bin immer wieder beeindruckt, wie viel Wissen Sie sich aus anderen Bereichen aneignen, und wollte wissen, wie ich beruflich ebenfalls so weit kommen kann.« *[Um Rat fragen]*

Manager: »Es war alles eine Frage des Mentorings. Ich hatte das Glück, mehrere Mentoren zu haben, die mich immer wieder dazu ermutigt haben, Neues auszuprobieren. So habe ich sowohl bei den Finanzdienstleistungen als auch in der Telekommunikation Fuß gefasst. Ob ich das für immer machen werde, weiß ich noch nicht, aber im Moment gefällt es mir.«

Kathryn: »Sehr hilfreich! In letzter Zeit habe ich mich ebenfalls im Bereich Telekommunikation umgeschaut, und dabei ist mir aufgefallen, dass das Team freitags Lunch-and-Learn-Veranstaltungen und einmal im Monat Happy Hours veranstaltet. Ich hatte auch schon vor, daran teilzunehmen, allerdings war das angesichts der Reiseerwartungen bei diesem Kunden ziemlich schwierig. Ich wollte Sie fragen, ob Sie mir einen Rat geben können, wie ich mich in dieser Situation verhalten soll.« *[Bitte um Rat]*

Manager: »Das lässt sich bestimmt regeln … Ich spreche mal mit dem Kunden und versuche, eine flexible Lösung für die Freitage zu finden.«

Keiner kann Gedanken lesen. Wenn Sie also nichts sagen, wird das Problem vielleicht gar nicht erkannt. Hätte Kathryn ein solches Gespräch geführt, hätte sie vielleicht nicht kündigen müssen.

Schritt 4: Sich freundlich verabschieden

Manchmal kann man sich noch so sehr bemühen, es reicht einfach nicht. Dann bleibt Ihnen nichts anderes übrig, als zu gehen. Woran erkennen Sie, ob Sie diesen Punkt erreicht haben? Stellen Sie sich die folgenden zehn Fragen:

1. Haben Sie versucht, mit dem Problem zu leben (oder es soweit möglich zu umgehen)?
2. Haben Sie Verbündete um Hilfe gebeten?
3. Haben Sie ermittelt, was Sie eigentlich wollen?
4. Haben Sie versucht, sich mit der betreffenden Person auseinanderzusetzen?
5. Haben Sie versucht, den Sachverhalt mit den nächsthöheren Vorgesetzten zu klären?
6. Haben Sie versucht, das Team zu wechseln?
7. Haben Sie alle Möglichkeiten ausgeschöpft, die Ihnen einfallen?
8. Sind Sie mit Ihrer Geduld am Ende?
9. Haben Sie bereits eine passende andere Stelle gefunden?
10. Und sind Sie überzeugt, dass Ihr Problem durch den Stellenwechsel aus der Welt geschafft wird?

Sie brauchen nicht alle zehn Fragen mit »Ja« zu beantworten, aber je mehr Punkte zutreffen, desto ratsamer ist eine Kündigung. Eine weitere Überlegung ist, wie lange Sie schon in Ihrer Stelle tätig sind. Im Allgemeinen gilt die unausgesprochene Regel, dass man versuchen sollte, mindestens ein Jahr (idealerweise mindestens zwei) an einem Arbeitsplatz zu bleiben. Es gibt auch eine unausgesprochene Regel, die besagt, dass man ein Unternehmen nicht zu rasch verlassen sollte, um nicht wie ein unentschlossener Jobhopper zu wirken. Das heißt aber nicht, dass Sie nicht kündigen dürfen oder sollten.

Zu einem Arbeitsplatzwechsel kommt es glücklicherweise nicht nur, wenn man vor etwas *wegläuft*. Sie können auch auf etwas *zusteuern*, sei es auf ein besseres Umfeld, eine bessere Position oder einen besseren Arbeitsort. Was auch immer der Grund sein mag und wie wünschenswert oder unschön dieser Grund auch ist: Es lohnt sich, die Stelle ebenso bewusst zu verlassen, wie man sie angetreten hat. Hier sind fünf Schritte, um den Ausstieg mit Anstand zu vollziehen:

Diskrete Stellensuche

Wenn Sie wissen, dass Ihr Vorgesetzter in dem Maße das Beste für Sie will, dass er Sie sogar bei der Suche nach einer neuen Stelle unterstützen würde, dann erzählen Sie ihm ruhig frühzeitig von Ihren Plänen und bitten Sie ihn um Feedback. Wenn Ihr Vorgesetzter jedoch nicht unbedingt ein treuer Verbündeter ist, sollten Sie diskreter vorgehen. Was bedeutet diskret? Achten Sie darauf, dass Ihre Kleidung am Arbeitsplatz nicht so aussieht, als kämen Sie gerade von einem Vorstellungsgespräch – selbst wenn dies der Fall sein sollte. Verwenden Sie für Bewerbungen und Korrespondenz mit Personalverantwortlichen ausschließlich Ihre persönliche E-Mail-Adresse und Ihren privaten Computer. Außerdem sollten Sie alle Termine, die mit der Stellensuche zu tun haben, aus Ihrem beruflichen Terminkalender streichen. Und es bedeutet, dass Sie sicherstellen müssen, dass Ihr Profil auf LinkedIn oder XING nicht erkennen lässt, dass Sie auf Jobsuche sind. Gegenüber Ihren Vorgesetzten, Kollegen und der IT-Abteilung sollten Sie so lange unmissverständlich Ihre Einsatzbereitschaft signalisieren, bis Sie bereit sind, über Ihre Pläne zu sprechen (und darüber hinaus bis zu Ihrem allerletzten Tag, wie wir gleich sehen werden).

Die Ankündigung machen

Das Ausscheiden eines Mitarbeiters bringt immer Unruhe in ein Team. Zumindest wird jemanden Neues für Sie eingestellt werden müssen. Und wenn Sie für wichtige Projekte verantwortlich sind oder ein wichtiger Abgabetermin bevorsteht, hat Ihr Ausscheiden womöglich noch größere Auswirkungen. Je mehr Sie die Beeinträchtigungen minimieren, desto besser der Eindruck, den Sie hinterlassen. Auch wenn die übliche Kündigungsfrist vier Wochen beträgt, sollten Sie Ihren Vorgesetzten so weit wie möglich im Voraus benachrichtigen. Ich persönlich habe eine Kündigung auch schon mit zwei Monaten Vorlauf ausgesprochen, um meinem Vorgesetzten Zeit zur Vorbereitung zu geben. Bemühen Sie sich, einen Zeitpunkt zu wählen, der die Arbeit Ihres Teams am wenigsten beeinträchtigt, beispielsweise nach einem wichtigen Abgabetermin oder wenn Ihr Team weniger beschäftigt ist. Sobald Sie ein Datum oder mehrere mögliche Terminoptionen gefunden haben, vereinbaren Sie ein persönliches Gespräch mit Ihrem Vorgesetzten, um Ihre Pläne bekanntzumachen. Erst danach erzählen Sie Ihren Kolleginnen und Kollegen von Ihren Plänen. Ihr Abteilungsleiter soll nicht von jemand anderem als Ihnen selbst erfahren, dass Sie das Unternehmen verlassen wollen.

Die Sache abwickeln

Fragen Sie Ihren Vorgesetzten, was Sie für einen reibungslosen Übergang tun können: Ist es Ihnen möglich, Ihr aktuelles Projekt so weit voranzubringen, dass Ihr Nachfolger es problemlos übernehmen kann? Können Sie Ihre Dateien entsprechend ordnen? Einen Leitfaden für den Übergang verfassen? Können Sie bei der Suche nach einem Nachfolger, bei Vorstellungsgesprächen oder bei der Einarbeitung helfen? Je mehr Sie sich für das Team engagieren, obwohl Sie eigentlich schon auf dem Sprung sind, desto besser ist der Eindruck, den Sie hinterlassen, und desto wahrscheinlicher ist es, dass Ihre Kollegen wieder mit Ihnen arbeiten möchten.

Verabschieden Sie sich

Wenn Sie vor Ort arbeiten, sollten Sie einige für den beruflichen Kontext passende Danksagungskarten kaufen und allen Mitarbeitenden, Mentoren und Verbündeten eine handschriftliche Mitteilung zukommen lassen. Achten Sie darauf, dass Ihre Botschaft auf den jeweiligen Empfänger zugeschnitten ist. Hier ein paar Vorschläge zur Orientierung:

> »Vielen Dank für _____«
> »Es war toll, mit Ihnen an _____ zu arbeiten.«
> »Ich weiß wirklich zu schätzen, dass _____«
> »Ich werde mich immer an _____ erinnern.«
> »Ich bin dankbar für _____«

Wenn Sie extern arbeiten und die Postadressen Ihrer Kolleginnen und Kollegen nicht kennen, überlegen Sie sich, ob Sie an Ihrem letzten Arbeitstag nicht allen eine persönliche Dankes-E-Mail schicken möchten. Und unabhängig davon, ob Sie aus der Ferne arbeiten oder nicht, sollten Sie mit jedem engen Mitarbeiter, Mentor und Verbündeten ein letztes Gespräch unter vier Augen vereinbaren. An Ihrem letzten Arbeitstag sollten Sie eine letzte E-Mail an das gesamte Team senden und Ihre private E-Mail in CC setzen, wie wir gleich noch besprechen werden.

Das Ganze hört sich vielleicht nach einer Menge zusätzlicher Arbeit an, aber die Mühe lohnt sich – selbst wenn die Kündigung von Arbeitgeberseite kommt. Diese Lektion hat mir ein CEO anhand der Geschichte seiner Tochter Joanna erteilt, die im Zuge von Einsparungsmaßnahmen zusammen mit einem Dutzend anderer Mitarbeiter entlassen worden war.

»Ich hab ihr einen einzigen Tipp gegeben«, sagte mir dieser CEO. »Tu so, als wäre dies das Beste, was dir je hätte passieren können.« Er half seiner Tochter beim Verfassen einer Dankes-E-Mail an ihre Kolleginnen und Kollegen. Sie sah ungefähr so aus:

Betreff: Ich wünsche Ihnen und euch das Allerbeste!

Liebe _____ Familie,

nach zwei unglaublichen Jahren im Operations-Team muss ich nun leider Abschied nehmen. Ich bin zwar traurig, dass ich die nächste Wachstumsphase nicht mehr miterleben kann, aber ich kann mir kein besseres Team für die Verwirklichung der Vision von _____ vorstellen.

Ich danke Ihnen und euch für die Freundschaft, das Mentoring und die Möglichkeiten, die Sie und ihr mir während meiner Zeit hier geboten haben. Sie haben eine frischgebackene, wissbegierige Absolventin in Ihren Reihen willkommen geheißen und ihr gezeigt, was es heißt, eine erstklassige Fachkraft zu sein.

An dieser Stelle möchte ich mich bei einigen besonders bedanken:

Lushen, Catherine und Kamau für ihre Begleitung und die Möglichkeit, _____ auf dem indischen Markt einzuführen;

Casey, Sonja, Ravi und das Go-to-Market-Team für ihre großartige Expertise, Kreativität und grenzenlose Geduld;

Samir, Carolina, Doug und dem Führungsgremium dafür, dass sie uns alle am gleichen Strang haben ziehen lassen und eine Kultur geschaffen haben, zu der ich sehr gerne und mit Stolz gehört habe.

Meine nächsten Schritte sind noch nicht ganz klar. Ich habe jedoch auf jeden Fall vor, in San Francisco zu bleiben und im Bereich E-Commerce zu arbeiten. (Hinweise werden dankend entgegengenommen!)

In Zukunft bin ich unter _____@_____.com und XXX-XXX-XXXX erreichbar.

Mit freundlichen Grüßen und ganz herzlichem Dank,

Joanna

https://www.linkedin.com/in/_____

Joanna war sich zwar nicht sicher, ob es sich gehörte, eine solche E-Mail an das gesamte Unternehmen zu schicken, beschloss aber, die Regeln Regeln sein zu lassen und es trotzdem zu tun. Einige Stunden später erhielt sie eine E-Mail vom CEO des Unternehmens:

> **Betreff:** RE: Ich wünsche Ihnen und euch das Allerbeste!
>
> Joanna, was für eine noble Geste!
>
> Nach was für einer Stelle suchen Sie denn? Ich werde mal mein Netzwerk durchforsten, eventuell kann ich Sie ja dem einen oder anderen empfehlen.

Joanna hat eine positive Wirkung erzielt – und einen bleibenden Eindruck hinterlassen. Rückblickend erzählte mir Joannas Vater Folgendes: »Es heißt immer, der erste Eindruck sei wichtig. Der letzte Eindruck ist aber oft nicht weniger wichtig. Außerdem liegt die Messlatte so niedrig. Wenn man erklärt, dass man in Kürze geht, nehmen die meisten Leute an, dass man sich schon innerlich ausgeklinkt hat. Jede Maßnahme, die den Erwartungen widerspricht und zeigt, dass man sich noch immer für das Team engagiert, kann enorm viel bewirken.«

In Kontakt bleiben

Erwägen Sie, sich mit Ihren Kolleginnen und Kollegen auf LinkedIn zu vernetzen. Bei jenen, denen Sie näherstanden, sollten Sie die in Kapitel 11 beschriebenen Taktiken zur Kontaktpflege anwenden. Jeder, den Sie bei der Arbeit kennengelernt haben, ist jetzt Teil Ihres Netzwerks. Pflegen Sie diese Beziehungen. Teilen Sie relevante Neuigkeiten mit. Seien Sie hilfsbereit. Ihre berufliche Laufbahn ist immerhin noch lang. Sie wissen nie, wohin Ihre Kollegen gehen werden – und ob sich Ihre Wege nicht wieder kreuzen.

Unzufriedenheit bei der Arbeit ist nicht schön. Konflikte sind bestenfalls eine lästige Ablenkung; im schlimmsten Fall verwandeln sie einen guten Job in einen Albtraum. Und weil es bei Konflikten grundsätzlich um Menschen geht, können selbst scheinbar unbedeutende Differenzen schnell zu regelrechter Abscheu gegenüber der Arbeit führen. Daher hoffe ich, dass dieses Kapitel für Sie nicht irgendwann relevant wird. Letztlich gehören Konflikte ganz einfach zum Leben dazu. Die Fähig-

keit, Konflikte zu erkennen, Prioritäten zu setzen und mit ihnen um-
zugehen, ist eine wichtige Lebenskompetenz. Jetzt haben Sie das Rüst-
zeug für den Umgang mit Konflikten – und brauchen sie nicht mehr
nur zu vermeiden.

Ausprobieren!

- Akzeptieren Sie die Tatsache, dass es die ideale Arbeitsstelle nicht
  gibt und dass jeder Job seine Grenzen hat.
- Versuchen Sie, Problemen auf den Grund zu gehen, wenn Sie bei
  der Arbeit mit einer schwierigen Situation konfrontiert werden.
- Entscheiden Sie unter Abwägung der Vor- und Nachteile, welche
  Option für Sie am sinnvollsten ist: mit der Situation leben, die Situation verbessern oder die Situation verlassen.
- Suchen Sie sich Verbündete und seien Sie behutsam, aber beharrlich,
  wenn Sie ein Problem ansprechen.
- Wenn Sie das Unternehmen verlassen, tun Sie dies mit Anstand und
  hinterlassen Sie den bestmöglichen letzten Eindruck.

Zeigen, was in Ihnen steckt

An dieser Stelle des Leitfadens stellen Sie sich vielleicht allmählich die Frage: Ich weiß also, wie ich meinen KEKs zeige – Kompetenz, Einsatzbereitschaft und Kompatibilität. Und nun?

Hier zeigt sich der größte Unterschied zwischen Schule und Beruf. Die Schule ist wie ein Fließband: Wenn Sie Ihre Prüfungen bestehen, kommen Sie automatisch immer weiter. Das Berufsleben dagegen ist wie eine Expedition in die Wildnis: Wohin Sie gehen und wie schnell Sie dort ankommen, hängt ganz von Ihnen ab – und von der Wildnis. Diese Entscheidungen liegen jetzt in Ihrer Hand. Wo wollen Sie hin? Schauen wir uns einige Möglichkeiten an, abhängig davon, in welcher Position Sie sich befinden.

Praktikum, Ausbildung, Teilzeitjob oder befristete Stelle. Sie können sich entscheiden, ob Sie nach dem Auslaufen Ihrer derzeitigen Beschäftigung woanders hingehen möchten oder ob Sie Ihre derzeitige Stelle in eine Festanstellung umwandeln möchten.

Festanstellung. In diesem Fall können Sie überlegen, ob Sie Ihre derzeitige Tätigkeit unverändert fortsetzen, in ein anderes Team wechseln oder befördert werden wollen, um mehr Verantwortung zu übernehmen oder in der Befehlskette aufzusteigen, oder ob Sie das Unternehmen verlassen möchten.

Das sollten Sie wissen

- Bewertet wird sowohl Ihre Leistung (die Effektivität, die Sie in Ihrer derzeitigen Position zeigen) als auch Ihr Potenzial (die Effektivität, die man von Ihnen in Ihrer nächsten Position erwarten kann).
- Möchten Sie in der Befehlskette aufsteigen, mehr Verantwortung übernehmen oder eine Gehaltserhöhung bekommen? Stellen Sie sich darauf ein, sowohl hohe Leistung als auch hohes Potenzial zu zeigen.

Wenn Sie befördert werden möchten, ist es an der Zeit, sich zu beweisen. Dieses Kapitel ist für Sie. Doch auch wenn Sie in Ihrer jetzigen Position bleiben wollen, sollten Sie dieses Kapitel lesen. Nur weil Sie Ihre Stelle behalten wollen, heißt das schließlich noch lange nicht, dass das Universum das auch zulässt. Wer weiß: Ihr Arbeitsplatz könnte sich verändern, ausgelagert oder automatisiert werden. Die Unternehmensführung könnte beschließen, dass Ihre Tätigkeit nicht mehr benötigt wird. Die Welt könnte zu dem Schluss kommen, dass sie auch gut ohne Ihre Firma zurechtkommt. Bevor wir auf die eigentlichen Schritte für eine Beförderung eingehen, klären wir zunächst, wer wann und wie befördert wird, damit Sie sich auf die richtige Denkweise einstellen können.

Wie und wann wird man befördert?

In diesem Leitfaden ging es größtenteils darum, sich als »Fachkraft« zu beweisen, also als Mitarbeiter ohne Personalverantwortung. Wer eine Beförderung anstrebt, verpflichtet sich damit indirekt, sich erneut zu beweisen – und zwar auf einer höheren Ebene.

Warum? Weil man zu Beginn seiner beruflichen Laufbahn auf der untersten Stufe der Befehlskette steht und somit niemanden hat, der einem unterstellt ist. Man kann nur aufsteigen – und selbst wenn man auf der nächsten Ebene weiterhin ohne Personalverantwortung tätig ist, erwarten die Vorgesetzten in der Regel mehr von einem. Es genügt nicht mehr, einfach nur seine Aufgaben zu erledigen. Jetzt ist es an der Zeit, sein Potenzial zu zeigen, nicht nur Leistung zu bringen. Tabelle 15-1 bietet dazu eine Übersicht. Damit zeigen Sie, dass Sie bereit sind, den Schritt von der ausführenden Fachkraft zur Führungskraft zu tun.

Schauen wir uns nun Abbildung 15-1 an. Es geht darum, so nah wie möglich an die obere rechte Ecke dieses Diagramms heranzukommen, an den Punkt also, wo sich hohe Leistung (also die Effektivität, die Sie in Ihrer derzeitigen Position zeigen) und hohes Potenzial (also die Effektivität, die man von Ihnen in Ihrer nächsten Position erwarten kann) überschneiden. Je näher Sie sich dieser Ecke nähern, desto mehr Menschen erkennen, dass Sie als Fachkraft gute Leistungen erbringen und das Potenzial haben, dies auch als Führungskraft zu tun. Und je mehr Menschen sowohl Ihre Leistung als auch Ihr Potenzial erkennen, desto größer sind Ihre Chancen auf eine Beförderung.

Tabelle 15-1

Der Unterschied zwischen Leistung und Potenzial

Leistung	Potenzial
Sind Sie in der Lage, Ihre aktuellen Aufgaben gut zu erfüllen?	Sind Sie in der Lage, zukünftige Aufgaben zu meistern?
Freuen Sie sich, hier zu sein?	Freuen Sie sich darauf, sich hier im Betrieb weiterzuentwickeln?
• Kommen wir gut miteinander aus?	Können Sie uns leiten?

Abbildung 15-1

Die Neun-Felder-Matrix

Beförderungsfähig → seien Sie hier!

	Schwache Leistung	Mittlere Leistung	Starke Leistung
Hohes Potenzial	Was ist denn da los? Haben Sie den falschen Job?	Wow! Sie wollen wir fördern. Sie haben ganz offensichtlich das Zeug dazu.	Zukünftige Führungskraft! Ihnen übertragen wir zukünftig mehr Verantwortung.
Mittleres Potenzial	Mal sehen, ob wir Sie durch Fortbildungen nicht weiterbringen.	Sie sind ein verlässliches Teammitglied. Machen wir weiter wie bisher, mal sehen, wie Sie sich anstellen.	Sie sind einfach super! Sie wollen wir weiter herausfordern.
Niedriges Potenzial	Sie bringen im jetzigen Job keine Leistung und vermutlich auch im nächsten nicht. Und Tschüss!	Ihnen geben wir weiter klare Anweisungen.	Sie lassen wir in Ihrer bisherigen Position. Vielleicht können Sie andere einarbeiten.

nicht hier! ↗

In einigen Unternehmen (in der Regel in solchen mit Personalabteilungen) wird dieser Rahmen als »Neun-Felder-Matrix« bezeichnet. Diese Matrix bildet das Rückgrat des systematischen Leistungsbewertungsprozesses. In solchen Unternehmen bewerten die Manager Untergebene nach jedem Projekt oder jedem Jahr und leiten das Feedback dann an die Personalabteilung weiter, die alle Angestellten in eines der neun Felder einordnet. Der Prozess wird auf jeder Ebene des Unternehmens wiederholt. Bei Beförderungen oder Bonuszahlungen entscheidet ein Gremium aus hochrangigen Führungskräften anhand der Matrix, in wen investiert werden soll. Einige Unternehmen führen sogar geheime Listen mit »High Potentials«, also Personen, die als künftige Führungskräfte im Unternehmen angesehen werden. »High Potentials« erhalten unter Umständen mehr Gelegenheiten zu beruflicher Weiterentwicklung, werden vermehrt von Mentoren gefördert oder

bekommen interessante Aufgaben übertragen, wozu auch Auslands-
aufenthalte zählen.

In Unternehmen mit weniger strukturierten Personalverwaltungs-
prozessen existiert diese Matrix vielleicht nur als gedankliches Kon-
strukt. Trotzdem spielt sie bei der Entscheidung, in welche Mitarbeiter
investiert werden soll und in welche nicht, eine Rolle. Je weniger strukturiert der Beförderungsprozess in einem Unternehmen, desto wahrscheinlicher ist es, dass Ihr direkter Vorgesetzter über Ihre Karriere
entscheidet, und desto wichtiger ist es, dass Sie beide zueinander passen.

In einigen Unternehmen, vor allem in solchen, die eher im Gewer-
be oder Handwerk tätig sind, wird ein anderer Ansatz verfolgt. Hier
zählen vor allem die Qualifikationen (zum Beispiel der Besitz einer
amtlichen Zulassung) und die Erfahrung (die Dauer der Betriebszugehörigkeit). Da solche Stellen und Organisationen dem »Fließband« der
Schule ähneln, klammern wir sie hier aus.

Nachdem wir nun erörtert haben, *wie* Entscheidungen über die Beförderung von Mitarbeitern getroffen werden, geht es nun um die Frage, *wann* sie getroffen werden. Außer in Unternehmen, die sich maß-
geblich am Dienstalter orientieren, werden Beförderungen in der Regel
unter drei Umständen ausgesprochen: alle paar Jahre (in Unternehmen,
in denen »Up or out« angesagt ist, man also entweder hinauf- oder hin-
ausbefördert wird), wenn eine Stelle frei wird oder wenn innerhalb des
Unternehmens ein neuer Bedarf besteht. In Abbildung 15-2 sind diese
drei Umstände dargestellt.

Abbildung 15-2

Wann Sie mit einer Beförderung rechnen können

Ihre drei Optionen

»Up or out«   *Freiwerdende Stelle*   *Neuer Bedarf*

»Up or out« ist eine schicke Umschreibung dafür, dass man entweder binnen eines bestimmten Zeitraums befördert wird oder aber sich eine andere Stelle suchen muss. Diese Vorgehensweise ist in einigen Investmentbanken, Beratungs- oder Wirtschaftsprüfungsfirmen anzutreffen, die eine gewisse Größe und hinreichend Fluktuation (Mitarbeiter, die das Unternehmen verlassen) aufweisen, sodass eine einigermaßen regelmäßige Beförderung möglich ist. Um in einem Up-or-out-Unternehmen befördert zu werden, müssen Sie in der Regel im Vergleich zu Ihren Kolleginnen und Kollegen im oberen rechten Bereich bleiben und sich mit der Zeit verbessern.

In Unternehmen mit geringerer Fluktuation müssen Sie möglicherweise länger darauf warten, dass eine Stelle frei wird, z.B. wenn jemand, der über Ihnen steht, in eine andere Position wechselt, kündigt, entlassen wird oder in den Ruhestand geht. In diesen Fällen ist nicht der Aufstieg die Norm, sondern das Verbleiben in der aktuellen Position. Um für die Besetzung einer freigewordenen Stelle ausgewählt zu werden, müssen Sie schon lange vor der sich bietenden Gelegenheit als leistungsfähig und vielversprechend gelten.

Wenn Sie in einem kleinen Unternehmen oder einem Start-up arbeiten, sind Ihre Chancen auf eine Beförderung möglicherweise noch geringer. Wenn das Unternehmen nur aus Ihnen und dem Gründungsteam besteht, gibt es möglicherweise keinen offensichtlichen nächsten Schritt nach oben, geschweige denn ein strukturiertes Leistungsbewertungsverfahren. Beförderungen erfolgen stattdessen, weil es einen »Business Case« dafür gibt, also weil das Management davon überzeugt ist, dass Ihre Beförderung zum Erreichen der Unternehmensziele beitragen wird.

Auch wenn der Beförderungsprozess je nach Arbeitsort unterschiedlich ausfällt, ist der Grundgedanke immer gleich: Eine Beförderung ist eine Investition – in Sie. Und wie bei allen Investitionen möchte man sicher sein, dass sie sich auszahlt, bevor man Zeit, Geld und Energie einsetzt.

Was bedeutet das für Sie? Schauen wir mal rein!

Wie Sie sich für eine Beförderung aufstellen können

Um befördert zu werden, gilt es, eine unbesetzte Swimlane zu finden, die für Ihr Team wichtig ist, und diese dann zu belegen. Wie finden Sie eine solche Swimlane? Stellen Sie sich fünf Fragen.

Was könnte ich tun, das bisher noch nicht getan wurde?

Die meisten Organisationen legen Wert auf dieselben vier Aspekte: mehr Kunden, Klienten, Spender und Fans; bessere Produkte, Dienstleistungen und Bewertungen; schnellere Erledigung von Aufgaben; kostengünstigere Arbeitsprozesse. Wenn Sie eines oder mehrere dieser Ziele erreichen, können Sie die Wahrnehmung Ihres Potenzials und Ihrer Beförderungsfähigkeit verbessern.

Mithilfe genau dieser Strategie verwandelte Ketty eine befristete Stelle als Büroassistentin in eine unbefristete Vollzeitstelle als Marketingkoordinatorin, eine Stelle, die es vorher gar nicht gab. Ihr Unternehmen erwirtschaftete Geld, indem es arbeitssuchende Pflegekräfte ausfindig machte und sie auf offene Stellen in Krankenhäusern vermittelte. Ketty hatte den gesamten Papierkram der Pflegekräfte zu erledigen. Bei ihrer Arbeit fiel ihr ein Muster auf: Die Vorgesetzten beklagten sich immer wieder darüber, dass die Krankenhäuser zwar mehr Personal einstellen wollten, ihr Unternehmen aber irgendwie nie genug Kandidaten finden konnte.

Dumm gelaufen!, dachte Ketty, als sie den Führungskräften zuhörte. Ihr verlasst euch beim Anwerben von Pflegekräften auf E-Mails und Telefonanrufe, wo doch alle meine Freunde in der Pflege ihre Stellen auf Social-Media-Plattformen suchen. Kein Wunder, dass ihr nicht genügend Leute findet! Ketty suchte in ihren Social-Media-Apps nach den Stichworten »Krankenpflege« und »Jobs«. Sie fand eine ganze Reihe von Gruppen, in denen sich zehntausende Pflegekräfte über Karrieretipps austauschten. Ketty machte Screenshots von allen gefundenen Gruppen und stellte dann eine Linkliste für ihre Vorgesetzte zusammen. Anschließend mailte sie ihrer Vorgesetzten einen Plan, offene Stellen in diesen Gruppen zu veröffentlichen.

Ihre Vorgesetzte leitete die E-Mail in der Befehlskette weiter. Der Vorgesetzte ihrer Vorgesetzten war von der Idee begeistert und schlug vor, dass Ketty bei der Umsetzung des Plans helfen sollte. Ketty tat dies und erstellte außerdem eine Social-Media-Seite für das Unternehmen. Innerhalb weniger Wochen hatte die Firma Tausende Follower und Likes.

Vier Monate nach Beginn von Kettys Sechs-Monats-Vertrag kam ihre Vorgesetzte auf sie zu. »Sie bleiben doch hoffentlich, wo Sie sind. Wir möchten Sie dauerhaft hier haben.« Ketty verwandelte ihre perspektivlose Aushilfstätigkeit in ein Angebot für eine Vollzeitstelle im Marketing, von der sie begeistert war. Später wurde sie eine der jüngsten Führungskräfte im Unternehmen. Wie hat sie das geschafft? Indem sie ihrem Unternehmen half, mithilfe einer schnelleren und kostengünstigeren Methode mehr potenzielle Bewerber zu rekrutieren als zuvor. Ketty wurde nicht befördert, weil die Vorgesetzten dies geplant hatten, sondern weil sie den Wert ihres Engagements erkannten und in sie investierten.

Wenn Sie mit den üblichen Methoden Ihres Teams arbeiten und sich dabei denken: »Ach Mensch, das ist so dermaßen von gestern« oder »Warum machen wir nicht stattdessen _____?«, sollten Sie Ihre Idee aufschreiben und sie vorbringen, sobald Sie Ihre Aufgaben vollständig und korrekt erledigt haben. Aber denken Sie an zwei Dinge. Vor allem sollten Sie versuchen, sich auf Methoden zu konzentrieren, die tatsächlich _besser_ und nicht nur anders sind. Der Vorschlag muss zur Verbesserung der aktuellen Situation beitragen; es darf sich nicht einfach nur um Ihre persönliche Arbeitsweise handeln. Sie schlagen eine Änderung des üblichen Prozesses vor – und eine Änderung wirkt auf die Befürworter der bisherigen Vorgehensweise nicht nur unbequem, sondern möglicherweise auch bedrohlich. Je überzeugender Sie anderen die Vorteilen Ihrer Methode darlegen können, desto eher wird man Ihnen zuhören. Nutzen Sie Ihr Netzwerk von Meinungsmachern zu Ihrem Vorteil. Diese können Ihnen aufzeigen, was bereits ausprobiert wurde, was gescheitert ist und welche Verbündeten Sie möglicherweise benötigen.

Zweitens sollten Sie sich darüber im Klaren sein, dass einige Varianten von *mehr, besser, schneller und billiger* wichtiger (und werbewirksamer) sind als andere. Aus Sicht der Vorgesetzten gibt es Veränderungen, die bemerkt oder nicht bemerkt und berichtet oder nicht berichtet werden. In Kettys Fall wäre die Einführung einer besseren Anwerbemethode wahrscheinlich durchaus von den Vorgesetzten bemerkt worden. Aber eine Erhöhung der Reinigungsfrequenz des Gemeinschaftskühlschranks beispielsweise wäre ihnen wahrscheinlich nicht berichtet worden. Auch hier zeigt sich wieder die bittere Realität der »Haushaltsarbeit im Büro«.

Abbildung 15-3

Beförderung im Visier? Auf diese Veränderungen sollten Sie sich konzentrieren

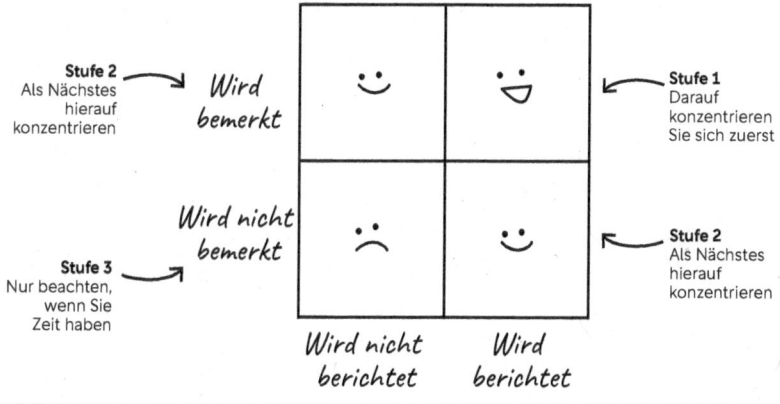

Wenn Sie mehrere Ideen haben, sollten Sie diese in eine Rangfolge bringen, und zwar von »am meisten bemerkt und am häufigsten mitgeteilt« bis »am wenigsten bemerkt und am wenigsten mitgeteilt« (Abb. 15-3). Berücksichtigen Sie auch, was für Ihr Team und Ihre Organisation dringend und wichtig ist. Je dringender und wichtiger Ihre Idee für das Erreichen der gesetzten Ziele ist, desto wahrscheinlicher wird sie bemerkt und berichtet. Aber denken Sie daran: Nur, weil eine Aufgabe von den Vorgesetzten weder bemerkt noch ihnen berichtet wird, heißt das nicht, dass sie nicht wichtig ist. Wer neu ist oder noch keine Erfahrung hat, kann Vertrauen aufbauen, indem er Aufgaben übernimmt, die oft nicht bemerkt oder mitgeteilt werden. Dadurch etabliert man sich außerdem als Teamplayer und beweist, dass man keine Ansprüche stellt. (Deshalb steht dieses Kapitel auch am Ende des Buches.)

Was kann ich in Ordnung bringen, das noch nicht in Ordnung ist?

Probleme am Arbeitsplatz weisen ein breites Spektrum auf. Am einen Ende befinden sich kleine Ärgernisse (Unannehmlichkeiten, mit denen man zu leben bereit ist), am anderen erfolgskritische Probleme (Probleme, die ein Projekt oder vielleicht sogar das Unternehmen gefährden können, wenn sie nicht gelöst werden). Irgendwo in der Mitte, aber immer noch näher am erfolgskritischen Pol, liegen die gravierenden Schwierigkeiten (Probleme, die viel Zeit rauben oder viel Stress verursachen, insbesondere auf den oberen Ebenen). Je mehr Sie sich auf die Beseitigung von gravierenden Schwierigkeiten und erfolgskritischen Problemen konzentrieren, desto wahrscheinlicher ist es, dass man Ihr Potenzial erkennt – und damit auch Ihre Eignung zur Beförderung (Abb. 15-4). Um derartige Schwierigkeiten und Probleme zu identifizieren, achten Sie darauf, wie oft sich Ihr Vorgesetzter und andere Vorgesetzte über etwas beschweren. Je hochrangiger die Beschwerdeführer sind, je mehr Beschwerdeführer es gibt und je mehr sie klagen, desto größer ist unter Umständen die Chance. Je besser Sie verstehen, worauf es denen ankommt, auf die es ankommt, desto größer ist Ihre Chance, etwas zu bewirken – und desto besser stehen Ihre Chancen, befördert zu werden.

Abbildung 15-4

Problemtypen, auf die man sich zwecks Beförderung konzentrieren sollte

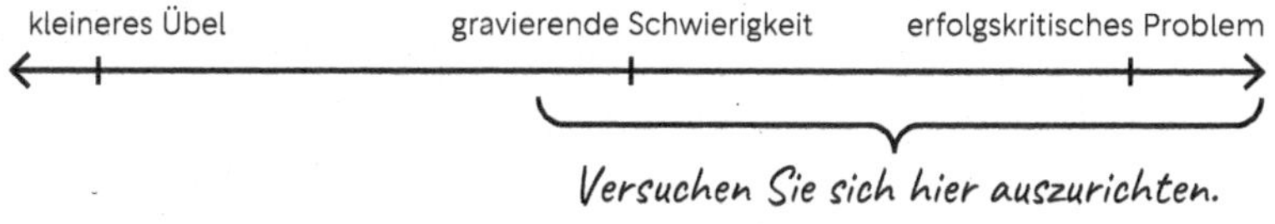

kleineres Übel   gravierende Schwierigkeit   erfolgskritisches Problem

←——+————————————————————+————————————————————+——→

Versuchen Sie sich hier auszurichten.

Hier ein Beispiel. Imane, eine Programmiererin in einem Technologie-unternehmen, bemerkte, dass ihr Team Produktfunktionen nach dem Zufallsprinzip und nicht nach einem Zeitplan veröffentlichte. Das hatte zur Folge, dass die Kunden irritiert waren, die Manager überrumpelt wurden und sich die Arbeit verschiedener Teams überschnitt. Imane fragte die für die Freigabe von Funktionen zuständige Person: »Haben wir eigentlich eine Art Software-Freigabeplan?« Als ihr Kollege mit den Schultern zuckte, fragte Imane: »Würde es vielleicht etwas nützen, wenn ich einen Zeitplan aufstelle?« Der Mitarbeiter stimmte zu. Imane traf sich daraufhin mit jedem Teammitglied, um dessen Ideen zu hören. Sie erarbeitete einen Plan, bat ihre Teammitglieder um Feedback, holte die Zustimmung ihrer Kolleginnen und Kollegen sowie ihrer Vorgesetzten ein und stellte ihre Idee dann bei einer Betriebsversammlung vor. Dank Imanes Idee hielt sich das Team an einen strukturierten Prozess für die Freigabe aller künftigen Produktmerkmale. Zum guten Schluss wurde sie in ihrer Jahresendbeurteilung für ihre Führungsqualitäten gelobt. Später wurde Imane früher als ihre gleichrangigen Kolleginnen und Kollegen zum Senior Software Engineer befördert. Und das alles begann damit, dass sie etwas in Ordnung brachte, was noch nicht in Ordnung war.

Selbstverständlich ist das, was man tut, nur die halbe Miete, wie wir in diesem Buch gelernt haben. Mindestens genauso wichtig ist, dass man es tut, ohne bedrohlich zu wirken. Bevor Sie also Lösungen vorschlagen, sollten Sie sich an einen mit dem Problem betrauten Mitarbeiter wenden, um herauszufinden, weshalb die Lage so ist, wie sie ist. Hüten Sie sich davor, zu weit zu gehen, wenn jemand seine Arbeit nicht macht. Wer ehrgeizig sein möchte, riskiert, dass er aggressiv *wirkt* – es sei denn, er weiß genau, wie er seine Ideen durchsetzen kann.

Dies gilt für alle unbesetzten Swimlanes und Zuständigkeitsbereiche. Sie können – und werden – nicht jeden zufrieden stellen. Versuchen Sie Ihr Bestes, aber ärgern Sie sich nicht, wenn nicht alle auf Ihrer Seite sind. Denken Sie daran: Probleme bei der Arbeit sind keine Ungeheuer, vor denen man weglaufen muss. Sie sind Chancen, auf die man zugehen sollte. Gerade durch Probleme eröffnen sich Möglichkeiten, wird Vertrauen aufgebaut und Karriere gemacht.

Wo kann ich eine Brücke schlagen, die es noch nicht gibt?

Um wahrgenommen zu werden, braucht man nicht immer etwas Neues zu erfinden oder ein beeindruckendes Problem zu lösen. Manchmal genügt es, eine Brücke zwischen Menschen, zwischen Themen oder zwischen Menschen und Themen zu schlagen.

Übersetzer sind Menschen, die die »Sprache« zweier Gebiete, Kulturen oder Denkweisen sprechen – und die den Jargon und die Ideen der einen Seite in für die andere Seite verständliche Begriffe übertragen können. Manche Menschen sind Übersetzer im eigentlichen Sinne. So wurde eine Praktikantin, mit der ich in einem Pharmaunternehmen sprach, zu wichtigen Kundentreffen eingeladen, weil sie die einzige Person im Team war, die Spanisch beherrschte. Manchmal gibt es auch Übersetzer im übertragenen Sinne: Ein Vertriebsmitarbeiter eines Technologieunternehmens war in der Lage, die weitschweifigen Gedanken seines Vertriebsteams in einfache Diagramme, Schaubilder und Folien zu »übersetzen«, die von den eher datenorientierten Mitarbeitern besser goutiert wurden.

Vermittler sind Menschen, die anderen dabei helfen, miteinander auszukommen. Sie springen ein und dienen als neutrale Mittler, die Menschen einander vorstellen oder beiden Seiten helfen, Konflikte zu lösen. Ein Karriereberater, mit dem ich bekannt bin, freundete sich mit Verwaltungsangestellten verschiedener Fakultäten an seiner Universität an. Deshalb wird er zu fast jedem Treffen der unterschiedlichen Fachbereiche eingeladen und hat dort auch ein Mitspracherecht.

Kombinierer sind Menschen, die in der Lage sind, aus zwei Bereichen etwas Besseres zu schaffen, als es einer der beiden Bereiche allein leisten könnte. Ein Wissenschaftler kombinierte seine Liebe zu Podcasts mit seiner beruflichen Tätigkeit, um seinem Forschungsinstitut bei der Einführung und Vermarktung eines Podcast zu helfen. Ein ehrenamtlicher Mitarbeiter bei einem Bildungsprogramm nutzte seine Kompetenzen im Grafikdesign, um die langweiligen Dokumente des Programms in unterhaltsame Infografiken zu verwandeln.

Die Voraussetzung dafür, eine dieser Brückenfunktionen (oder sogar alle) zu erfüllen, ist, dass Sie sich darüber bewusst werden, was Sie wissen und wen Sie kennen. Wenn Sie sich jemals bei dem Gedanken ertappen: *Ich verstehe sowohl _____ als auch _____. Warum ist es für alle anderen so schwer?*, haben Sie vielleicht eine verborgene Gelegenheit gefunden, sich als Übersetzer zu betätigen. Wenn Sie sich jemals bei dem Gedanken ertappen: *Mit _____ und _____ komme ich sehr gut aus. Warum kommunizieren sie nicht miteinander?*, dann haben Sie vielleicht eine versteckte Chance als Vermittler gefunden. Wenn Sie sich manchmal denken, *_____ könnte wirklich etwas aus der Welt von _____ lernen*, verbirgt sich da vielleicht eine Möglichkeit für Sie, als Kombinierer auf den Plan zu treten. Niemand denkt genauso wie Sie. Wenn Sie also im Gegensatz zu Ihren Kollegen eine Möglichkeit sehen, lose Enden miteinander zu verknüpfen, zeigen Sie es ihnen.

Was weiß ich, was die anderen nicht wissen?

Eine Finanzanalystin nahm an einer Unternehmensschulung teil, bei der sie den Umgang mit einer neuen Datenanalysesoftware erlernte. Nach der Rückkehr in ihr Team, wo alle noch mit Tabellenkalkulationen arbeiteten, erledigte sie ihre Arbeit wie von Zauberhand in einem Bruchteil der Zeit. Über Nacht wurde sie zur *Tool*-Expertin des Teams.

In einem anderen Fall rief der CEO eines Start-ups den COO eines anderen Start-ups an und fragte: »Sag mal, ich habe gehört, dass du schon einmal mit dieser Risikokapitalfirma zusammengearbeitet hast. Wie sind die denn so?« In den Augen des CEO war der COO ein ausgewiesener Experte für *Menschen*. In Japan wollte ein internationaler Entwicklungsberater für sein Unternehmen in Südostasien arbeiten, bekam aber den Zuschlag nicht, weil er über keinerlei Erfahrung in dieser Region verfügte. Er ließ sich beurlauben, absolvierte ein Praktikum in einem Sozialunternehmen in Myanmar und schickte während dieser Zeit immer wieder unaufgefordert E-Mails an leitende Mitarbeiter seines Unternehmens, um ihnen mitzuteilen, woran er gearbeitet hatte und inwiefern seine Arbeit für das Unternehmen relevant war. Als er an seinen alten Arbeitsplatz zurückkehrte, wurde er nicht nur in mehrere Südostasien-Projekte eingebunden, sondern auch zu einem internen Experten für die Region. Innerhalb von drei Monaten wurde er zum *Themen*experten.

Wer unter dem Hochstapler-Syndrom leidet (also dazu neigt, an seinen Fähigkeiten zu zweifeln und das Gefühl zu haben, in seinem Job nicht richtig aufgehoben zu sein), dem fällt es oft schwer, sich als Experte zu betrachten. In Teams mit erfahreneren, schneller denkenden und lauter sprechenden Kolleginnen und Kollegen passiert es besonders leicht, dass man sich sagt: *Hier sind alle so schlau! Da kann ich ja gar nichts Nützliches beisteuern.* Oder: *Ich bin doch kein Experte, ich habe diese Information nur von jemand anderem gehört.* Wenn Sie sich jemals bei derartigen Gedanken ertappt haben, haben Sie Ihre Ansprüche vielleicht zu hoch angesetzt. Um als Experte vor Ort in Ihrem Team wertvoll zu sein, ist es nicht erforderlich, der weltbeste Experte für ein Werkzeug, eine Person oder ein Thema zu sein. Es genügt, nur etwas mehr zu wissen als die Teamkollegen.

Eine Einschränkung gibt es allerdings: Auch wer Experte für bestimmte Tools werden kann, weil neue Tools Wettbewerbsvorteile bringen, sollte vorsichtig sein. Wenn Sie der Einzige sind, der mit einem bestimmten Werkzeug umgehen kann, besteht die Gefahr, dass sich die anderen von Ihnen abhängig machen. Wenn Sie also nicht ständig mit einer bestimmten Aufgabe betraut werden wollen, sollten Sie darauf achten, nicht *zu* kompetent zu wirken. Seien Sie ein Experte, aber nur für die Angelegenheiten, für die Sie wirklich Experte sein wollen.

Was kann ich weitergeben, das noch nicht weitergegeben wurde?

Unterschätzen Sie nicht, was Sie bei Ihrer täglichen Arbeit und in Ihrem Privatleben entdecken, lernen oder schaffen. Möglicherweise besitzen Sie etwas, das für Ihre Kollegen wertvoll ist, und das sie mit ihnen teilen sollten. Dieses »Etwas« tritt häufig in zwei Varianten auf: Vorlagen (alle von Ihnen erstellten Unterlagen, die andere wiederverwenden oder anpassen können) und Informationen (jegliche Neuigkeiten, Daten oder Beobachtungen, die für die Arbeit oder die Interessen anderer relevant sein könnten).

Eine Managerin eines Logistikunternehmens erzählte mir einmal von einem Mitglied ihres Teams, das bei seiner Arbeit viele Excel-Vorlagen erstellte. Nach jedem Projekt fragte er seine Vorgesetzte: »Ich habe diese Modelle [Tabellenkalkulationen] erstellt und fände es schade, wenn sie verloren gingen. Wäre es in Ordnung, wenn ich sie für andere in das Intranet des Unternehmens hochlade?« Nachdem er die Erlaubnis erhalten hatte, entfernte er vertrauliche Informationen aus seinen Modellen, fügte Deckblätter hinzu, auf denen die Funktionsweise der einzelnen Dateien erläutert wurde, fügte überall Kommentarfelder ein, in denen die einzelnen Funktionen beschrieben wurden, und lud sie dann unter seinem Namen und dem seines Teams hoch. Indem er die Dateien weitergab, zeigte er sich nicht nur ganz unaufdringlich hilfsbereit und teamfähig, sondern verschaffte sich auch einen Ruf als Experte für Werkzeuge und Themen, der dazu führte, dass andere ihn um Rat fragten.

»Ständig erhielt ich aus heiterem Himmel Komplimente«, erzählte mir seine Managerin. »Es hieß immer: ›Oh Mann, ihr habt uns gerettet!‹ Wir hatten bei anderen Teams eine ganze Menge gut.«

Jedes Mal, wenn Sie etwas schaffen oder etwas lernen, sollten Sie sich fragen: »Könnte das für andere nützlich sein?«, »Darf ich das über den Kreis der Beteiligten hinaus weitergeben?« und »Wäre mein Vorgesetzter damit einverstanden?«. Wenn die Antwort auf alle drei Fragen »Ja« lautet, sollten Sie es weitergeben.

Wie bei allen unausgesprochenen Regeln in diesem Leitfaden ist es wichtig, sich an anderen zu orientieren und sich an die üblichen Vorgehensweisen zu halten, auch wenn Großzügigkeit natürlich wichtig ist. Eine Mitarbeiterin aus dem Bereich Kommunikation erzählte mir einmal, dass viele ihrer Teamkollegen E-Mails mit dem Betreff »Quartalserfolge« verschickten, in denen sie das Team lobten und gleichzeitig dezent ihre eigenen Leistungen hervorhoben. Wenn man in diesem Team ausschließlich sich selbst anpries, galt man als überheblich und inkompatibel. Wer dagegen nur andere lobt, verpasst die Chance, seine Kompetenz und Einsatzbereitschaft zu signalisieren.

Eine andere Möglichkeit – vielleicht sogar noch einfacher – besteht darin, einfach die Augen nach Neuigkeiten, Berichten, Ankündigungen, Videos oder sogar Podcast-Episoden offen zu halten, die für Ihre Kolleginnen und Kollegen relevant sein könnten. Wie wir in Kapitel 11 erörtert haben, dient die Übermittlung relevanter Informationen nicht nur der Beziehungspflege, sondern signalisiert den anderen auch, dass Sie immer auf dem neuesten Stand sind.

Wenn Sie etwas wollen, sprechen Sie es an

Bislang haben wir Beförderungen so dargestellt, als würden Ihre Leistung und Ihr Potenzial von selbst anerkannt werden. Manchmal mag das zutreffen, aber in anderen Fällen ist es notwendig, dass Sie das einfordern, was Sie wollen und was Sie verdienen. So erging es auch Galina, einer Studienleiterin an einer großen Staatlichen Universität. Nach zweieinhalb Jahren in ihrer Position hatte Galina ein Programm für den Öffentlichen Dienst an ihrer Universität ins Leben gerufen und es zum größten im gesamten Universitätsnetz ausgebaut. Sie hatte an der Universität eine völlig neue und erweiterte Aufgabe übernommen. Aber weder ihr Titel noch ihre Vergütung hatten sich geändert. Also beschloss sie, ihr Gehalt neu auszuhandeln. Zunächst schrieb sie einigen befreundeten Kolleginnen und Kollegen in ähnlichen Positionen an vergleichbaren Universitäten:

Hallo Aba, kann ich dir bitte eine sehr persönliche Frage stellen? Ich möchte über mein Gehalt verhandeln und bräuchte ein paar Vergleichsdaten. Würde es dir etwas ausmachen, mir dein Gehalt zu verraten? Im Gegenzug berichte ich dir gern von meinen Ergebnissen!

Das Ergebnis schockierte Galina: Verglichen mit allen befragten Kolleginnen und Kollegen hatte sie das niedrigste Gehalt, obwohl sie ein größeres Programm leitete und eine umfassendere Ausbildung besaß. Sie erstellte eine einseitige Vergleichstabelle mit den Institutionen, Gehältern, Qualifikationen, Berufsjahren, der Anzahl der betreuten Studierenden und den Programmangeboten ihrer Kolleginnen und Kollegen. Sie berechnete das Durchschnittsgehalt, hob die Person hervor, deren Position und Hintergrund dem ihren am meisten ähnelten, und beschloss, ihre Vorgesetzten um eine ähnliche Vergütung zu bitten. Nachdem sie zwei Wochen lang geübt hatte, was sie sagen wollte, wandte sich Galina nach einer Besprechung an ihren Abteilungsleiter.

»Übrigens«, begann Galina, »würde ich gerne mit Ihnen über meine Stelle reden. Haben Sie in den nächsten Tagen Zeit für ein Gespräch?«

Bei ihrem Treffen erläuterte Galina ihre Situation: »Danke, dass Sie sich die Zeit genommen haben. Ich weiß das wirklich zu schätzen. Ich arbeite sehr gerne mit Ihnen zusammen, ich mag dieses Team und freue mich auf die vielen neuen Initiativen, die wir in diesem Jahr starten werden. Ich wollte mit Ihnen reden, weil mir kürzlich aufgefallen ist, dass sich mein Aufgabenbereich in den letzten zwei bis drei Jahren zwar verdoppelt hat, mein Gehalt aber nicht gestiegen ist.«

Dann zückte Galina ihre Vergleichstabelle. »In dieser Tabelle habe ich einen Vergleich mit meinen Kollegen an anderen Einrichtungen innerhalb unseres Hochschulnetzes angestellt. Wie Sie sehen können, ist das Programm, das ich ins Leben gerufen habe und jetzt leite, etwa doppelt so groß wie die Programme an den anderen Hochschulen. Außerdem habe ich einen Master-Abschluss, was bei einigen meiner Kollegen nicht der Fall ist. Trotzdem liegt mein Gehalt weit unter dem Niveau der anderen. Ich würde gerne eine gleichwertige Vergütung wie meine Kolleginnen und Kollegen erreichen. Das wären 14 Prozent mehr, als ich heute verdiene. Es würde mir sehr viel bedeuten, wenn Sie mich bei der Durchsetzung dieser Gehaltserhöhung unterstützen würden. Wäre das möglich?«

Der Abteilungsleiter sah sich Galinas Datenblatt an und lächelte. »Toll. Ein derart sorgfältig ausgearbeitetes Dokument habe ich wohl noch nie gesehen. Sonst hieß es immer nur: ›Ich will mehr Geld‹, ohne dass man mir eine handfeste Argumentationshilfe gab. Ich werde mal mit meinem Vorgesetzten sprechen.«

Zwei Monate später konnte Galinas Vorgesetzter Neues berichten: Im nächsten Haushaltsjahr würde sie eine Gehaltserhöhung erhalten.

Das war nicht das letzte Mal, dass Galina um eine Gehaltserhöhung bat. Zwei Jahre später bat sie um die Teilnahme an einem Weiterbildungsprogramm, das 5000 Dollar an Gebühren, Reise- und Unterbringungskosten kosten sollte. Und als ihr einige Jahre später eine weitere Gehaltserhöhung verweigert wurde, bewarb sie sich um eine besser bezahlte Stelle bei einer vergleichbaren Institution – und erhielt den Zuschlag. Als sie ihrem Abteilungsleiter dieses Angebot vorlegte, setzte er sich sofort mit der Personalabteilung in Verbindung, die daraufhin eine entsprechende Gehaltsanpassung vorschlug.

Rückblickend erzählte mir Galina:

Es fiel mir wirklich schwer, mich davon zu überzeugen, mein Gehalt neu auszuhandeln. Ich hatte das Gefühl, ich müsste zuallererst dankbar sein für das, was ich hatte, weil ich als Studentin der ersten Generation und Immigrantin bereits mehr Geld verdiente als jeder andere in meiner unmittelbaren Familie ... Deshalb verursachte der Gedanke an eine Forderung nach mehr Schuldgefühle ... Ich musste mir einreden, dass es nicht um das Geld ging, sondern um den Wert meiner Arbeit, der sich nicht in meinem Gehalt widerspiegelte ... Ich arbeitete nachts und an den Wochenenden und wurde für diese Zeit nicht entlohnt ... Man muss schon fragen. Und wenn der Arbeitgeber ablehnt, sollte man schauen, ob es nicht noch andere Möglichkeiten gibt, etwa ein höheres Budget für die berufliche Weiterbildung.

Nicht jeder weiß, dass Sie unterbezahlt sind. Nicht jeder merkt, dass Sie mehr als das Übliche tun. Und niemandem liegt Ihre Karriere mehr am Herzen als Ihnen. Wenn Sie sich noch auf dem Weg in die obere rechte Ecke der Leistungs- und Potenzialmatrix befinden, sollten Sie natürlich nicht nach einer Beförderung fragen. Aber wenn Sie diesen Platz bereits einnehmen und das noch immer nicht gewürdigt wird, ist es vielleicht an der Zeit, sich selbst dafür einzusetzen. Wenden Sie die in diesem Ratgeber erläuterten Strategien an: Fragen Sie im Zweifelsfall einen Kollegen, dem Sie vertrauen, nach dem üblichen Verfahren. Seien Sie sich Ihres Publikums bewusst. Machen Sie Ihre Hausaufgaben. Denken Sie mehrere Schritte voraus und stellen Sie sich vor, wie das Gespräch ablaufen wird. Ersparen Sie anderen Zeit und Stress, indem Sie ihnen eine Vorlage bieten, auf die sie reagieren können. Und drängen Sie behutsam, aber beharrlich.

Wertschätzung beginnt bei Ihnen selbst. Wenn Sie sich selbst nicht wertschätzen, werden es andere auch nicht tun.

Sie werden nicht immer bekommen, was Sie wollen

Leider geht es im Leben nicht immer gerecht zu, auch wenn wir nur allzu gerne glauben würden, dass harte Arbeit und Talent gewürdigt und belohnt werden. Mitunter bereitet man sich auf eine Beförderung vor und bekommt sie dann doch nicht, weil die Objektivität oder die Möglichkeiten nicht gegeben sind.

Mangelnde Objektivität

Lassen Sie sich von den seriös wirkenden Kästchen in der Neun-Felder-Matrix nicht vorgaukeln, eine Beförderung sei ein irgendwie zwangsläufiger Prozess, so als würde man Geld in einen Automaten stecken. Die Entscheidung wird nicht von einer Maschine getroffen, sondern von Menschen. Leider wissen wir inzwischen schon, wohin diese

Menschelei führt: Voreingenommenheit. Hier nur ein Beispiel: Manager neigen dazu, in Leistungsbeurteilungen Männer mit positiveren Begriffen (zum Beispiel »analytisch«, »verlässlich« und »selbstbewusst«) und Frauen mit negativeren (zum Beispiel »egoistisch«, »passiv« und »unentschlossen«) zu beschreiben.[17] Die Wettbewerbsbedingungen sind nicht fair.

Im Umgang mit Voreingenommenheit leisten einige Organisationen mehr als andere. Einige haben »360-Grad-Feedback«-Prozesse, bei denen nicht nur der Vorgesetzte, sondern alle, die mit der jeweiligen Person zusammenarbeiten, um eine Beurteilung gebeten werden. Andere Unternehmen richten Beförderungsausschüsse aus höheren Führungskräften ein, die die Kandidaten nicht persönlich kennen und Mitarbeiterakten sichten, aus denen alle Hinweise auf Geschlecht oder Herkunft entfernt worden sind. In der Regel werden diese Verfahren jedoch nur in größeren Organisationen angewandt. Je kleiner das Unternehmen, desto wahrscheinlicher ist es, dass das Bauchgefühl der Mitarbeitenden in Bezug auf den »KEKs« ausschlaggebend für eine Beförderung ist. Und je kleiner das Unternehmen, desto wahrscheinlicher ist es, dass Ihr direkter Vorgesetzter über Ihre Beförderung entscheidet – und desto stärker hängt Ihre Zukunft im Unternehmen davon ab, wie gut Sie mit dieser Person zurechtkommen.

Je nach Ihrer Situation kann sich das als gut oder schlecht erweisen. Einige Vorgesetzte geben dem Vorrang, was für *Sie* am besten ist. Andere werden das tun, was für *sie selbst* am besten ist. Es kann auch passieren, die Ihr Vorgesetzter sich von Ihnen bedroht fühlt oder Sie einfach nicht leiden kann. Manche Vorgesetzte denken: *Wenn ich schon nicht befördert wurde, sollten Sie auch nicht befördert werden.* Vielleicht erkennen Sie bereits an den Verhaltensmustern Ihres Vorgesetzten, welche Art von Chef Sie haben. Und falls nicht, werden Sie es bald erfahren – das Thema Beförderung offenbart nicht selten das wahre Gesicht eines Menschen. Wenn Ihnen Ihr Vorgesetzter trotz aller Bemühungen, Ihre Kompetenz, Einsatzbereitschaft und Kompatibilität zu optimieren, immer noch Steine in den Weg legt, ist es vielleicht an der Zeit zu prüfen, ob Sie bei einem anderen Arbeitgeber nicht schneller vorankommen könnten.

Fehlende Möglichkeiten

Bloß weil Sie gute Arbeit leisten, heißt das noch lange nicht, dass Sie in der Firma erfolgreich sein werden. Es bedeutet auch nicht, dass die Firma erfolgreich sein wird. In Start-ups, kleinen gemeinnützigen Organisationen oder in der Politik beispielsweise könnten Sie das größte Talent aller Zeiten sein, aber trotzdem nicht befördert werden. Das liegt nicht etwa an unzureichender Leistung oder mangelndem Potenzial Ihrerseits, sondern an den Umständen. Nehmen wir an, Sie arbeiten im Vertrieb eines Start-ups, das Zahnpasta mit Anchovisgeschmack herstellt. Dann könnten Sie ein hervorragender Verkäufer sein, aber trotzdem nicht viel Zahnpasta verkaufen – weil niemand diese Geschmacksrichtung mag. Und wenn Sie das Pech haben, für verblendete Vorgesetzte zu arbeiten, könnte *deren* Unfähigkeit (die zu schlechten Produktentscheidungen führt) als mangelnde Kompetenz *Ihrerseits* fehlinterpretiert werden (weil Sie das Produkt nicht verkaufen können). Und selbst wenn Ihre übermenschlichen Fähigkeiten irgendwie zu Verkäufen führen, verfügt das Unternehmen möglicherweise immer noch nicht über genügend Mittel für eine Beförderung.

Auch in Unternehmen, die kein schlechtes Produkt herstellen, fehlt es mitunter an Aufstiegschancen. Wenn Sie aus der Ferne arbeiten, verpassen Sie möglicherweise die Gelegenheit, Vorgesetzte und Kolleginnen und Kollegen zu beobachten und unbesetzte Swimlanes ausfindig zu machen. In diesen Fällen müssen Sie bei Teambesprechungen besonders aufmerksam sein und sich mit den anderen per Chat austauschen, um zu erfahren, woran gearbeitet wird. Gegebenenfalls müssen Sie Ihrem Vorgesetzten auch selbst Ideen vorschlagen, anstatt darauf zu warten, dass man Ihnen Aufgaben zuteilt.

Und dann gibt es noch Faktoren, die nichts mit Ihrer konkreten Stelle zu tun haben. Möglicherweise ist die Wirtschaftslage schlecht. Vielleicht geht es der Branche gerade nicht gut. Vielleicht wird Ihre Abteilung umstrukturiert oder der Vorgesetzte, der Sie bisher stets unterstützt hat, wechselt den Arbeitgeber. Aus welchem Grund auch immer: Es ist durchaus möglich, dass man hervorragende Arbeit leistet und trotzdem nicht weiterkommt. Zwar schadet es nie, sich einen Ruf als jemand aufzubauen, der die Erwartungen übertrifft, aber das Gefühl, auf der Stelle zu treten, kann durchaus frustrierend sein – und zeigt vielleicht, dass es an der Zeit ist, das nächste Kapitel Ihrer beruflichen Laufbahn in Angriff zu nehmen.

Schlussendlich geht es bei der Darstellung Ihres Potenzials darum, andere davon zu überzeugen, dass eine Investition in Sie dem Unternehmen zugute kommt. Es geht darum, zu beweisen, dass Sie nicht nur gute Arbeit leisten, sondern für das Team unentbehrlich sind. Auch wenn Sie Wind und Schnee auf dieser Expedition in die Wildnis, die Ihre berufliche Laufbahn darstellt, nicht kontrollieren können, so haben Sie doch alles in Ihrer Macht Stehende getan, um sich in eine erfolgversprechende Ausgangsposition zu bringen – und sich somit einen Weg des geringsten Bedauerns geebnet.

Ausprobieren!

- Streben Sie an, sowohl starke Leistung als auch großes Potenzial zu zeigen.
- Berücksichtigen Sie nicht nur Ihre konkrete Aufgabe oder Swimlane, sondern auch die übergeordneten Ziele des Unternehmens.
- Fragen Sie sich: »Was kann ich tun, was noch nicht getan wurde?«; »Was kann ich in Ordnung bringen, das noch nicht in Ordnung gebracht wurde?«; »Wo kann ich Brücken schlagen, die noch nicht geschlagen wurden?«; »Was weiß ich, das andere nicht wissen?«; und »Was kann ich weitergeben, was noch nicht mitgeteilt wurde?«
- Wenn Ihre Leistung nicht gewürdigt wird, verschaffen Sie sich die Anerkennung selbst.

NACHWORT

In Kapitel 15 haben wir Ihre Karriere mit einer Expedition in die Wildnis verglichen. Es hieß, dass es an Ihnen – und der Wildnis – liegt, wohin Sie gehen und wie schnell Sie dort ankommen. Diese Analogie ist nicht ganz richtig. Die Besteigung eines Berges ist eine Verhandlung zwischen Mensch und Natur.

Beim Erklimmen der Karriereleiter geht es um eine Verhandlung zwischen Mensch und Mensch. Beim Bergsteigen kommt man mit einer guten Karte vielleicht weit, aber fürs Berufsleben genügt das nicht. Berge kann man unter Umständen allein besteigen, Karriereleitern nicht. Um auf der Karriereleiter weiterzukommen, brauchen Sie mehr als nur eine Karte. Sie brauchen jemanden, der Sie hochzieht.

Man braucht einen guten Chef. Und den Chef eines guten Chefs. Und einen guten Chef des Chefs des Chefs des Chefs – bis ganz nach oben. Beruflicher Erfolg ist eine Straße, die in beide Richtungen führt (oder um im Bild zu bleiben: ein Wanderweg). Zunächst müssen Sie den Wunsch haben, Ihr volles Potenzial auszuschöpfen. Allerdings müssen Ihre Vorgesetzten und alle Vorgesetzte darüber hinaus auch die Voraussetzungen dafür schaffen, dass jeder sein Potenzial voll ausschöpfen kann, und nicht nur einige wenige. Vorgesetzte müssen Sie schulen, coachen, feiern, wertschätzen, fair zu Ihnen sein und Ihnen auch mal verzeihen, wenn Sie etwas falsch machen.

Leider wird nicht jeder so behandelt. Egal, ob aufgrund von Voreingenommenheit oder unrealistischen Erwartungen: Nicht alle Manager ziehen jeden hoch – und nicht alle Unternehmen bringen jeden weiter. In diesen Situationen stoßen wir an die Grenzen individueller Bemühungen und begeben uns auf das Terrain des gemeinschaftlichen Ringens – des Ringens darum, es besser zu machen. Wir alle spielen dabei eine Rolle. *Auch Sie.*

Machen Sie weiter und nutzen Sie diese unausgesprochenen Regeln für Ihren beruflichen Erfolg. Aber vergessen Sie auf Ihrem Weg nach vorn nicht die, die zurückbleiben. Beantworten Sie unverlangte E-Mails. Beraten Sie Unbekannte. Helfen Sie Außenseitern. Unterstützen Sie Ihre Kollegen. Geben Sie Ihr Wissen weiter. Und wenn Sie sich dann irgendwann in der Rolle des Chefs wiederfinden: Werden Sie zu dem Chef, den Sie selbst gerne gehabt hätten. Halten Sie sich mit Ihrem Urteil zurück. Stellen Sie den unerfahrenen Kandidaten ein. Fördern Sie Ihre Untergebenen. Halten Sie aufmunternde Reden. Erzählen Sie von guten Gelegenheiten. Honorieren Sie engagierte Arbeit. Nehmen Sie den Kampf gegen die Ungerechtigkeit auf.

Nutzen Sie jede sich bietende Gelegenheit, um eine fairere und gerechtere Arbeitswelt zu schaffen – und damit auch eine bessere Welt. Helfen Sie anderen weiter, so wie es die mehr als 500 Fachleute, die zu diesem Leitfaden beigetragen haben, für Sie getan haben.

Geben Sie das Wissen um solche Regeln weiter, die eine bessere Zusammenarbeit zwischen den Menschen ermöglichen. Schaffen Sie Regeln ab, die andere nicht zum Zuge kommen lassen. Mit etwas Glück braucht die nächste Generation von Berufsanfängern diesen Leitfaden gar nicht mehr, weil dank Ihnen und Ihresgleichen alle die gleichen Erfolgsaussichten haben.

Das Buch ist zwar zu Ende, aber Ihre berufliche Karriere beginnt gerade erst. Auf gorick.com finden Sie weitere Ratschläge. Und jetzt vorwärts – machen Sie Eindruck!

»Gorick Ng nutzt seine in Harvard verfeinerten Fertigkeiten, um komplexe Probleme gekonnt herunterzubrechen. Ein grundlegender und überaus lesbarer Leitfaden für jeden erfolgsorientierten jungen Menschen.«

– **David Carey**, ehemaliger Generaldirektor und Vorsitzender, Hearst Magazines

»Als Studentin der ersten Generation aus einem künstlerisch geprägten Elternhaus litt ich unter enormen Minderwertigkeitskomplexen. *Die unausgesprochenen Regeln* halfen mir, diese Ängste in Selbstvertrauen zu verwandeln.

– **Christina L.**, Praktikantin im Bereich Unternehmensentwicklung, Medien

»Angesichts der irren Wachstumsgeschwindigkeit des Start-ups, bei dem ich arbeitete, verlor ich nur allzu leicht den Blick dafür, was ich wirklich wollte. *Die unausgesprochenen Regeln* halfen mir, meine beruflichen Ziele zu definieren und mich für eine Beförderung aufzustellen, mit der ich gar nicht gerechnet hätte.«

– **Winston H.**, Chief of Staff, Gesundheitswesen

»An der Uni lernte ich, wie man programmiert und debuggt, aber nicht, wie man Manager und Mitarbeitende zu Verbündeten macht. Nachdem ich zuvor ohne jeglichen Rückhalt dagestanden hatte, habe ich dank *Die unausgesprochenen Regeln* inzwischen Beziehungen zu Freunden und Mentoren fürs Leben entwickelt.«

– **Priya R.**, Softwareentwicklerin, Bankbranche

»Als ich meine erste Vollzeitstelle in einer Firma antrat, wo es keine Personalabteilung gab und die Kolleginnen und Kollegen viel zu beschäftigt waren, um mich einzuarbeiten, fühlte ich mich ziemlich verloren. Durch die *Die unausgesprochenen Regeln* lernte ich, mich proaktiv zu verhalten, die richtigen Fragen zu stellen und meinen Manager davon zu überzeugen, dass ich nun wichtigeren Aufgaben gewachsen bin.«

– **André M.**, Verwaltungsangestellter, Regierung

»Nach der Lektüre von *Die unausgesprochenen Regeln* begriff ich, warum ich bei meiner vorigen Praktikumsstelle kein Übernahmeangebot erhalten hatte. Mittlerweile arbeite ich seit zwei Monaten in einer neuen Stelle, und meine Chefin hat mir gesagt, dass ihr bei einem Berufsanfänger noch nie so viel Verantwortungsbewusstsein und Professionalität begegnet sind!«

– **Hong L.**, Marktanalytiker, Non-Profit-Organisation

»Es ist immer anstrengend, im Arbeitsleben die Weichen neu zu stellen, ganz besonders aber dann, wenn die Kolleginnen und Kollegen alle über jahrelange Berufserfahrung verfügen. Mithilfe der Leitlinien, die mir die *Die unausgesprochenen Regeln* an die Hand gaben, konnte ich mir vom ersten Tag an das Vertrauen der anderen erarbeiten. Fühlte ich mich anfangs noch wie ein Hochstapler, werde ich inzwischen als schneller Lerner und effektiver Teamkollege geschätzt.«

– **Emmanuel C.**, Personalwesen, Biotechnologie

»In meiner ersten Stelle war ich so sehr darauf bedacht, ausschließlich genau das Richtige zu sagen, dass ich in Meetings mit Vorgesetzten immer sehr zurückhaltend war. *Die unausgesprochenen Regeln* halfen mir, das nötige Selbstvertrauen zu entwickeln, um mich zu Wort zu melden, sodass ich mich inzwischen bei Sitzungen des Investmentkomitees sehr viel aktiver beteilige.«

– **Maria G.**, Investorin, Beteiligungsgesellschaft

»*Die unausgesprochenen Regeln* sind nicht nur interessant, wenn man einen Chef hat. Das Wissen darum, wie man Prioritäten setzt, ein Team bei der Stange hält und effizient kommuniziert, ist sogar umso wichtiger, wenn man von niemandem beaufsichtigt wird.«

– **Eugenio D.**, Mitgründer, Start-up-Unternehmen

»Um als Lehrerin Erfolg zu haben, muss man schon mehr tun als zur Arbeit zu erscheinen, Vorträge zu halten und Klassenarbeiten zu korrigieren. Ausschlaggebend sind auch der Respekt des Kollegiums und das Vertrauen der Schulleitung. Wie baut man sich das auf? Das lernt man nirgends – außer in *Die unausgesprochenen Regeln*.«

   – **Ariel F.**,Highschool-Lehrerin

»*Die unausgesprochenen Regeln* haben meinen Umgang mit meinem Chef ganz grundlegend verändert. Keine Nachtschichten mehr – jetzt setze ich Grenzen, ›leite nach oben‹ und entscheide, wann ich Anweisungen befolge und wann ich mir selbst Gedanken mache.«

   – **Richard Z.**, Wissenschaftlicher Mitarbeiter, Universität

»Zu Beginn meines Berufslebens dachte ich, ich würde mich schon alleine damit hervortun, dass ich viel arbeite und Prozesse gewinne. *Die unausgesprochenen Regeln* haben mir nicht nur vor Augen geführt, wie wertvoll Netzwerken für das berufliche Vorankommen ist, sondern mich auch mit den Methoden und dem nötigen Selbstvertrauen ausgestattet, um mich gut auf dem Arbeitsmarkt zu positionieren.«

   – **Kathryn R.**, Jurastudentin

»In der Technologiebranche hat man nur dann Erfolg, wenn man herausfindet, was getan werden muss – und es dann schafft, um dieses Ziel herum Leute mit ganz unterschiedlichen Prioritäten zu versammeln. Keiner erklärt einem, wie man mit Unsicherheiten umgeht, und wie man sich selbst und andere managt. *Die unausgesprochenen Regeln* leisten genau das.«

   – **Hassan A.**, Produktmanager, Technologie-Branche

DANK

Dieses Baby hat viele Eltern. Über 900, um genau zu sein. Die folgenden Personen haben dieses Projekt möglich gemacht (und bestimmt habe ich auch noch einige vergessen). Diese Menschen haben mir als Mentoren beigestanden, mir Türen geöffnet, mir geholfen, meine blinden Flecken zu entdecken, meine zahllosen Fragerunden ertragen, ich konnte mich an ihrer Schulter ausweinen, und sie haben mir geholfen, aus meinen Serviettennotizen und Duschgedanken zig Entwürfe zu machen – und dann endlich auch das Buch, das Sie jetzt in Händen halten. Falls Sie es hilfreich fanden, sollten Sie wissen, dass es nicht nur von mir stammt, sondern von einem ganzen Dorf.

Als ich noch ein wissbegieriger MBA-Student war, beantwortete Professor Len Schlesinger meine E-Mails innerhalb von sechs Minuten und ermutigte mich bei unserem ersten Treffen, meine Forschungsarbeit in Buchform zu bringen. Len nahm meinen ehrgeizigen Vorschlag für ein unabhängiges Projekt bereitwillig an, sichtete erste Entwürfe, brachte mir die unausgesprochenen Regeln des Verlagswesens näher und stellte mich Paul B. Brown vor, der mir die Tür zu meinem ersten Verlagsgespräch öffnete. Auch wenn dieser Pitch, wie auch die 19 darauffolgenden, zu einer Absage führte, bin ich dankbar für diese Gelegenheit und habe viel daraus gelernt.

Jaime B. Goldstein, Jurymitglied bei meinem Start-up-Pitch-Wettbewerb, inzwischen Managerin, Mentorin und Freundin, hat mir beigebracht, dass gut besser ist als perfekt (eine Lektion, die ich immer noch zu lernen versuche), und mich ermutigt, den Schritt in die Öffentlichkeit zu wagen, auch wenn ich mich noch nicht bereit fühlte. Sie machte mich mit Scott Belsky bekannt, der mich wiederum Jim Levine, meinem Literaturagenten, vorstellte.

Jim Levine sah nicht nur das Potenzial meines Konzepts, sondern war zusammen mit Matthew Huff und Courtney Paganelli ein ständiger Quell der Ermutigung im Angesicht der Ablehnung. Jim sagte mir auch etwas, das inzwischen zu einem meiner Lieblingssätze geworden ist: »Ein Ja genügt.«

Für die unermüdliche Unterstützung in all den Höhen und Tiefen danke ich dem »Chor«: Michael Altman, Camille Zumwalt Coppola, Eric Hendey, Lea Hendey, Vishnu Kalugotla, Ken Liu und Chaodan Zheng.

Ich danke außerdem David Carey für seine ständige Anleitung, Inspiration und Freundschaft als Mitstreiter der ersten Generation, der sich für die Chancengleichheit derjenigen einsetzt, die aus bescheidenen Verhältnissen kommen, und Shawn Bohen dafür, dass er uns miteinander bekannt gemacht hat.

Für das Ertragen meiner endlosen Fragen, das Lesen und erneute Lesen meiner unzähligen Entwürfe, das Ankurbeln meines Denkens und Schreibens und dafür, dass sie mir gesagt haben, was ich hören *muss* und nicht, was ich hören *will*, danke ich meinem Beraterstab, bestehend aus Aaron Altabet, Damaris Altomerianos, Kweku Darteh Anane-Appiah, Isaiah Baldissera, Julia Canick, Wadnes Castelly, Jim Chan, Chris Cheng, Joanna Cornell, Evan Covington, Caroline Davis, Matthew De La Fuente, Eugenio Donati, Neel Doshi, Sheila Enamandram, Uriel Epstein, Rebecca Feickert, Triston Francis, Collin Fu, Galina Gheihman, Luke Hodges, Winston Huang, Samir Junnarkar, Victor Kamenker, Joyce Kim, Leo Kim, Kieren Kresevic Salazar, Ling Lam, Alison Lee, Angela Li, Christian Lin, Jarron Lord, Monica MacGillis, Kamau Massey, Sana Mohammed, Miranda Morrison, Hasib Muhammad, Injil Muhammad Jr., Veronica O'Brien, Richard Park, Wes Peacock, Jan Philip Petershagen, Sudheer Poluru, Michele Popadich, Kathleen Power, Rachel Pregun, Josh Roth, Caleb Schwartz, Stephen Slater, Donovan Smith, Rob Snyder, Scott Stirrett, Meghan Titzer, George Vinton, Davis Wilkinson, Charles Wong, und Lushen Wu.

Den Gründungsmitgliedern der Harvard-Initiative für Lernen und Lehren, Mahdi AlBasri, Sophie Turnbull Bosmeny, Azeez Gupta, Angela Jackson und Susan Johnson McCabe, danke ich für ihre aufmunternden Worte und Denkanstöße in der Anfangsphase des Schreibens.

Meiner Lektorin Alicyn Zall danke ich dafür, dass sie mit einem Manuskript, das die vorgegebene Wortzahl um 40.000 Wörter überschritt, wahre Wunder vollbracht hat. Außerdem danke ich Sally Ashworth, Julie Devoll, Lindsey Dietrich, Stephani Finks, Brian Galvin, Erika Heilman, Jeff Kehoe, Alexandra Kephart, Melinda Merino, Ella Morris, Josh Olejarz, Jon Shipley, Felicia Sinusas, Anne Starr und allen Mitarbeitern des Redaktions-, Produktions- und Vertriebsteams der Harvard Business Review Press dafür, dass sie aus einem Word-Dokument und einer Sammlung handgezeichneter Skizzen ein fertiges Buch gemacht haben.

Ich danke den Mitgliedern der BCG- und BCG Digital Ventures-Familie dafür, dass sie mir zu einem guten Start in das Berufsleben verholfen haben – und dass sie die intellektuelle und praktische Grundlage für dieses Projekt bilden: Hachem Alaoui Soce, Spenta Arnold, Lia Asquini, Ben Aylor, Mohammed Badi, Simon Bartletta, Robert Batten, William Blonna, Adrienne Bross, William Brown, Jamie Brush, Keith Caldwell, Joe Carrubba, Rajiv Chegu, Caitlin Wolff Clifford, Peter Czerepak, Carl Daher, David DeSandre, Alexander Drummond, Meaghan English, Sheila Flynn, James Foley, Leah Fotis, Jared Ganis, Priya Garg, Anika Gupta, Michael Haghkerdar, Gary Hall, Daniel Harvey, Justine Hasson, Bryan Head, Jeri Herman, Max Horsley, Daniel Huss, Harnish Jani, Khatchig Karamanoukian, Scott Keenan, Rhanhee Stella Kim, Vladimir Kirichenko, Akifumi Kita, Allison Koo, Amit Kumar, Olga LaBelle, Hana Lane, Cici Liu, Elizabeth Lyle, Nate MacKenzie, Justin McBride, Eric Michel, Sara Schwartz Mohan, Emily Mulcahy, Scott Myslinski, Cara Nealon, Hikmat Noujeim, Chrissy O'Brien, Sarah Olsen, Richard Pierre, Roger Premo, Chloe Qi, Marisa Rackson, Sruthi Ravi, Roman Regelman, Eduardo Daniel Russian, Tom Schnitzer, Dorian Simpson, Aishwarya Sridhar, Chetan Tadvalkar, Jordan Taylor, Nithya Vaduganathan, Orian Welling, Ryah Whalen, John Wu, Graham Wyatt, Wenjia (Grace) You, Bill Young, Luke H. Young, Josh Zeidman, Jeff Zhang und Kuba Zielinski.

Für ihre Hilfe bei der Entzauberung der unausgesprochenen Regeln des Verlagswesens danke ich Becky Cooper, Franklin Sooho Lee, Efosa Ojomo, Aemilia Phillips, Martin Roll und Julie Zhuo.

Dafür, dass sie seit Beginn dieser Reise meine Denkpartner und Cheerleader waren – und mir trotz meiner vielen Launen zur Seite gestanden haben – danke ich Ethan Barhydt, Sam Barrows, Omnia Chen, Shuo Chen, Rob Cherun, Shao Yuan Chew Chia, Isabella Chiu, Dianne Ciarletta, Joshua Caleb Collins, Stephanie Connaughton, Eric Dallin, Zachary Dearing, Varun Desai, Kelly Graham, Laura Hogikyan, Marcel Horbach, Nathaniel Houghton, Sherjan Husainie, Mohammad Hanif Jhaveri, Jaxson Khan, Sherman Lam, Jenny Le, DI Lee, Dustin Leszcynski, Ketty Lie, Tianyu Liu, Justin Lo, Lauren Long, Colin Lynch, Shyam Mani, Greg McGee, Iva Milo, Nondini Naqui, Mark Newberg, Rachel O'Neil, Sue Pfeffer, Ethan Pierce, Patrick Quinton-Brown, Nevin Raj, Sasha Ramani, Gustavo Resendiz Jr., David Su, Patrick Trisna, Dianne Twombly, Christopher Usih, Rohan Wadhwa, Naicheng Wangyu, Soo Wong, Peter Xu, Noah Yonack, Harry Yu, Ike Zhang, Richard Zhang und Sandy Zhu.

Für die Ratschläge, Anekdoten, Rückmeldungen, Einführungen und Unterstützung – und dafür, dass Sie sich mit meinen ständigen Pitches herumgeschlagen haben – danke ich meiner HBS Section I »Iguana Samura-Is« und der HBS-Gründergemeinschaft: Daniel Abrams, Michael Aft, Wade Anderson, Jonathan Arena, Jeremy Au, Ward Ault, Graham Ballbach, Wills Begor, Robby Berner, Elizabeth Blake, Gonzalo Boada Giménez, Grant Boren, Sophia Brañes, Jessie Cai, Allison Campbell, Laura Carpenter, Henry Cashin, Eric Chavez, Fay Chen, Stephanie Cheng, Sooah Cho, Spencer Christensen, Michael Clancy, Christianna Coltart, Mike Contillo, Gabe Cunningham, Katherine Degnen, Matt Delaney, Felipe Delgado, Sahil Dewan, Bahia El Oddi, Carolyn Fallert, Deeni Fatiha, Vicente Fauro, Javier Fernandez, Michi Ferreol, Quinn Fitzgerald, Brandon Freiberg, Lily Fu, Francesca Furchtgott, Juan David Galindo, Matt Graham, Rashard Green, Shray Gulati, Natalie J. Guo, Michael Haddad, Daniel Handlin, Benjamin Hardy, Christopher Henry, Marc Howland, Kristina Hristova, Linda Huynh, Sander Intelmann, Hari Iyer, Nancy Jin, Ashwini Kadaba, Ryan Karmouta, Salima

Kassam, Ananth Kasturiraman, Irene Keskinen, Reilly Kiernan, David Kim, Julia Klimaszewska, Andrew Knez, Rafi Kohlberg, Evan Kornbluh, Aditi Kumar, Ben Lacey, Hans Latta, Catherine Lee, Brian Levin, Jenna Levy, Kenny Lim, Rachel Lipson, Beijun Luo, Alison MacLeod, Amrita Mainthia, Yarden Maoz, Fredrik Marø, Peggy Mativo-Ochola, David Mbau, Elise McDonald, Pat McMann, Amit Megiddo, Anita Mehrotra, Michael Mekeel, Shantanu Misra, Deviyani Misra-Godwin, Roberto Morfino, Rahkeem Morris, Stanislav Moskovtsev, Josefin Muehlbauer, Patrick Nealon, Clarisse Neu, Benjamin Newmark, Grace Ng, Erika Ohashi, Sonja Page, Sanchali Pal, Sam Palmisano, Iryna Papalamava, Apoorva Pasricha, Saurav Patyal, Ana Pedrajo, Phoebe Peronto, Amira Polack, Olivier Porté, Shveta Raina, Krishna Rajendran, JJ Raynor, Michael Reslinski, Misan Rewane, Hunter Richard, Caitlin Riederer, Ken Rowe, Ben Samuels, Tafadzwa Samushonga, Jose Sanchez, Beau Sangassapaviriya, Levana Sani, Michael Sard, Rebecca Scharfstein, Jon Schechter, Monty Sharma, Quinn Shelton, Mimi Sheng, Doug Shultz, Andrew Sierra, Denzil Sikka, Michael Silvestri, Kamoy Smalling, Taylor Spector, Sam Stone, Rohit Sudheendranath, Colleen Tapen, Stephen Temple, Liz Thomas, Pierre H. Thys, Tarunika Tolani, Stephanie Tong, Chad Trausch, Sujay Tyle, Saksham Uppal, Erika Uyterhoeven, David Vakili, Sharif Vakili, Gustavo Vaz, Fangfang Wang, Dan Weisleder, Michael Alan Williams, Aaron Wirshba, Jon Wofsy, Maria Woodman, Lynn Xie, Catherine Xu, Shelly Xu, Takafumi Yamada, Jeremy Yan, Roland Yang, Nanako Yano, Ravi Yegya-Raman, Brian Yeh, Angelo Zegna, Yujie Zeng, Mary Zhang und Itamar Zur.

Für die vielen anregenden Diskussionen, persönlichen Anekdoten und Zuspruch danke ich den Mitgliedern der Boston Shapers, darunter Ryan Ansin, Johan Bjurman Bergman, Sean J. Cheng, Howard Cohen, Giffin Daughtridge, Anand Ganjam, Juan Giraldo, Kyle Gross, Neekta Hamidi, Rachel Kanter, Tanveer Kathawalla, Millie Liu, Phil Michaels, David Mou, Ryan O'Malley, Josuel Plasencia, Abhishek Raman, Michael Raspuzzi, Jake Reisch, Jen Riedel, Meicen Sun, Yannis K. Valtis, und Bozhanka Vitanova.

Ich danke meinen Kollegen an der UMass Boston, darunter Jennifer Barone, William Farrick, Deborah Federico, Adesuwa Igbineweka, Mark Kenyon, Michael Mahan, Katherine Newman, Matthew Power-Koch und Amanda Stupakevich, dafür, dass sie mir geholfen haben, die herausfordernde, aber lohnende Arbeit der Beratung von Studenten, die nicht wissen, was sie nicht wissen, zu schätzen. Außerdem dem Adams House Tutorencorps und den Teams für die Beratung von Studienanfängern erster Generation, einkommensschwachen Personen und berufliche Orientierung, darunter Varnel Antoine, Ceylon Auguste-Nelson, Matt Burke, Jerren Chang, Marina Connelly, Medha Gargeya, Sheila Gholkar, Jelani Hayes, Shandra Jones, Shannon Jones, Amber Kuzmick, John Muresianu, Rumbi Mushavi, Emma Ogiemwanye, Dennis Ojogho, Judith Palfrey, Sean Palfrey, Sunny Patel, Osiris Rankin, Kathryn C. Reed, Weilu Shen, Timothy Smith, Aubry Threlkeld, Emiliano Valle, und Larissa Zhou.

Ich danke Brian Bar, Diana Chien, Justin Kang, Paul Martin, Amanda Sharick, Karen Shih und AndProdurew Yang dafür, dass sie sich auf meine Pitches für minimal existenzfähige Produkte eingelassen haben, mir frühzeitig Feedback gaben und die Möglichkeit boten, meine Ideen in der Praxis zu testen.

Für die zusätzliche Couch und den mitternächtlichen Spaziergang durch die Straßen von Shanghai, der mich zu dem ganzen Projekt inspiriert hat, danke ich Chris Royle und Andrew Yoo.

Für die (buchstäblich) langen Spaziergänge am Strand, die den Anstoß für das Beschreiten eines weniger ausgetretenen Pfades gaben, danke ich H. Wook Kim.

Ich danke den Dozenten und Mitarbeitern der HBS, von denen sich viele die Zeit genommen haben, sich mit jemandem zu treffen, den sie noch nicht einmal unterrichtet hatten, für ihre Einsichten, ihr Mentoring und ihre Beratung, darunter Ethan Bernstein, Ryan Buell, Jeff Bussgang, Timothy Butler, Clayton Christensen, Michael Chu, Thomas DeLong, Amy Edmondson, Kristin Fabbe, Kristen Fitzpatrick, David Fubini, Joseph Fuller, Jodi Gernon, Shikhar Ghosh, Lena Goldberg, Paul Gompers, Boris Groysberg, Jonas Heese, Laura Huang, Chet Huber, Robert Huckman, Elizabeth Keenan, William Kerr, John J-H Kim, Rembrand Koning, Mark Kramer, Christopher Malloy, Tony Mayo, Ramana Nanda, Mark Roberge, Richard Ruback, Amy Schulman, Willy Shih, Lou Shipley, Erik Stafford, Brian Trelstad, Ashley Whillans, und Royce Yudkoff.

Nicht zuletzt danke ich den zahllosen Personen, die sich in keine der oben genannten Kategorien einordnen lassen, deren Anekdoten und Erkenntnisse aber zu diesem Buch geführt haben. Viele dieser Personen beantworteten meine unaufgefordert zugesandten E-Mails, ertrugen meine unermüdliche Fragerei und schilderten freimütig ihre Überlegungen, die die Grundlage für dieses Buch bildeten. Ich habe die Namen einiger dieser Personen als Pseudonyme für die eigentlichen Protagonisten in diesem Buch verwendet, als Geste der Dankbarkeit (und um die Anonymität der tatsächlichen Person zu wahren). Zu dieser Gruppe gehören Personen wie Andrea Abbott, Asset Abdualiyev, CJ Abeleda, Rabia Abrar, Susan Acton, Kristen Adamowski, Ehizogie Marymartha Agbonlahor, Muhammad Khisal Ahmed, Shirley Ai, Bob Allard, Lindsay Alperin, Verenice Andrade, Olivia Angiuli, Carl Arnold, Sare' Arnold, Jeremy Aronson, Casey Arrington, Christina Asadorian, Sasanka Atapattu, Afnan Attia, Andrea Bachyrycz, Shota Bagaturia, Ally Baldwin, Somya Banwari, Jon Barrett, Ryan Batter, Yonas Bayu, Julie Belben, Amy Benoit, Anthony Benoit, Steven J. Berger, Saba Beridze, Thomas Bernhardt-Lanier, Julee Bertsch, Mehnaaz Bholat, Maxwell Bigman, Sarah Bishop, Nicolas Blanco-Galindo, Robert Blank, Katie Bollbach, Steve Bonner, Leopold Bottinger, Maria Camila Brango, Nick Breedlove, Beth Brettschneider, Don Brezinski, Neil Bronfin, Ben Brooks, David Bryan, Pamela Campbell, Tobias Campos, Evan Cao, Deb Carroll, Jocelyn Carter, Sarah Case, Clarice Chan, Leila Chan Currie, Alexandria Chase, Brad Chattergoon, Min Che, Kevin Chen, Nina Chen, Luke Cheng, Jonah Chevrier, Prasidh Chhabria, Althea Chia, Nathan Chin, Kao Zi Chong, Adam Chu, Eric Chung, Cindy Churchill, Priscilla Claman, Tom Clay, Sam Clemens, Keith Cline, Celine Coggins, Chris Colbert, Emmet Colbert, Miles Collyer, Michael Concepcion, Susan Connor, Sarah Connors, Giovanni Conserva, Ashley Cooke, Kerry Whorton Cooper, Kailani Cordell, Ben Cornish, Ryan Craig, Albert Cui, Jake Cui, Matthew Curry, Taylor Dallin, Annie Dang, Francesco Daniele, Samuel Daviau, Graham Davis, Ryan Davis, Daniel Debow, Gwendolyn Delgado, Shaan Desai, Mike Dezube, Alice

Diamond, Caitlin DiMartino, Jake Dinerman, Amanda Dobbie, Omer Dobrescu, Brian Doyle, Connor Doyle, Tom Dretler, Thomas Dunleavy, Anne Dwane, Thanushi Eagalle, Brendan Eappen, Oliver Edmond, Dena Elkhatib, Bashir Elmegaryaf, Mary Elms, Olivia Engellau, Andrea Esposito, Kayla Evans, Ronny Fang, Zev Farber, Awais Farooq, Caroline Fay, Josh Feinberg, Leslie Feingerts, Dave Ferguson, Benji Fernandes, Jessica Flores, Shannon Flynn, Alexandra Foote, Abby Forbes, Aoife Fortin, Aisha Francis, Debra Franke, David Frankel, Julia Freeland Fisher, Nathan Fry, Olivia Fu, Cheng Gao, Jack Gao, Andrew Garcia, Valeria Garcia, Andres Garcia Lopez, Gerry Garvin, Joan Gass, Bob Gatewood, Rachel Gibson, Francine Gierak, Ali Gitomer, Katerina Glyptis, Rob Go, Diana Godfrey, Irvin Gómez, Andre Gonthier, Andre Gonzalez, Dan Gonzalez, Josh Gottlieb, Raffi Grinberg, Cindy Guan, Matthew Guidarelli, Lucy Guo, Deanna Gutierrez, Guillermo Samuel Hamlin, Longzhen Han, Crystel Harris, Emma Harrison-Trainor, Najib Hayat, Seamus Heaney, Tyler Hester, Mark Hoeplinger, Stephen Hong, Junaid Hoosen, Daniel Horgan, Eddie Horgan, Will Houghteling, Alice Hsiung, Eric Huang, Yingzi Sakura Huang, Alisha Hudani, Matt Hui, Michael Huntley, Urooj Hussain, Ian Ingles, Kathleen Jarman, Chetan Jhaveri, Alysha Johnson Williams, Saumya Joshi, Sarah June, Rick Kamal, Yinan Kang, Howard Kaplan, Imane Karroumi, Lance Katigbak, Nilu Kazemi, Marie Keil, Julia Kemp, Iqra Khan, Qasim Khan, Jaymin Kim, Cheryl Kiser, Lisa Kleitz, Carin-Isabel Knoop, Nathaniel Koloc, Jocelyn Krauss, Carl Kreitzberg, Claudia Krimsky, Andy Ku, Kara Kubarych, Justin Kulla, Ruth Kwakwa, Adrian Kwok, Scott LaChapelle, Margot Lafrance, Debbie Lai, Kriti Lall, Clement Lam, Michelle LaRoche, Heidi Larson, Atoor Lawandow, Fran Lawler, Leslie Laws, Tuongvan Le, Ryan Leaf, Antina Lee, Claire Lee, Trevor Lee, Zhihan Lee, James Leeper, Jolene Lehr, John Leung, Aner Levkovich, Linda Lewi, Junyi Li, Mary Li, Yuanjian Carla Li, Kevin Liang, Sandy Liang, Rachel Liddell, Bill Lin, Jessica Lin, Elizabeth Ling, John Liu, Tina Liu, Jake Livengood, Daniel Lobo, Vrinda Loiwal, Brian Longmire, Laura Thompson Love, Nicholas Lowell, Helen Lu, Yin Lu, Gina Lucente-Cole, Kory Lundberg, Kelly Luo, Ande Lyons, Shannon Lytle, David Ma, Marco Ma, Ruby Maa, Ary Maharaj, Fazlur Malik,

Bill Manley, Lyn Martin, Brian Matt, Linley McConnell, Karen McCrank, Metta McGarvey, Tessie McGough, Noelle McIsaac, Eleanor Meegoda, Rishab Mehan, Bill Mei, Emily Meland, Rui Meleiro, Michelle Mendes-Swidzinski, Christina Mendez, Jesse Mermell, Matt Meyersohn, Kyle Miller, Fatima Mohammad, Catherine Money, David Moon, Brian Morgan, Eric Morris, Madeleine Mortimore, Robin Mount, Thomas Murphy, Kennan Murphy-Sierra, Brian Mwarania, Annie Nam, Anthony Nardini, Katie Ng-Mak, Dina Nguyen, Kristine Nguyen, Patrick Nihill, Tasnoba Nusrat, Claire O'Connell, Tom O'Reilly, Lia O'Donnell, Ben Ohno, Chiderah Okoye, Ana Olano, Justin Ossola, Eric Ouyang, Scott Overdyke, Natalie Owen, Kayode Owens, Laiza Padilla, James Palano, Aaron Palmer, Ben Palmer, Belinda Pang, Rohan Parakh, Santiago Pardo Sánchez, Nisha Parikh, Christie Park, Hannah Park, Linda Passarelli, Priya Patel, Zeel Patel, India Peek Jensen, Kristine Pender, Angie Peng, Sally Pennell, Maren Peterson, Sharon Peyer, Steve Pfrenzinger, Alex Pham, Tyler Piazza, Jules Pieri, Ruben Pinchanski, Dan Pinnolis, Deeneaus Polk, Andi Pollinger, Iva Poppa, Emma Potvin, Ian Pu, Siya Raj Purohit, Katherine Qian, Andrew Quinn, Angela Quitadamo, Katie Rae, Aaliyah Rainey, Saketh Rama, Manjari Raman, Andrés Ramírez Cardona, Sherwet Rashed, Anuv Ratan, Cate Reavis, Rachel Redmond, Tristian Reid, Sheila Reindl, Nini Ren, Alexander Rendon, Brian Reynolds, Lori Richardson, Lynne Richardson, Andrea Rickey, Paul Riley, Adriana Rivas, Stever Robbins, Jabril Robinson, Maria Rodmell, Joan Ronayne, Tanya Rosbash, Brad Rosen, Arielle Rothman, Izzy Rubin, Maria Ruiz, Ali Saddiq, Ahmad Jawed Sakhi, Roland Salatino, Juaquin Sanchez, Shelby Sandhu, Marilyn Santiesteban, Steve Schewe, Peter Schirripa, Rosalie Schraut, Amna Shaikh, Ali Sharif, Kush Sharma, Emily Shen, Courtney Sherman, Ayane Shiga, Erin Shortell, Amanda Shuey, Jane Shui, Stuti Shukla, Jesse Shulman, María Sigüenza, Zoe Silverman, Christian Simoy, Samuel Singer, Navjeet Singh, Hirsh Sisodia, Alvin Siu, Erik Skantze, Michael Skok, Fran Slutsky, Arman Smigielski, Alexis Smith, Debbie Smith, Fraser Smith, Marta Sobur, Daniela Spagnuolo, Jonathan Sparling, Sunil Sreekanth, Rahul Srinivasan, Vish Srivastava, Caitlin Stanton, Julia Starr, Stephanie Steele, Terry Sterling, Beverley

Stevens, Heather Stevenson, Grace Strong, Avinaash Subramaniam, Kent Summers, Edward Sun, Jake Sussman, Theodore Sutherland, Matthew Sutton, Paul Syta, Thomas Taft, Karis Tai, Selena Tan, Audrey Tao, Amy Taul, Chris Taylor, Ryan Tencer, Tyler Terriault, Tracy Terry, Sarah Tesar, Matthew Thomas, Susan Thomas, Kevin Thompson, Jerry Ting, Emma Toh, Michael Trang, Seth Trudeau, David Tsui, Marianna Tu, Matt Tucker, Matt Turzo, Jocelyn Tuttle, Katie Urban, Michael Uy, Amira Valliani, Amy Van Kirk, Cynthia King Vance, James Vander Hooven, Olga Vasileva, David Vencis, Daniela Vera, Claudia Villanueva, Tomas Vita, Triet Vo, Claire Wadlington, Wajieha Waheed, Alyson Wall, Katie Walsh, Annie Wang, Lisa Wang, Marilyn Wang, Michele Wang, Ray Ruichen Wang, RunLin Wang, Susan Wang, Yutong Wang, Tom Ward, Nessim Watson, Anaëlle Pema Weber, Carolina Weber, Howard Wei, Joanne Weiss, Kara Weiss, Scott Westfahl, Daniel Wexler, Megan White, Gabriel Sylvester Wildberger, Tara Wilson, Jason Winmill, Basuki Winoto, Alexis Wolfer, Felix Wong, Matthew Wozny, Allison Wu, Bryan Wu, Dan Wu, Irene Wu, Yifan Wu, Wentao Xiong, Anita Xu, George Xu, Nicolas Xu, Vicky Xu, BerBer Xue, Jonathan Yam, Cha Cha Yang, Cherry Yang, Isabel Yishu Yang, Julie Yen, Jennifer Yoon, Grace Young, Serene Yu, Kevin Yuen, Charlie Zhang, Danny Zhang, Linda Zhang, Peiyi Zhang, Lili Zhao, Selena Zhao, Lucy Zhong, Chris Zhou, Muhammed Ziauddin, Lara Zimmerman, Lillian Zuo und David Zylberberg. (An alle, die ich vergessen habe: Danke. Mein Versäumnis ist vielmehr Ausdruck meiner Vergesslichkeit als meines Mangels an Dankbarkeit. Bitte melden Sie sich. Ich schulde Ihnen einen Drink.)

Und all den Menschen, die die oben genannten Personen unterstützt haben – und damit diese Arbeit erst möglich gemacht haben – sei gesagt, dass auch Sie ein Teil dieses Staffellaufs sind. Ich danke Ihnen für Ihre Arbeit. Machen Sie bitte weiter mit dem, was Sie tun.

ANMERKUNGEN

1. »KEKs« – Kompetenz, Einsatzbereitschaft, Kompatibilität

1 Rivera, Lauren A.: »Hiring as Cultural Matching: The Case of Elite Professional Service Firms«, *American Sociological Review* 77, Nr. 6 (2012): 999–1022; McPherson, Miller, Smith-Lovin, Lynn und Cook, James M.: »Birds of a Feather: Homophily in Social Networks«, *Annual Review of Sociology* 27 (2001): 415–444; Castilla, Emilio J. und Benard, Stephen: »The Paradox of Meritocracy in Organizations«, *Administrative Science Quarterly* 55 (2010): 543–576.

2 Oh, Dongwon, Shafir, Eldar und Todorov, Alexander: »Economic Status Cues from Clothes Affect Perceived Competence from Faces«, *Nature Human Behaviour* 4 (2020): 287–293; Levon, Erez et al.: *Accent Bias: Implications for Professional Recruiting* (Accent Bias in Britain, 2020), https://accentbiasbritain.org/wp-content/uploads/2020/03/Accent-Bias-Britain-Report-2020.pdf; Rivera, Lauren A.: *Pedigree: How Elite Students Get Elite Jobs* (Princeton: Princeton University Press, 2016); Agerström, Jens und Rooth, Dan-Olof: »The Role of Automatic Obesity Stereotypes in Real Hiring Discrimination«, *Journal of Applied Psychology* 96, Nr. 4 (2011): 790–805.

3 Williams, Joan C. und Dempsey, Rachel: *What Works for Women at Work: Four Patterns Working Women Need to Know.* New York 2018; Cavounidis, Costas und Lang, Kevin: »Discrimination and Worker Evaluation«, NBER working paper no. 21612, National Bureau of Economic Research, Cambridge, MA, October 2015; Laham, Simon M., Koval, Peter und Alter, Adam L.: »The Name-Pronunciation Effect: Why People Like Mr. Smith More Than Mr. Colquhoun«, *Journal of Experimental Social Psychology* 48, No. 3 (2012), 752–756.

5. Die eigene Geschichte gut zu erzählen wissen

4 Friedman, Sam und Laurison, Daniel: *The Class Ceiling: Why It Pays to Be Privileged.* Bristol, United Kingdom 2019.

7. Die richtigen Signale senden

5 Hall, Edward T.: *The Silent Language.* New York 1959.

9. Das Arbeitspensum regulieren

6 Eisenhower, Dwight D.: »Address at the Second Assembly of the World Council of Churches, Evanston, Illinois«, Rede gehalten am 19. August 1954, https://web.archive.org/web/20150402111315/http://www.presidency.ucsb.edu/ws/?pid=9991.

7 Babcock, Linda u. a.: »Gender Differences in Accepting and Receiving Requests for Tasks with Low Promotability«, *American Economic Review* 107, Nr. 3 (2017): 714–747.

8 Fuhrmans, Vanessa: »Where Are All the Women CEOs?«, *Wall Street Journal*, 6. Februar 2020, https://www.wsj.com/articles/why-so-few-ceos-are-women-you-can-have-a-seat-at-the-table-and-not-be-a-player-11581003276.

9 Moss Kanter, Rosabeth: *Men and Women of the Corporation*, 2. Auflage, New York 1993.

10 William, Joan C. u. a.: *Climate Control: Gender and Racial Bias in Engineering?* (Center for WorkLife Law, UC Hastings College of the Law, 2016), https://worklifelaw.org/publications/Climate-Control-Gender-And-Racial-Bias-In-Engineering.pdf.

11 Heilman, Madeline E. und Chen, Julie J.: »Same Behavior, Different Consequences: Reactions to Men's and Women's Altruistic Citizenship Behavior«, *Journal of Applied Psychology* 90, Nr. 3 (2005): 431–441.

12 Babcock u. a.: »Gender Differences in Accepting and Receiving Requests for Tasks with Low Promotability.«

11. Beziehungen initiieren

13 Gottman, John M. und DeClaire, Joan: *The Relationship Cure: A FiveStep Guide to Strengthening Your Marriage, Family, and Friendships.* New York 2002.

13. Mit Kritik umgehen

14 Meyer, Erin: *The Culture Map: Breaking Through the Invisible Boundaries of Global Business.* New York 2014.
Meyer, Erin: *The Culture Map: Ihr Kompass für das internationale Business.* Weinheim 2018.

15 Hall, Edward T.: *The Silent Language.* New York 1959.

14. Konflikte lösen

16 Welch, Suzy: *101010: A LifeTransforming Idea.* New York 2009.
Welch, Suzy: *10 Minuten, 10 Monate, 10 Jahre : die neue Zauberformel für intelligente Lebensentscheidungen.* München 2009.

15. Zeigen, was in Ihnen steckt

17 Smith, David G. u. a.: »The Power of Language: Gender, Status, and Agency in Performance Evaluations«, *Sex Roles* 80 (2019): 159–171.